数字媒体系列教材

Flash CS6
动画制作案例教程

张建琴　官彬彬　主编

清华大学出版社
北　京

内 容 简 介

本书以 Adobe Flash CS6 Professional 为开发环境，详细讲解 Flash 的基本操作知识和操作技巧。

本书以“单元—案例”的形式进行编写，尝试将分散的动画知识和经验技巧有机整合在 13 个单元的案例中，使学生在边学边练的过程中，轻松愉快地学会动画制作的基本技能。本书在设计案例时由浅入深、循序渐进，并充分考虑到职业院校学生的特点，案例内容力求贴近学生的生活，生动有趣，寓教于乐，学生在实现一个个案例的过程中，不但能充分感受到设计、创作的满足感和成就感，而且能逐渐掌握 Flash 动画操作的技巧，以及 ActionScript 3.0 的简单运用，做到举一反三，融会贯通。

本书既可以作为动画绘制员的培训教材，也可以作为各类职业院校计算机专业、动漫与游戏专业的教学用书以及计算机培训学校的培训教材，还可以作为 Flash 爱好者的自学参考书。

图书在版编目（CIP）数据

Flash CS6 动画制作案例教程/张建琴，官彬彬主编. —北京：清华大学出版社，2018（2023.9重印）
（数字媒体系列教材）
ISBN 978-7-302-50836-6

Ⅰ. ①F… Ⅱ. ①张… ②官… Ⅲ. ①动画制作软件—教材 Ⅳ. ①TP391.414

中国版本图书馆 CIP 数据核字(2018)第 178504 号

责任编辑：杜　晓
封面设计：大森林文化
责任校对：刘　静
责任印制：沈　露

出版发行：清华大学出版社
网　　址：http://www.tup.com.cn，http://www.wqbook.com
地　　址：北京清华大学学研大厦 A 座　　**邮　　编**：100084
社 总 机：010-83470000　　**邮　　购**：010-62786544
投稿与读者服务：010-62776969，c-service@tup.tsinghua.edu.cn
质量反馈：010-62772015，zhiliang@tup.tsinghua.edu.cn
课件下载：http://www.tup.com.cn，010-83470410
印 装 者：三河市君旺印务有限公司
经　　销：全国新华书店
开　　本：185mm×260mm　　**印　　张**：16.25　　**字　　数**：372 千字
版　　次：2018 年 9 月第 1 版　　**印　　次**：2023 年 9 月第 6 次印刷
定　　价：49.00 元

产品编号：080422-01

前　言

Adobe Flash CS6 是一款非常受欢迎的矢量绘图和动画制作软件，由于它在动画制作、应用程序开发、软件系统界面开发、手机应用开发、游戏开发、Web 应用服务、站点建设和多媒体娱乐等方面的广泛应用，越来越多的人们开始注重对 Flash 软件的学习。目前也是高等院校相关专业必修的一门专业课程。

本书按照学生的认知规律编写各个知识点，以由浅入深、循序渐进的方式将内容分成 13 个单元，每单元均由“案例”“单元小结”“自我测评”3 个环节组成。

★ 案例：根据知识点与技能要求设计案例，给出详细的操作步骤，使学生能按步骤完成案例。

★ 单元小结：对本单元所涉及的知识点与技能点进行整理，突出重点。

★ 自我测评：以课堂练习的形式，使初学者巩固所学知识。

本书所授内容共需 110 学时，具体学时分配详见授课学时分配建议表。

授课学时分配建议表

项目名称	建议学时	项目名称	建议学时
课程导读　Flash CS6 基础知识	2	单元 7　骨骼动画	6
单元 1　绘图工具的应用	8	单元 8　引导线动画	10
单元 2　逐帧动画	6	单元 9　遮罩动画	10
单元 3　传统补间动画	6	单元 10　声音和视频动画	6
单元 4　形状补间动画	6	单元 11　ActionScript 3.0 语法基础	10
单元 5　元件与库	6	单元 12　ActionScript 3.0 应用基础	14
单元 6　滤镜的应用	6	单元 13　ActionScript 3.0 综合应用	14

本书由张建琴、官彬彬担任主编，曾川江、李彩霞、杜绍泽、包之明担任副主编，彭正江、刘敬龙、王拥等参与编写。本书在编写过程中，党宏平、孙利、陈鹏提供了许多素材；罗晓欢、杨群、唐晓杰审阅了本书内容并提出了建设性的修改意见；王丹丹、毕光跃、范成瑞为本书的配套资源做了大量的工作，在此一并表示感谢。为了使实例更具有说服力，本书中引用了有关素材，这些素材仅供实例制作使用，版权归原作者所有，在此特别声明。

由于编者水平有限且编写时间仓促，书中难免存在不足之处，恳请广大读者批评指正。

编　者

2018 年 3 月

目 录

课程导读

Flash CS6 基础知识

Flash 是一款优秀的二维矢量动画制作软件,其以便捷、完美、舒适的动画编辑环境深受广大动画爱好者的喜欢,同时又因其制作的作品具有文件小、交互功能强、动画效果好等特点,成为互联网的“宠儿”,如图 0-1 和图 0-2 所示。

图 0-1　雅虎网站上的广告与标题栏

1. Flash 简介

1) Flash 的优势

在动画制作领域,Flash 只是众多制作软件中的一员。与其他同类型的软件相比,Flash 有着明显的优势,除了简单易学外,还包括以下几点优势。

(1) 使用功能强大的形状绘图工具处理矢量图形时,能以直观的方式进行变形、擦除、扭曲、组合等。

图 0-2　松下网站上的广告动画

(2) 使用内置的滤镜效果(如“阴影”“模糊”“斜面”“高光”“渐变斜面”和“颜色调整”),可以使动画更具吸引力。

(3) Flash CS6 可以导入 Photoshop 中生成的 PSD 格式文件,被导入的文件不但保留了原来文件的分层结构,而且图层名称也不会发生变化。

(4) 可以导入 Illustrator 矢量图形文件,并保留其所有特性,如颜色、形状、路径等。

(5) 使用 Flash Player 中的高级视频 On2 VP6 编解码器,可以在保持小文件的同时制作效果较好的视频。

2) Flash 的特点

(1) 使用矢量图形,文件所占空间小。Flash 是矢量绘图软件,与位图图形不同的是,矢量图形产生的文件很小,而且可以任意缩放尺寸且不影响图形的质量,如图 0-3 所示。

(2) 使用“流式”播放技术。Flash 的 SWF 格式文件采用 Stream 信息流传送方式,“流式”播放技术使动画可以边播放边下载,解决了网页浏览者需下载完文件才能播放的问题,极大地缩短了等待时间,下载过程如图 0-4 所示。

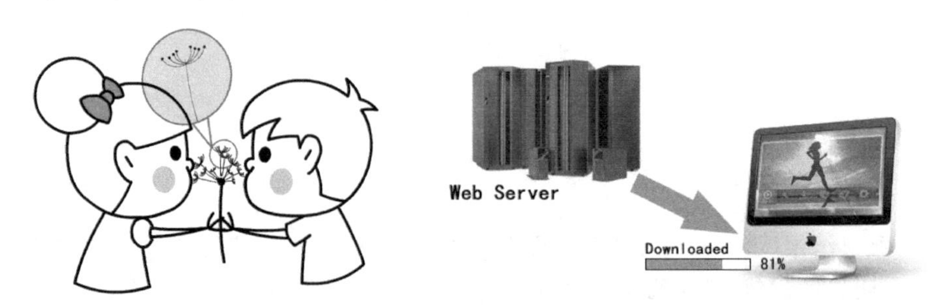

图 0-3　用 Flash 绘制的矢量图形　　　图 0-4　Flash“流式”下载

(3) 强大的动画编辑与交互功能。设计者可以随心所欲地用 Flash 设计出高品质的动画,可以通过 ActionScript 和 FS Command 实现交互,使 Flash 具有更大的设计自由度,如图 0-5 所示。另外,Flash 与当今最流行的网页设计工具 Dreamweaver 配合默契,可以直接嵌入网页的任意位置,非常方便、实用。

图 0-5 yipori 网站互动页面

3) Flash 的文件类型

Flash 支持的两种最基本的文件格式是 FLA 和 SWF。

(1) FLA 是 Flash 的源文件格式。使用 Flash 制作的动画应存为 FLA 格式文件,以便今后进行编辑修改处理。FLA 是源文件格式,而这种格式是不能直接播放的。

(2) SWF 是 Flash 的发布文件格式。它是网页中最常用的文件格式,且必须使用安装了 Flash 动画播放插件的浏览器或播放器才能观看。

Flash 制作的文件能输出的格式也很丰富,可以根据实际需要输出不同的格式,方便后期整合应用。

4) Flash 的应用

Flash 具有强大的动画编辑与交互功能,目前已经在很多领域得到了广泛的运用,具有非常广阔的应用前景。

总体来说,Flash 主要有以下四方面应用。

(1) 网页广告。Flash 广告具有制作简单、文件小、表现力强等特点,非常符合网页广告的要求,因此在网页广告制作中得到了广泛的运用,如图 0-6 所示。

(2) 动态网页。Flash 具备强大的交互功能,使得广大的网页设计者可以基于 Flash 技术再配合其他网页工具软件制作出丰富多彩、不同形式、极具个性的动态网页,如图 0-7 所示。

(3) 动画。Flash 动画相对于传统动画来说制作更为简单,成本更低,便于修改合成,制作效率也大为提升。再加上 Flash 是基于矢量图形制作的、对视频和音频的良好支持及以"流式"形式进行播放等特点,使其非常适合制作二维动画和网络动画,如图 0-8 所示。

(4) 游戏。通过 Flash 中的 ActionScript 可以编写游戏程序,配合交互功能,能制作单机和网络在线小游戏,如图 0-9 所示。

图 0-6　SONY 网站上的广告动画

图 0-7　MANDE BEM NO ENEM 网站

图 0-8　拾荒动画出品的 Flash 系列动画《小破孩》

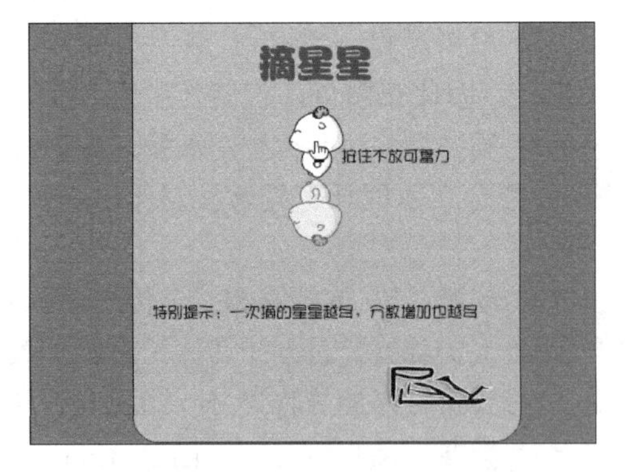

图 0-9　Cgbrid 出品的 DSHEEP 系列 Flash 交互游戏《摘星星》

2. Flash 的常用术语

作为一款专业动画制作软件，Flash 有许多常用的术语，在学习这个软件之前先对这些术语做初步的了解。

1）舞台

舞台是创建影片动画的区域，也是用来绘制图形和编辑图形的矩形区域。当我们要创建一个 Flash 影片时，我们离不开舞台，就像导演指挥演员演戏一样，需要给他们提供一个排练的场所，在 Flash 中称为“舞台”。

2）场景

在 Flash 影片中，舞台只有一个，但在演出过程中，需要更换多个不同的场景，每个场景都有自己的名称，通常情况下，在舞台的左上角会显示当前场景的名称。场景由“舞台”和“粘贴板”组成，Flash 动画中所有要素都是通过场景制作出来的。

3）图层

图层是制作 Flash 的基础。图层就像是含有文字或图像等元素的胶片，一张张按顺序叠放在一起，组合成最终效果。

4）帧

帧是图层中的基本单位，一个图层由多个帧组成，帧是动画中最小单位，也就是单幅画面，相当于电影胶片上的每一格镜头。一帧就是一幅静止的画面，连续的帧就形成了动画。

5）元件

元件是一种保存在“库”面板中，可以重复使用的图形、按钮或一小段动画。每个元件都有一个单独的时间轴、舞台和图层。

6）库

Flash 中的库就好比仓库，用于存放动画中所需的图片、元件、声音、视频等元素。当需要使用时，只需将其从“库”面板中拖到指定位置即可。

7）帧频

帧频是指动画播放的速度，它以每秒钟播放的帧数为度量单位，Flash CS6 默认的帧频为 24fps。高的帧频可以得到更流畅、更逼真的动画效果。

3. Flash CS6 工作界面

Flash CS6 工作界面在继承原有风格的基础上融入了更多的 Adobe 元素，相比之前的版本界面更美观，使用更方便、快捷。启动 Flash CS6，进入其工作界面。工作界面由菜单栏、“工具”面板、“时间轴”面板、“库”面板、舞台、“属性”面板、浮动面板等关键区域组成，如图 0-10 所示。

下面详细介绍工作界面各组成部分。

1）Flash CS6 菜单栏

菜单栏由“文件”“编辑”“视图”“插入”“修改”“文本”“命令”“控制”“调试”“窗口”和

菜单栏
“工具”面板
“属性”面板
“时间轴”面板
“库”面板
舞台
浮动面板

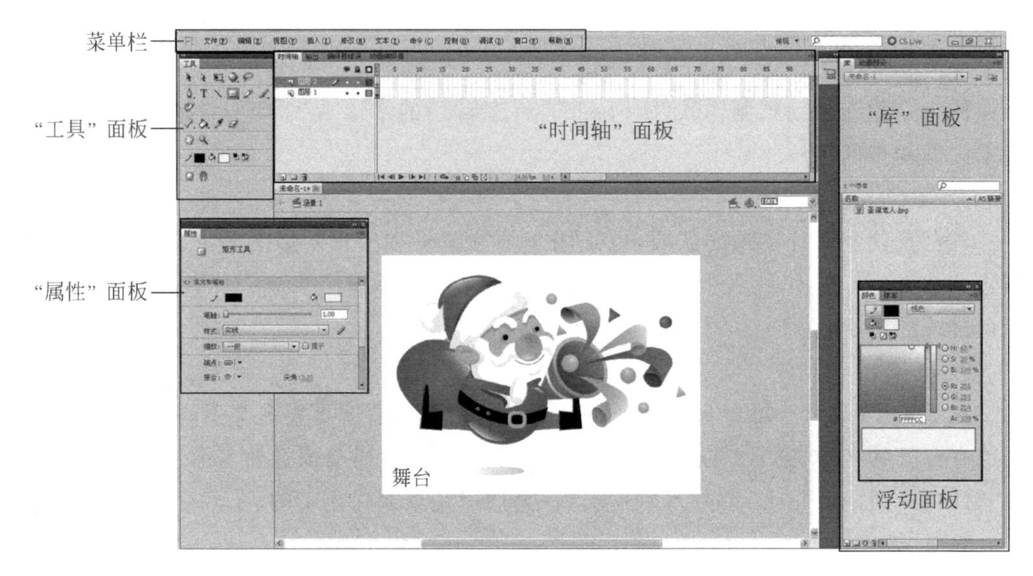

图 0-10　Flash CS6 工作界面

“帮助”菜单组成，如图 0-11 所示。

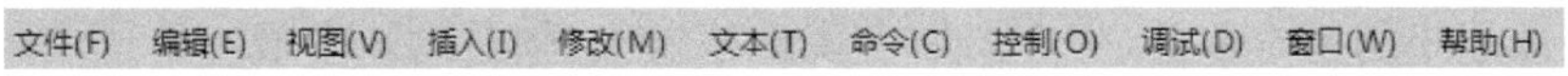

文件(F) 编辑(E) 视图(V) 插入(I) 修改(M) 文本(T) 命令(C) 控制(O) 调试(D) 窗口(W) 帮助(H)

图 0-11　菜单栏

(1)“文件”菜单：对文件的基本操作，如新建、打开、保存、导出和打印文件等。

(2)“编辑”菜单：对动画的编辑操作，如复制、粘贴、撤销、全选、编辑元件等。

(3)“视图”菜单：对舞台进行放大、缩小、显示辅助线、网格及尺标等操作。

(4)“插入”菜单：对编辑的文件进行插入性的操作，如插入图层、帧、新建元件等。

(5)“修改”菜单：对动画中的帧、图层、场景、元件、形状等各种动画相关对象的属性进行修改。

(6)“文本”菜单：对输入的文本属性进行设置调整。

(7)“命令”菜单：对各种命令进行管理。

(8)“控制”菜单：对动画进行播放、测试控制。

(9)“调试”菜单：对编辑的动画进行调试。

(10)“窗口”菜单：对各种面板进行打开、关闭、切换、组合。

(11)“帮助”菜单：获得 Flash CS6 相关帮助信息。

2) Flash CS6“工具”面板

“工具”面板提供了一整套完善的 Flash CS6 常用绘图编辑工具，用于绘制线、多边形、图案、路径，以及上色和选择等，如图 0-12 所示。

工具
工具
查看
颜色
选项

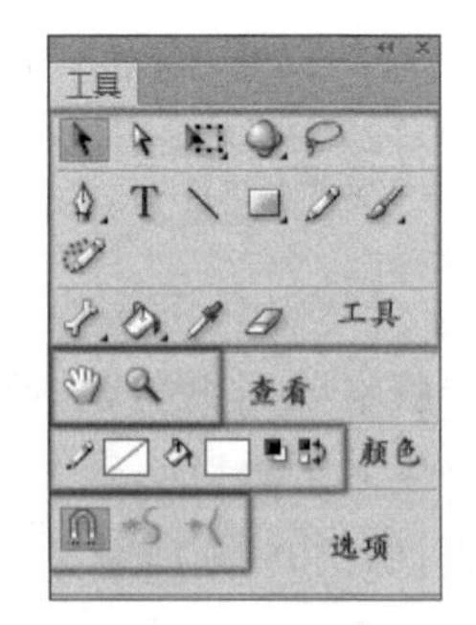

图 0-12　“工具”面板

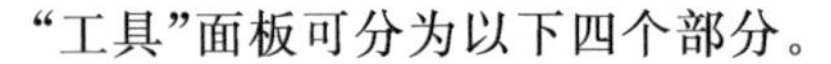

“工具”面板可分为以下四个部分。

(1)“工具”部分：包含选择、绘图、上色、路径及多边形工具等。

(2)“查看”部分：包含在舞台内移动的“手形工具”和用于缩放的“缩放工具”。

(3)“颜色”部分：包含用于填充颜色和边框颜色的工具。

(4)“选项”部分：用于显示当前选定工具的功能设置按钮。

3) Flash CS6“时间轴”面板

(1)“时间轴”面板的组成。

“时间轴”面板是 Flash CS6 界面中的关键部分，其最重要的组成部分就是图层与帧，被用于组织与控制文档中的图层和帧在一定的时间内按照时间轴的排列播放，如图 0-13 所示。

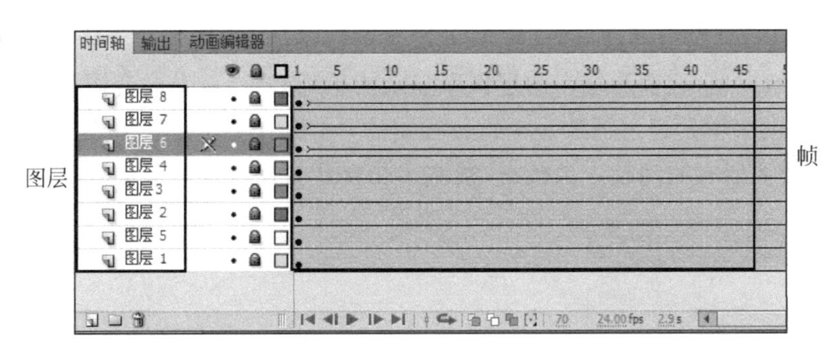

图 0-13 “时间轴”面板

“时间轴”面板左侧是图层区域，如图 0-14 所示。图层可以控制舞台中的元件，在选定的一个图层上编辑对象，不会影响其他图层。图层就像传统动画用的赛璐珞片，可以层层叠加，上层的图层会覆盖下层的图层，如果有透明的区域，则可以透过上层看到下层的对象内容。在图层所属区域上方按钮由左向右分别用于控制图层的显示、锁定和轮廓，下方按钮由左向右依次是“新建图层”“新建文件夹”“删除”按钮。

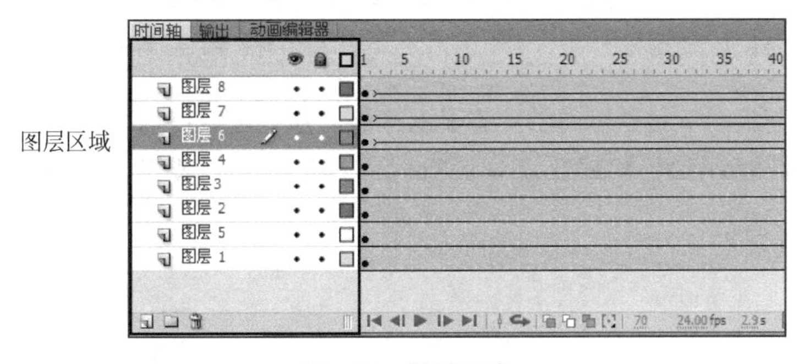

图 0-14 图层区域

“时间轴”面板右侧就是帧所在的区域，如图 0-15 所示。帧是创建动画的基础，也是构成动画的最基本元素。Flash CS6 制作的动画是将时间分为帧来设置动画的播放顺序的。在其顶部是帧的编号，下部则显示所编辑动画的状态。

(2) 编辑图层和帧。

① 图层：右击图层，在弹出的快捷菜单中选择“属性”命令，弹出“图层属性”对话框，

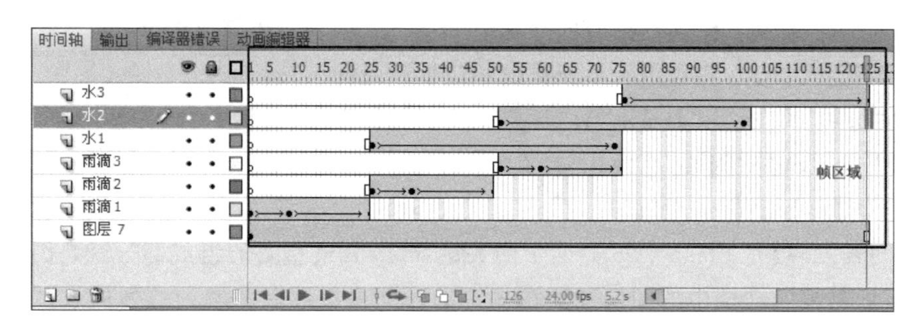

图 0-15　帧区域

如图 0-16 所示。在“图层属性”对话框中可设置图层的名称、图层显示和锁定的控制，当前所选择图层的类型，改变图层在图层区所显示的轮廓颜色，以及改变图层命名区高度。

② 帧：帧的编辑是通过播放头来进行控制的，如图 0-17 所示。播放头可在时间轴范围内拖动，播放头所在时间轴上的位置，决定了舞台此时动画帧显示的效果。

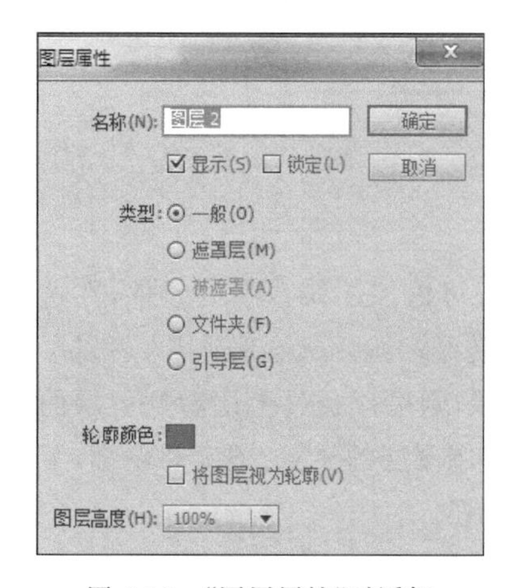

图 0-16　“图层属性”对话框

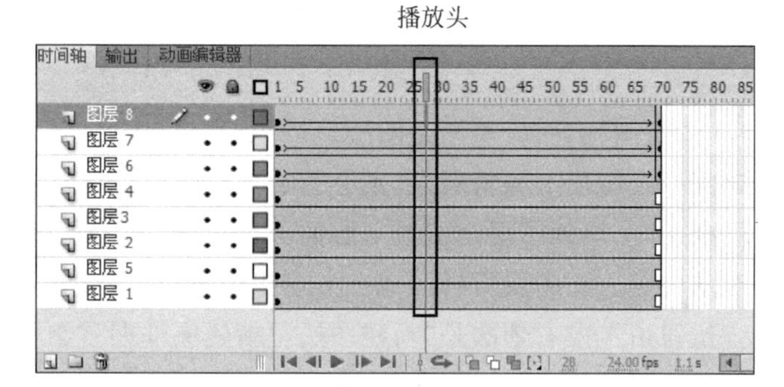

图 0-17　播放头

“时间轴”面板右下角是时间轴状态显示区域。这一区域可以显示当前编辑动画的相关信息，如当前显示帧数、帧频及动画运行时间，Flash CS6 默认的帧频是 24 帧/秒，如图 0-18 所示。

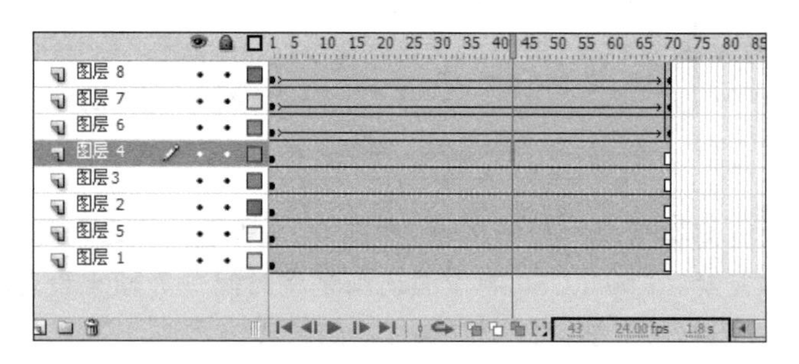

图 0-18　时间轴状态显示区域

4) Flash CS6 舞台

舞台(工作区)是放置文件内容的区域,显示的是文件影片中的单帧内容。可以在舞台中绘制和编辑每帧所包含的图形文件,也可导入外部其他兼容素材。

(1) 舞台的组成。

编辑区域就是舞台,右上角的按钮依次是"编辑场景""编辑元件"按钮,最右侧的文本框用来设定并显示比例,如图 0-19 所示。

图 0-19　舞台(工作区)

(2) 舞台的控制。

舞台的控制就是指对舞台内的文档进行显示观察。通过改变显示比例可以精确观察文档,便于编辑处理,如图 0-20 所示。

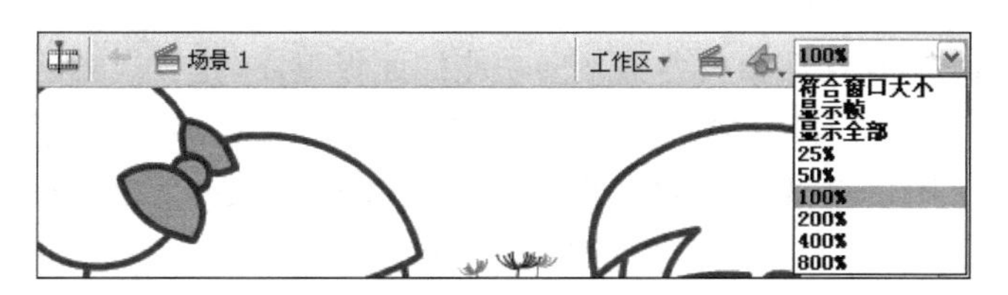

图 0-20　显示控制

舞台右上角显示控制所需模式,主要包括以下几种。

① "显示帧"模式:用于显示全部的场景。

② "显示全部"模式:在此模式下能播放整个显示帧的内容。即使场景是空的,也能被播放出来。

③ "100%"模式:在此模式下,编辑的文档将以最接近实际的尺寸显示,也是最佳效果显示。

5) Flash CS6"属性"面板

"属性"面板是 Flash 中最基本的面板,主要用于快速查看、修改文档或对象的属性,选择内容的不同,"属性"面板显示的内容也会随之发生改变。如图 0-21 所示为文档的"属性"面板,可用来修改发布设置、"舞台"的大小和颜色等。

6）Flash CS6“库”面板

“库”面板提供动画中的各种数据的信息，在“库”面板中可以很方便地查找、组织和调用相关资源素材，如图 0-22 所示。“库”面板中储存的素材被称为元件，可以反复使用。

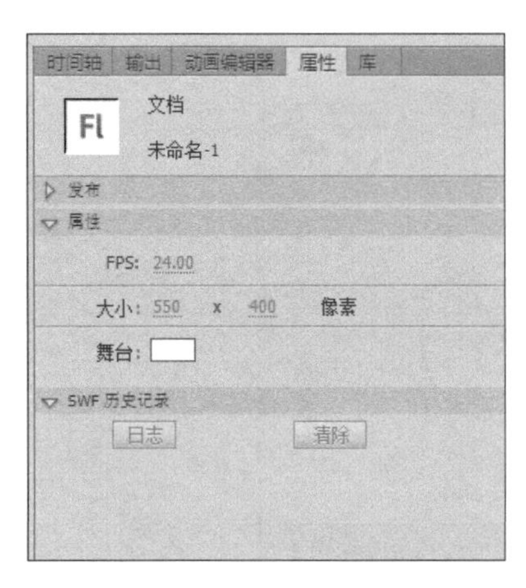

图 0-21 “属性”面板

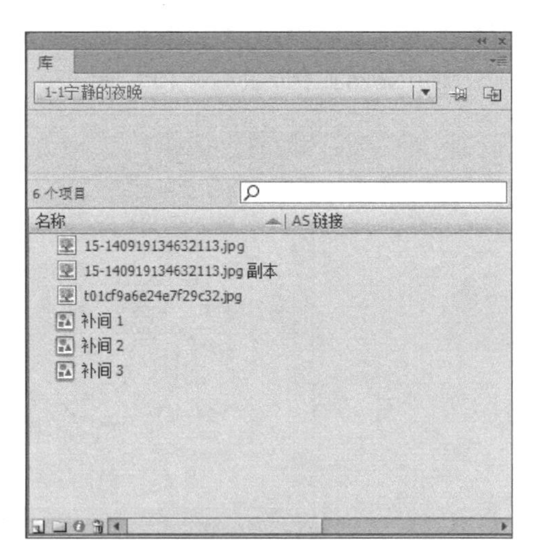

图 0-22 “库”面板

元件是在 Flash CS6 中创建的图形、影片剪辑或按钮。当元件建立一次后，即可在文档中重复使用。用户所创建的任何元件都会自动添加到当前编辑文档的库中。

7）Flash CS6 浮动面板

在 Flash CS6 中，浮动面板由各种不同功能的面板组成，其将相关对象和工具的所有参数加以归类，并放置在不同的面板中，在制作动画时，用户可以根据需要将相应面板打开、移动、关闭。图 0-23 所示为“颜色”面板，用于创建和编辑纯色渐变、线性渐变、径向渐变、位图填充，可以调出各种不同的颜色，也能设置笔触颜色、填充颜色及透明度等。

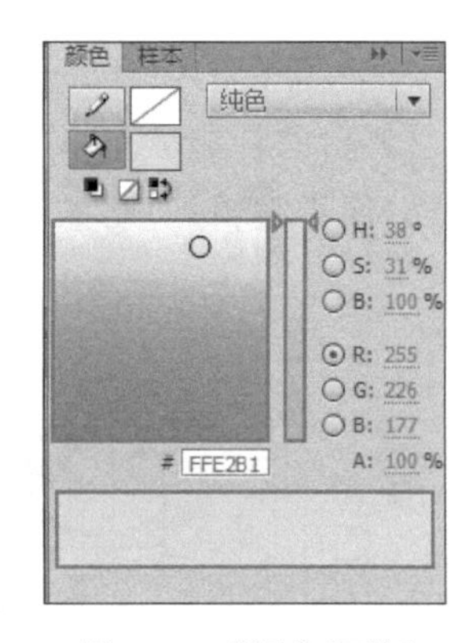

图 0-23 “颜色”面板

4. Flash CS6 的基本操作

要想更好地学习 Flash，首先要学会其基本操作，如软件的启动，文件的新建、保存、打开、关闭及发布等。

1）启动 Flash CS6

在运用 Flash CS6 制作动画之前，首先应启动软件，通常有以下两种方法。

（1）双击 Flash CS6 图标。

（2）单击“开始”按钮，执行“所有程序/Adobe/Design Premium CS6/Adobe Flash Professional CS6”命令。

2）新建文档

在 Flash CS6 中，新建文档通常用以下方法。

（1）执行“文件/新建”命令，弹出“新建文档”对话框，如图 0-24 所示。

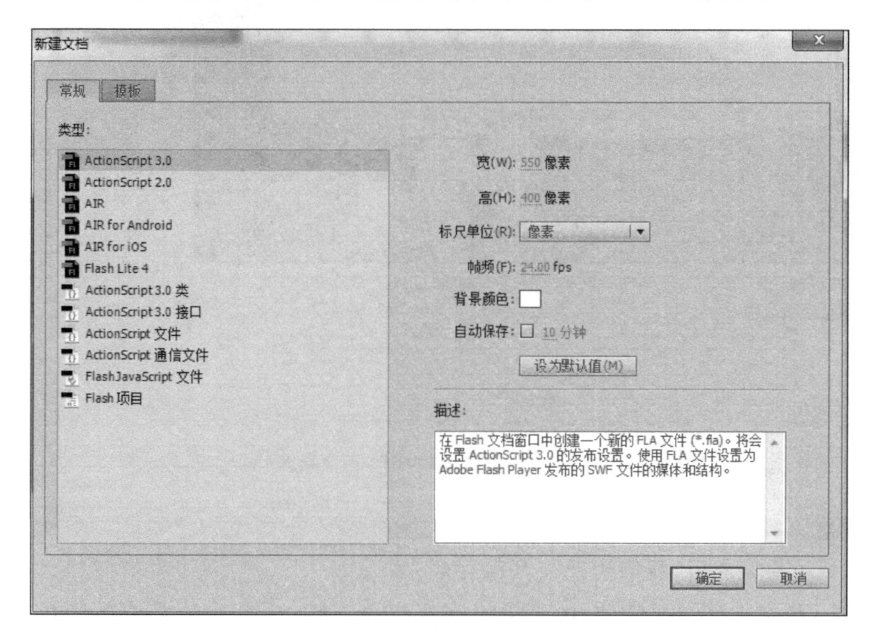

图 0-24 “新建文档”对话框

（2）切换至“模板”选项卡，在其中选择相应的选项，如图 0-25 所示。

图 0-25 “模板”选项卡

（3）单击“确定”按钮，即可从模板中新建文档，如图 0-26 所示。

图 0-26　利用模板创建的一个新文档

3）保存文档

当一个动画完成后，我们需要将其保存起来。

（1）执行“文件/保存”命令，由于第一次保存该文档，因此系统将直接弹出“另存为”对话框，选择保存的路径，设置保存的文件名为“小牛”，保存类型为 Flash 文档（Flash 源文件），方便再次修改，如图 0-27 所示。

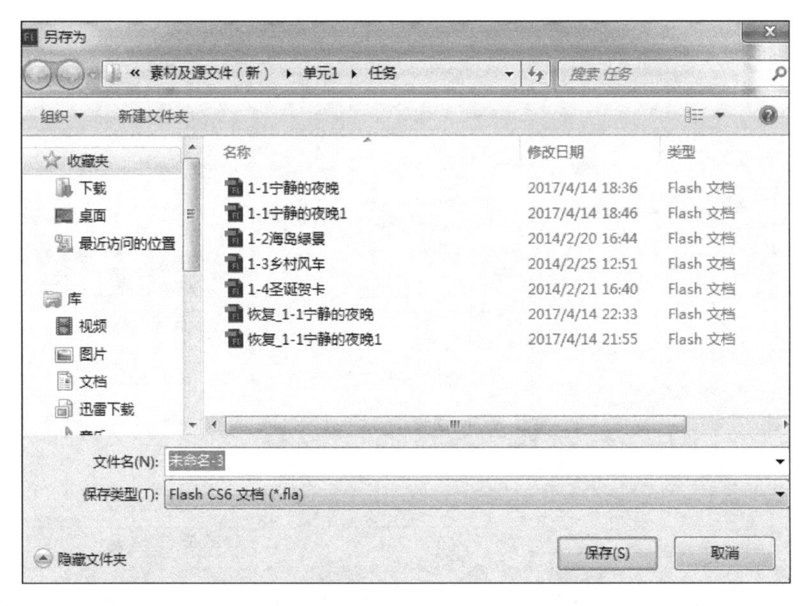

图 0-27　保存文档

（2）如果用户需要将当前文件保存到其他位置或以另一个名称保存，执行“文件/另存为”命令或按快捷键【Shift＋Ctrl＋S】。

4）打开文档

在编辑动画之前，先要打开 Flash 文件。通常打开文档的方法有以下三种。

（1）执行“文件/打开”命令。

（2）按快捷键【Ctrl+O】。

（3）依次按【Alt】、【F】、【O】键。

5）播放与发布文档

（1）当完成一个动画后，要进行动画的播放，执行“控制/播放”命令，就可以观看动画了。或者执行“控制/测试影片/在 Flash Professional 中”命令，播放影片的同时系统会自动生成一个 SWF 格式的文件。

（2）执行“文件/导出/导出影片”命令，弹出“导出影片”对话框，单击“保存”按钮确认，如图 0-28 所示。

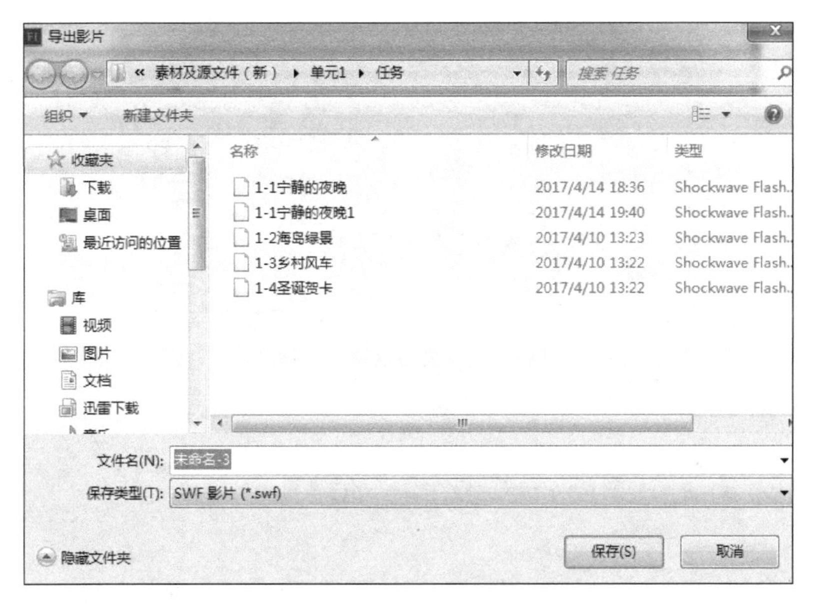

图 0-28 导出文档

（3）执行“文件/发布设置”命令，在弹出的“发布设置”对话框中，勾选“Flash(.swf)”和“Win 放映文件”复选框，并单击“确定”按钮确认，如图 0-29 所示。发布的文件将自动保存在源文件的同一路径下，如果只要生成 SWF 格式的文件，在保存完文档后测试影片的同时也会自动生成 SWF 格式的文件。

6）关闭文档

在对同时打开的多个文档进行编辑后，需要将其关闭，便于对其他文档进行编辑，通常可以执行“文件/关闭”命令或按快捷键【Ctrl+W】，如果要关闭所有的文档，执行“文件/全部关闭”命令或按快捷键【Ctrl+Alt+W】。

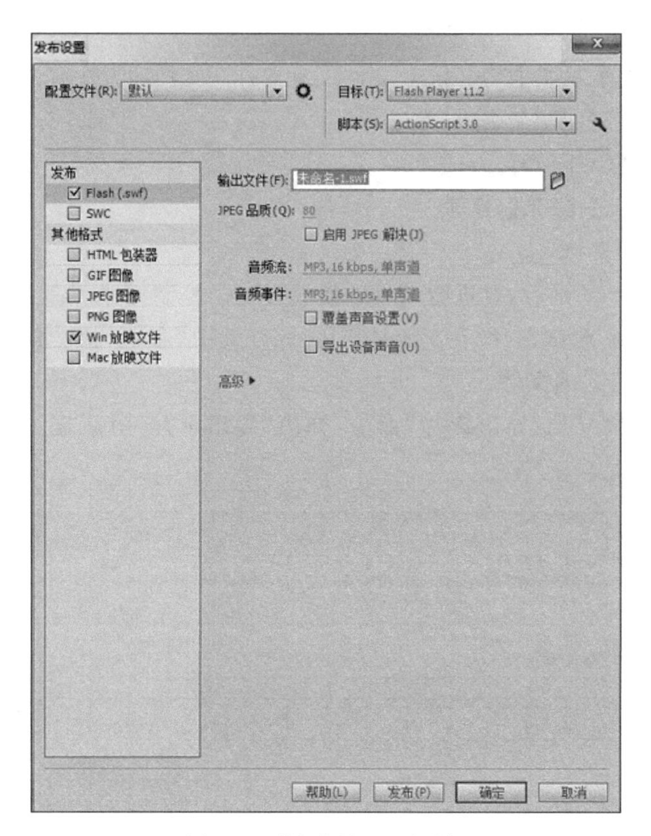

图 0-29 “发布设置”对话框

小　结

课程导读主要为大家介绍了 Flash 的优势、特点及应用，并着重介绍了 Flash 工作界面（如菜单栏、“工具”面板、“时间轴”面板、舞台、“库”面板、浮动面板等），以及文档的基本操作（如新建、打开、保存、播放、测试、发布等），为后续课程打下基础。

自我测评

1. Flash 源文件的格式是________，发布文件的格式是________。

2. Flash“文件”菜单中新建文件的快捷键是________，打开文件的快捷键是________，关闭文件的快捷键是________，保存文件的快捷键是________。

3. Flash 工作区放大的快捷键是________，缩小的快捷键是________。

4. 隐藏和显示“属性”面板的快捷键是________，隐藏和显示“库”面板的快捷键是________。

5. 在 Flash CS6 默认动画的帧频为________帧/秒。
6. Flash 有哪些特点？
7. Flash 的应用有哪些？
8. 在 Flash 中，帧的含义是什么？帧频的含义是什么？
9. Flash“时间轴”面板是什么？其由哪几部分组成？
10. Flash 舞台(工作区)是什么？如何控制其显示？

单元1

绘图工具的应用

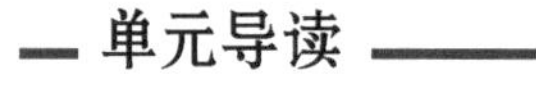

单元导读

单元1课件下载

Flash CS6是基于矢量的动画编辑软件，具有强大的矢量图绘制和编辑功能。任何复杂的动画都是由基本的图形组成的，因此，绘制基本图形是制作Flash动画的基础。本单元主要介绍绘图工具的使用和操作技巧。

学习目标

1. 掌握线条工具、矩形工具、椭圆工具、多角星形工具、选择工具、任意变形工具的使用方法和操作技巧。

2. 掌握铅笔工具、钢笔工具、套索工具、部分选取工具、渐变变形工具的使用方法和操作技巧。

3. 掌握刷子工具、颜料桶工具、滴管工具、缩放工具的使用方法和操作技巧。

4. 掌握墨水瓶工具、橡皮擦工具、Deco工具的使用方法和操作技巧。

单元任务

1. 绘制“草原夜色”。
2. 绘制“大漠风光”。
3. 绘制“乡村风车”。
4. 绘制“圣诞贺卡”。

案例1.1 草原夜色

案例目的

微课：1.1 草原夜色

通过绘制“草原夜色”动画，掌握线条工具、矩形工具、椭圆工具、多角星形工具、选择工具、任意变形工具的使用方法和操作技巧。

案例分析

“草原夜色”动画主要由山、毡房、月亮、星星、树等元素构成。在绘制时，利用线条工具和矩形工具绘制山、毡房和树木；利用椭圆工具绘制月亮；利用多角星形工具绘制星星，最终完成一幅宁静的草原夜晚风景，如图 1-1 所示。

图 1-1 “草原夜色”效果图

实践操作

1. 制作山坡

01 创建一个新的 Flash 文档，类型为 ActionScript 3.0，设置舞台大小为 400 像素×

700 像素，背景颜色为蓝色(＃14599E)，如图 1-2 所示。

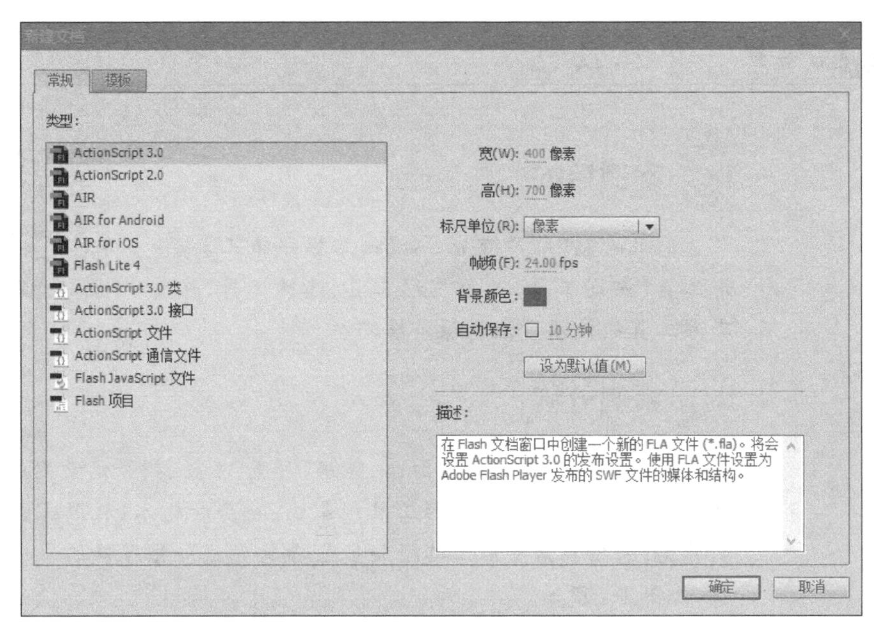

图 1-2 “新建文档”对话框

02 双击图层 1，在“名称”文本框内输入“山坡”。选择线条工具，设置笔触颜色为黑色，笔触高度为 1，绘制几根线段，画出山的形状，几个山形状连接在一起就行成了山坡，将鼠标移至线条的边缘，拖动鼠标，将直线变弧线，填充的颜色值分别为＃0D2935、＃193553、＃0C2029，双击线条，按快捷键【Delete】，去掉山坡轮廓，按快捷键【Ctrl＋G】进行群组，如图 1-3 所示。

03 用相同的方法绘制后面的山，填充的颜色值分别为＃134780、＃0F4166、＃357DB8、＃5794CA，双击线条，按快捷键【Delete】，去掉山坡轮廓，按快捷键【Ctrl＋G】进行群组，如图 1-4 所示。

图 1-3 “山坡”效果图

图 1-4 “山”效果图

04 每组物体的前后顺序，选择物体后右击，在弹出的下拉列表中进行顺序排列，如图 1-5 所示。

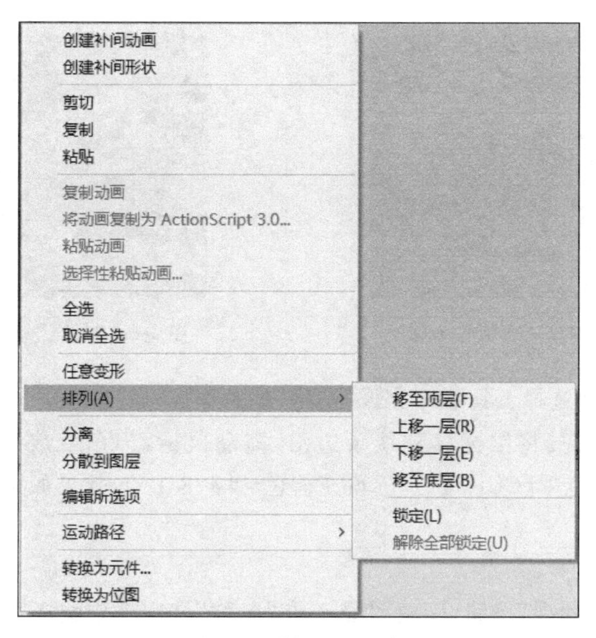

图 1-5 “排列”对话框

提示

绘制好山坡后，按快捷键【Ctrl+G】将其组合。

2. 制作树

01 单击“新建图层”按钮，新建图层 2，在“名称”文本框内输入“树”。利用“工具”面板中的线条工具，绘制“树”。

02 将鼠标移到线条的边缘，拖动鼠标，将直线变弧线，“树叶”填充绿色(#003300)，“树干”填充褐色(#660000)，如图 1-6 所示。

03 按快捷键【Ctrl+G】将树组合，按住【Ctrl】键再复制两棵树，选择任意变形工具，选中树，拖动四个对角黑色的小方块可以调整树的大小。

图 1-6 “树”效果图

3. 制作月亮

单击“新建图层”按钮，新建图层 3，在“名称”文本框内输入“月亮”。选择椭圆工具，完成“月亮”的绘制。设置笔触颜色为“无”，绘制橘红色和白色两个圆，将其叠加在一起，选中橘红色的圆，按【Delete】键，这样就可以完成月亮的绘制。按快捷键【Ctrl+G】将其组合，如图 1-7 和图 1-8 所示。

4. 制作毡房

01 单击“新建图层”按钮，新建图层 4，在“名称”文本框内输入 “毡房”。选择线条工

图 1-7　绘制两个圆

图 1-8　“月亮”效果图

具、矩形工具和选择工具来完成“毡房”的制作。

02 选中选择工具将鼠标移到线条边沿，拖动鼠标，门角变成弧线，毡房填充蓝色（＃4C89B8）和淡蓝色（＃CCE2F7），门填充蓝色（＃4783B5），效果如图 1-9 所示。

5. 制作星星

01 单击“新建图层”按钮，新建图层 5，在“名称”文本框中输入“星星”。设置填充颜色为白色（＃FFFFFF），选择多角星形工具绘制星星，单击多角星形工具“属性”面板中的“选项”按钮，弹出“工具设置”对话框，设置其参数，如图 1-10 所示，拖动鼠标指针即可完成 “星星”的绘制。

图 1-9　“毡房”效果图

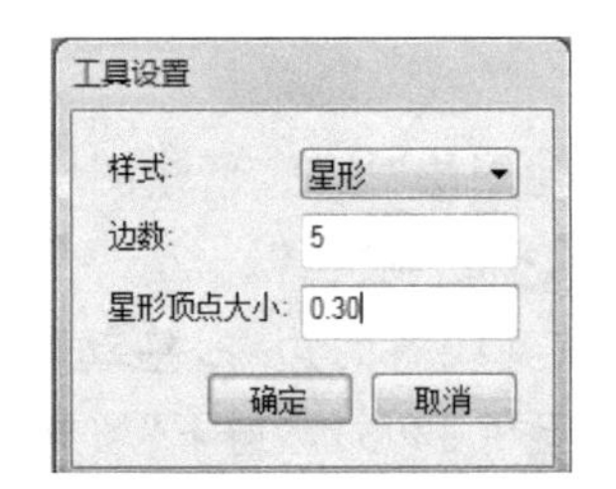

图 1-10　“星星”参数的设置

02 绘制多个星星，使用任意变形工具结合【Shift】键改变其大小，放置在不同的位置。

提示

在使用选择工具调整屋角的弧度时，当指针变成时，可调整线的弯曲度；当指针变成时时，可调整线的顶端位置。

6. 测试影片

01 执行“文件/保存”命令，或按快捷键【Ctrl＋S】，以“草原夜色. fla”为名保存文件。

02 执行“控制/测试影片/测试”命令，或按快捷键【Ctrl＋Enter】，预览动画效果。

相关知识

1. 线条工具

线条工具一般用于在图形中绘制一些直线，使用“工具”面板中的线条工具╲可以绘制不同属性的线条。选择绘制的线条，在“属性”面板的“填充和笔触”选项组中可以对线条的属性进行设置，如图 1-11 所示。

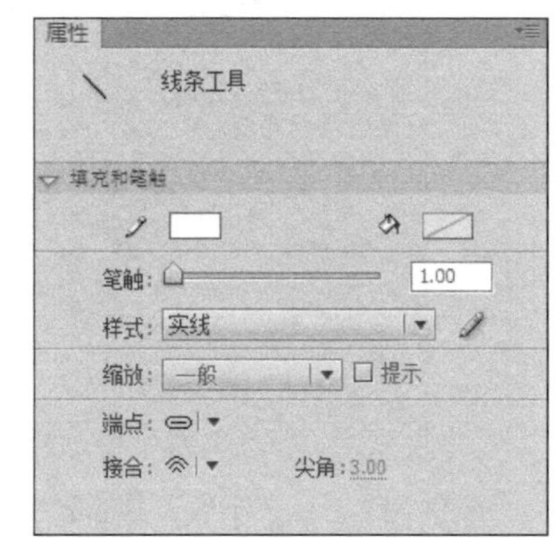

图 1-11 线条工具“属性”面板

“属性”面板中主要选项的含义如下。

(1) “笔触颜色”按钮：单击该按钮，在弹出的“颜色”面板中选择所需的颜色，或者单击“颜色”面板右上角的按钮，在弹出的“颜色”对话框中对笔触颜色进行设置。

(2) “笔触”滑块：用来设置所绘制线条的粗细。直接拖动该滑块即可设置线条的粗细，也可以在该滑块右侧的数值框中输入需要的大小，然后再进行绘制。

(3) 笔触“样式”下拉列表：单击右侧的下拉按钮，可以在弹出的下拉列表框中选择需要绘制的线条样式。

2. 矩形工具

使用矩形工具可以绘制矩形和正方形。通过矩形工具的“属性”面板设置矩形的边框属性和填充颜色等。当拖动“矩形选项”选项组中的“将边角半径控制锁定为一个控件”滑块时，可以绘制各种不同圆弧半径的圆角矩形，如图 1-12 所示。

按住【Shift】键拖动鼠标可以绘制正方形，按【R】或【O】键可进行矩形工具与椭圆工具的切换。

3. 椭圆工具

使用椭圆工具可以绘制椭圆、正圆、圆环等几何图形。通过对椭圆工具“属性”面板中的内径参数进行设置，可以绘制环形；通过设置开始角度和结束角度可以绘制半弧，如图 1-13 所示；按住【Shift】键拖动鼠标可以绘制正圆。

4. 多角星形工具

使用多角星形工具可绘制多边形和多角星形。单击多角星形工具“属性”面板中的“选项”按钮，在弹出的“工具设置”对话框中可以设置绘制多角星形的样式、边数、星形顶点大小，如图 1-14 和图 1-15 所示。

图 1-12　矩形工具“属性”面板

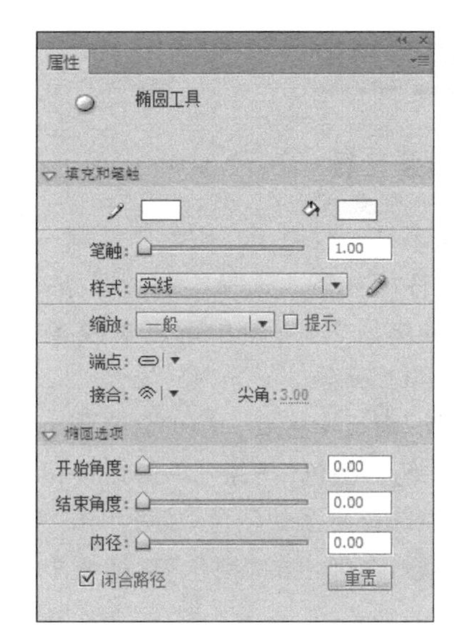

图 1-13　椭圆工具“属性”面板

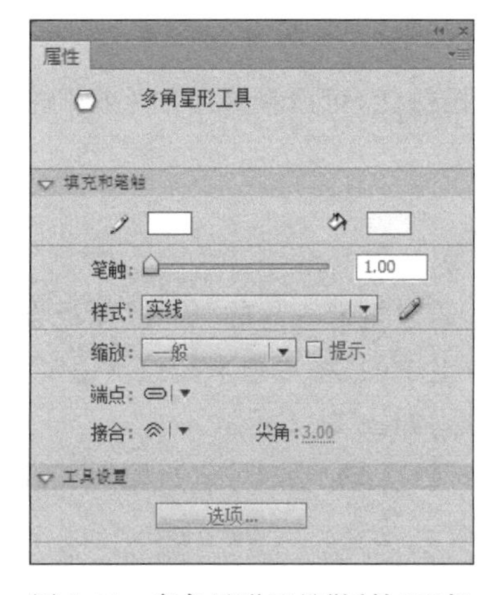

图 1-14　多角星形工具“属性”面板

图 1-15　“工具设置”对话框

5. 选择工具

选择工具主要用来选择和移动对象。可以选择任意对象，如矢量图形、元件、位图；选中对象后还可以对对象进行移动、改变形状等操作。

（1）单击对象可选择单个对象；按住鼠标左键拖出矩形选取框可以选择单个或多个对象。

（2）按住【Ctrl】键，选中对象，拖动鼠标，当鼠标指针变成后，即可复制对象。

6. 任意变形工具

任意变形工具用来调整对象的宽度、高度、倾斜角度、旋转方向等。使用任意变形工具编辑对象时，首先要选中被编辑的对象。

(1) 当鼠标指针移动到对象的边角，指针变为↗时，可以改变对象的大小。

(2) 当鼠标指针移动到对象的左右边线中部，指针变为↔时，可以改变对象的宽度。

(3) 当鼠标指针移动到对象的上下边线中部，指针变为↕时，可以改变对象的高度。

(4) 当鼠标指针移动到对象的边线时，指针变为‖时，可以改变对象的倾斜角度。

(5) 当鼠标指针移动到对象的边线外部时，指针变为↻时，可以旋转对象。

案例1.2 大漠风光

案例目的

微课：1.2 大漠风光

通过绘制"大漠风光"动画，掌握铅笔工具、钢笔工具、套索工具、部分选取工具和渐变变形工具的使用方法和操作技巧。

案例分析

"大漠风光"动画主要由沙漠、太阳、飞鸟、云朵等元素构成，使用椭圆工具、钢笔工具、部分选取工具将其绘制出来，用颜料桶工具和渐变变形工具为其着色，使整个画面栩栩如生，如图1-16所示。

图1-16 "大漠风光"效果图

实践操作

1. 制作背景

01 创建一个新的Flash文档，类型为ActionScript 3.0，设置舞台大小为700像素×160像素，背景颜色为白色(#FFFFFF)。

02 双击图层1，在"名称"文本框中输入"背景"。使用矩形工具绘制一个矩形，填充蓝色(#0284C2)～浅蓝(#35C1E4)的线性渐变，用渐变变形工具调整渐变的方向，完成背景的制作，并将背景层暂时锁定，如图1-17所示。

图 1-17 “背景”效果图

提示

在填充几种颜色的线性渐变时，打开“颜色”面板，设置“颜色类型”为“线性渐变”，当鼠标指针变成时，单击即可增加一个滑块，双击该滑块后弹出“颜色”面板，可选择相应的颜色。

2. 制作云朵

单击“新建图层”按钮，新建图层 2，取名“云朵”。选择椭圆工具，设置椭圆工具为无边框填充色为白色(＃FFFFFF)，用大小不一的椭圆重叠绘制云朵的形状，最终完成云朵的制作，效果如图 1-18 所示。

图 1-18 “云朵”效果图

3. 制作草原

01 单击“新建图层”按钮，新建图层 3，取名“草原”。用钢笔工具绘制草原的形状，再用部分选取工具选择所有锚点，拖动控制柄，可调整曲线的弧度，或用转换锚点工具调整曲线的弧度，调整到满意为止。

02 用颜料桶工具为草原填充浅黄(＃FBEB33)～深黄(＃FFB504)的线性渐变，并用渐变变形工具调整其方向，效果如图 1-19 所示。

图 1-19 “草原”效果图

4. 制作太阳

01 单击“新建图层”按钮，新建图层 4，取名“太阳”。用椭圆工具绘制圆，使用颜

料桶工具 填充金黄(#FFCC00)～黄色(#FFFF00)的径向渐变，执行“修改/形状/柔化填充边缘”命令，弹出“柔化填充边缘”对话框，在该对话框中进行参数设置，如图 1-20 所示，使得绘制出来的太阳带有模糊效果。

02 拖动“太阳”图层至“背景”图层上方，使太阳位于云朵的后面，如图 1-21 所示。

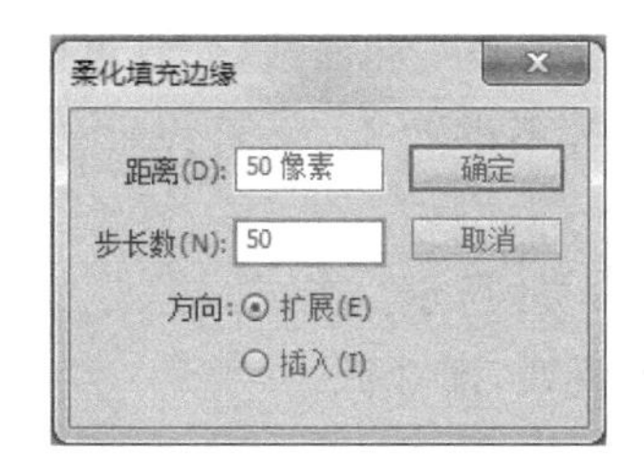

图 1-20 “柔化填充边缘”参数设置

图 1-21 “太阳”效果图

5. 制作飞鸟

01 单击“新建图层”按钮，新建图层 5，取名“飞鸟”。使用椭圆工具 绘制一个白色的椭圆，再用选择工具 选中下半个圆，将其删除，用增加锚点工具 在半圆的下方增加锚点，用转换锚点工具 和部分选取工具 调整曲线的弧度，得到飞鸟的翅膀。

02 按住【Ctrl】键拖动鼠标，复制飞鸟的翅膀，即得到另外一个翅膀。执行“修改/变形/水平翻转”命令，将其水平翻转；再绘制一个半圆，修改其形状，得到飞鸟的身体，这样一只飞鸟就制作完成了，如图 1-22 所示。

03 在第 50 帧插入关键帧，右击，在弹出的快捷菜单中选择“创建传统补间”命令，第 50 帧调整“飞鸟”的大小和位置，时间轴如图 1-23 所示。

图 1-22 飞鸟形状

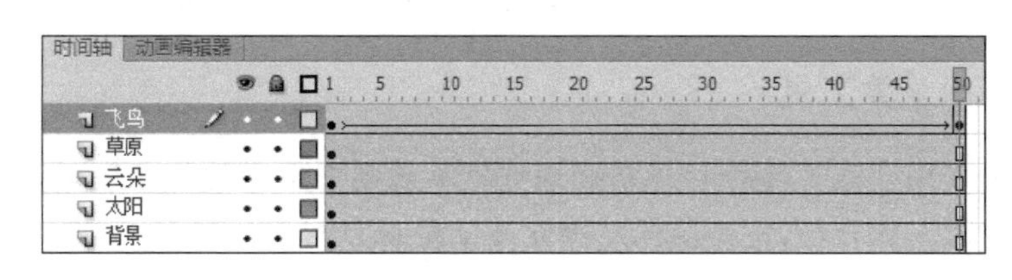

图 1-23 时间轴动画补间

6. 测试影片

01 执行“文件/保存”命令，或按快捷键【Ctrl+S】，以“草原风光. fla”为名保存文件。

02 执行“控制/测试影片/测试”命令，或按快捷键【Ctrl+Enter】，预览动画效果。

提示

当动画图层比较多时，可在编辑完一个图层后将其锁定，再对其他图层进行编辑。

相关知识

1. 铅笔工具

使用铅笔工具不但可以绘制出不封闭的直线、竖线和曲线，而且可以绘制出各种不规则的封闭图形。使用铅笔工具绘制的曲线通常不够精确，但可以通过编辑曲线进行修整。

铅笔模式有“伸直”“平滑”“墨水”三种，如图 1-24 所示。

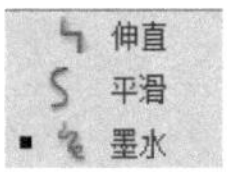

伸直
平滑
墨水

图 1-24 “铅笔模式”选项

(1) “伸直”：选择该模式绘制出的曲线将为直线，即降低平滑度。

(2) “平滑”：选择该模式绘制出的曲线将自动光滑，即增加平滑度。

(3) “墨水”：选择该模式绘制出的曲线将不做处理，即不改变平滑度。

2. 钢笔工具

使用钢笔工具可以绘制线条或曲线，其比铅笔工具更能精确地调整线条的角度、长度及曲线的斜率。可以通过添加锚点工具、删除锚点工具和转换锚点工具来调整曲线。

当鼠标指针移动到路径或者路径锚点附近时，鼠标指针形状有以下三种形式。

(1) 当鼠标指针变成时，可移动整个路径。

(2) 当鼠标指针变成时，可移动该处锚点的位置。

(3) 当鼠标指针变成时，可调整曲线锚点的控制柄。

3. 套索工具

使用套索工具可以精确地选择不规则图形中的任意区域。选择套索工具，将鼠标指针移至舞台中，按住鼠标左键并拖动鼠标指针至合适的位置，释放鼠标左键，即可在图形对象中选择需要的范围。

选择套索工具后，在“工具”面板的底部显示套索按钮，其含义如下。

(1) “魔术棒”按钮：用于选择色彩范围。

(2) “魔术棒设置”按钮：用于设置魔术棒选择的色彩范围。

(3) “多边形模式”按钮：对不规则的图形进行比较精确的选择。

魔术棒工具能选择图像中颜色相近的区域，可以除去图像中的背景颜色等。使用方法：选择“工具”面板中的套索工具，再单击“工具”面板选项栏中的“魔术棒”按钮，单击要去除颜色的区域，再按【Delete】键将选取的区域删除。

4. 部分选取工具

部分选取工具是用于修改和调整路径的有效工具，主要用于选择线条、移动线条、编辑节点和调整节点方向等。

5. 渐变变形工具

使用渐变变形工具可以对图形进行渐变色和位图的填充。渐变效果分为线性渐变和径向渐变，通过调整填充大小、方向、中心点位置，使填充渐变效果更好，如图 1-25 所示。

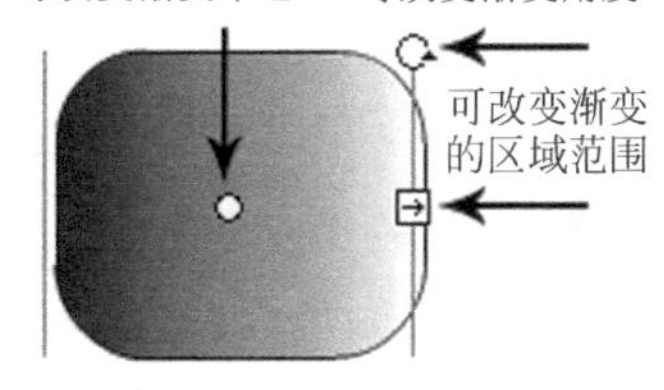

图 1-25 改变线性渐变时的操作方法

案例 1.3 乡村风车

案例目的

通过绘制"乡村风车"动画，掌握刷子工具、颜料桶工具、滴管工具、缩放工具等的使用方法和操作技巧。

微课：1.3 乡村风车

案例分析

"乡村风车"动画主要由背景天空、云朵、太阳、房屋、向日葵等元素构成。由于元素较多，在绘制时可以分图层来完成。先用椭圆工具、矩形工具、线条工具、铅笔工具将这些元素绘制出来，再用渐变变形工具和颜料桶工具对其填充颜色，最后完成风车转动的动画，如图 1-26 所示。

图 1-26 "乡村风车"效果图

实践操作

1. 制作天空、山坡

01 创建一个新的 Flash 文档，类型为 ActionScript 3.0，设置舞台大小为 600 像素×400 像素，背景颜色为白色（#FFFFFF）。

02 双击图层 1，在其名称文本框中输入"天空"。使用矩形工具绘制一个矩形，填充蓝色（#3399FF）～白色（#FFFFFF）的线性渐变，利用渐变变形工具调整渐变的方向，完成天空的制作。

03 单击"新建图层"按钮，新建图层 2，取名"山坡"。使用线条工具绘制五段线条，用选择工具指向线条的边缘，拖动鼠标，使直线变成弧线，绘制山坡，填充绿色（#009900）～深绿色（#00CC00）线性渐变，使用渐变变形工具调整渐变的方向，完成背景山坡的制作。

2. 制作云朵、太阳和蝴蝶

01 单击"新建图层"按钮，新建图层 3，取名为"云朵"。设置笔触颜色为无，使用椭圆工具绘制三个椭圆并将其叠加在一起，这样就完成了云朵的制作。

02 单击"新建图层"按钮，新建图层 4，取名为"太阳"。设置笔触颜色为无，使用椭圆工具绘制一个圆，填充红色，执行"修改/形状/柔化填充边缘"命令，在弹出的"柔化填充边缘"对话框中设置"距离"为 50 像素，"步长数"为 50，如图 1-27 所示，就完成了太阳的绘制。

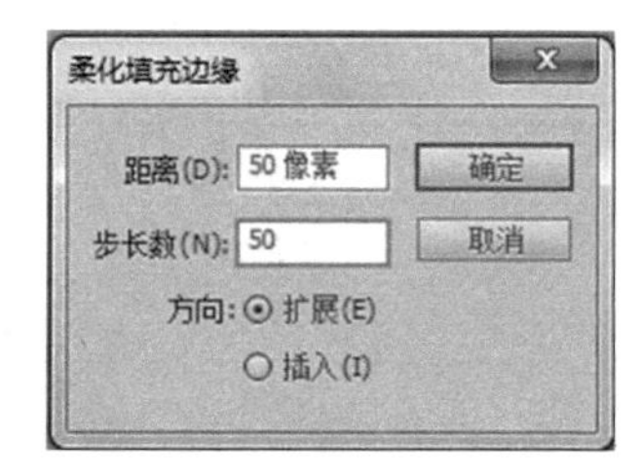

图 1-27 "柔化填充边缘"参数设置

03 执行"文件/导入/导入到库"命令，弹出"导入到库"对话框将"蝴蝶.jpg"素材导入库中。

04 单击"新建图层"按钮，新建图层 5，取名为"蝴蝶"，将"蝴蝶.jpg"素材拖到舞台，执行"修改/分离"命令，用魔术棒工具选中背景，按【Delete】键将其删除，并调整蝴蝶的大小。

3. 制作向日葵

01 单击"新建图层"按钮，新建图层 6，取名为"向日葵"。使用椭圆工具和任意变形工具绘制"花朵"。先用椭圆工具绘制一个椭圆，如图 1-28 所示，选择任意变形工具，将中心小圆移至椭圆的下方，如图 1-29 所示；打开"变形"面板，旋转角度设置为 6，单击"重制选区和变形"按钮，如图 1-30 所示；再选择椭圆工具，填充颜色为褐色（#7D4512），绘制一个圆作为花蕊，最后完成花朵的制作，如图 1-31 所示。

02 进行"叶子"的绘制。使用椭圆工具和部分选取工具来完成"叶子"的制作，并用颜料桶工具填充黄色～绿色的线性渐变，调整颜色的方向，如图 1-32 所示。

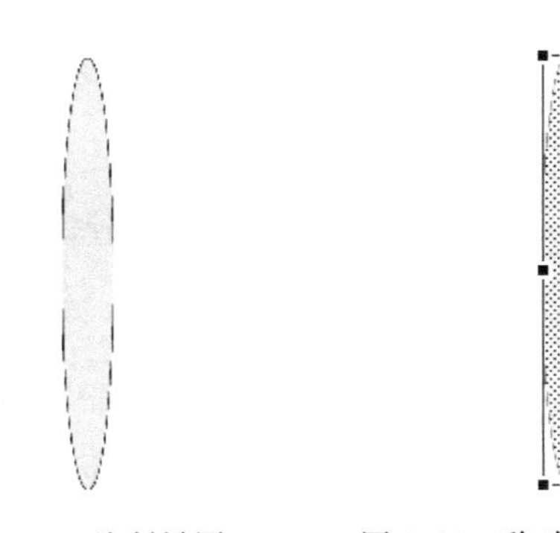

图 1-28 绘制椭圆

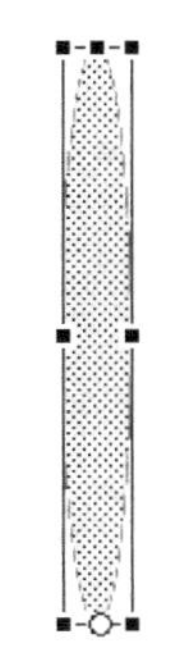

图 1-29 移动中心小圆位置

图 1-30 “变形”面板

03 用线条工具绘制“花茎”。按住【Ctrl】键，复制几片“叶子”，调整“叶子”的位置及大小，最终完成整个“向日葵”的制作，如图 1-33 所示。

图 1-31 “花朵”效果图

图 1-32 “叶子”效果图

图 1-33 “向日葵”效果图

提示

绘制“叶子”时，先用椭圆工具绘制一个椭圆，然后用部分选取工具选中一个锚点，按【Delete】键将其删除；将多余的几个锚点删除后，再选择选择工具，当鼠标指针变成形状时，调整椭圆弧度，就可以将叶子绘制出来了。

4. 制作房屋和风车

01 单击“新建图层”按钮，新建图层 7，取名为“房屋”。选择线条工具，设置其属性，笔触颜色为橘红色，笔触大小为 2，绘制屋子的轮廓，用选择工具将房屋的部分边缘调整成弧线。

02 使用颜料桶工具和渐变变形工具填充房屋的颜色，效果为浅黄色的房屋，橘红色（＃FF6600）～黄色（＃FFFF00）线性渐变的屋顶，浅蓝色的窗户，如图 1-34 所示。

03 单击“新建图层”按钮，新建图层 8，取名为“风车”。使用线条工具绘制风车，并对风车填充橘色～黄色的线性渐变，如图 1-35 所示。

04 在第 30 帧插入关键帧，右击，在弹出的快捷菜单中选择“创建传统补间”命令。打开帧“属性”面板，设置顺时针旋转 1 次，如图 1-36 所示。

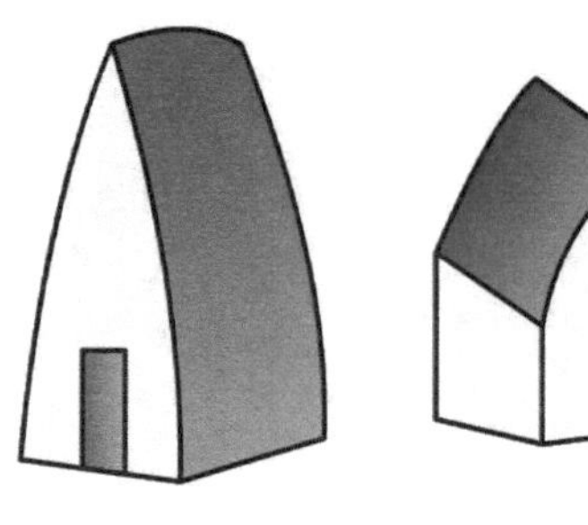

图 1-34 “房屋”效果图

图 1-35 “风车”效果图

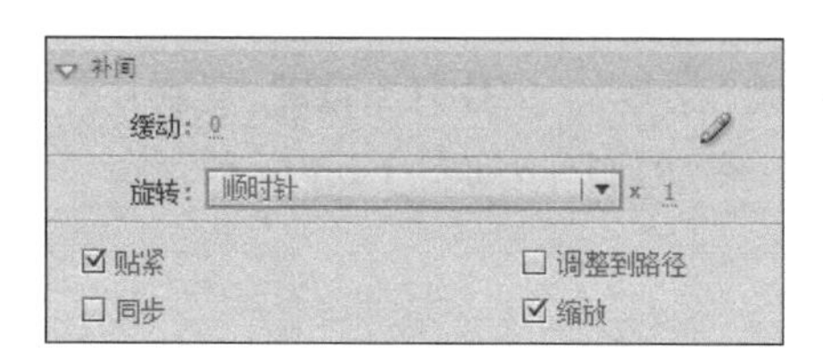

图 1-36 帧“属性”面板的设置

提示

使用颜料桶工具填充颜色时，如果不能填充颜色，说明线条相交处有空隙，只需单击“工具”面板中的“空隙大小”按钮，在弹出的列表框中选择“封闭大空隙”选项即可；如果仍然不能进行填充，可以用铅笔工具将缺口连接后再填充。

5. 测试影片

01 执行“文件/保存”命令，或按快捷键【Ctrl+S】，以“乡村风车.fla”为名保存文件。

02 执行“控制/测试影片/测试”命令，或按快捷键【Ctrl+Enter】，预览动画效果。

相关知识

1. 刷子工具

使用刷子工具可以利用画笔的各种形状，为各种物体涂抹颜色。选择刷子工具后，在“工具”面板下方单击“刷子模式”按钮，在弹出的列表框中可以选择五种模式，如图 1-37 所示。各模式的含义如下所述。

图 1-37 “刷子模式”选项

(1) “标准绘画”模式：会在同一层的线条和填充上涂色。

(2) “颜料填充”模式：对填充区域和空白区域涂色，不影响线条。

(3) “后面绘画”模式：在舞台上同一层的空白区域涂色，不影响线条和填充。

(4)“颜料选择”模式：可将新的填充应用到选区中。

(5)“内部绘画”模式：对刷子笔触开始时所在的填充进行涂色，但不对线条涂色。

2. 颜料桶工具

颜料桶工具可以对选择区域或封闭区域或位图等填充颜色。选择颜料桶工具后，在“工具”面板中单击“空隙大小”按钮，在弹出的列表框中选择一个选项，从而决定颜料桶工具的填充方式，如图 1-38 所示。

不封闭空隙
封闭小空隙
封闭中等空隙
封闭大空隙

图 1-38 “空隙大小”选项

3. 滴管工具

滴管工具可以吸取矢量色块属性、矢量线条属性、位图属性及文字属性等，并可以将选择的属性应用到其他对象中。

4. 缩放工具

缩放工具用来放大和缩小舞台的显示大小，在处理图像的细微处时，使用该工具可以帮助设计者完成重要细节的修改。选择缩放工具后，在“工具”面板中会显示“放大”和“缩小”按钮，用户可以根据需要选择相应的工具。

5. 手形工具

当舞台的尺寸非常大或舞台被放大，在工作区域不能完全显示舞台中的内容时，可以使用手形工具移动舞台。

圣诞贺卡

案例目的

通过绘制“圣诞贺卡”动画，掌握墨水瓶工具、橡皮擦工具、Deco 工具的使用方法和操作技巧。

微课：1.4 圣诞贺卡

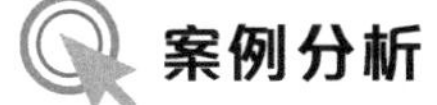

“圣诞贺卡”动画主要由背景、星星、贺卡纸、圣诞老人、圣诞树、礼物等元素构成。贺卡里的星星和圆在不同的位置闪烁，如图 1-39 所示。

实践操作

1. 制作背景和星星

01 创建一个新的 Flash 文档，类型为 ActionScript 3.0，设置舞台大小为 600 像素×

550 像素，背景颜色为白色(＃FFFFFF)。

图 1-39 “圣诞贺卡”效果图

02 双击图层 1，在其名称文本框中输入“背景”，使用矩形工具绘制一个矩形，填充红色(＃FF0000)～深红色(＃990000)的径向渐变，利用渐变变形工具调整渐变的位置。

03 单击“新建图层”按钮，新建图层 2，取名为“星星”，使用多角星形工具绘制大小不一的五角星，在第 25 帧、第 50 帧插入关键帧，调整星星的位置。

2. 制作贺卡纸

01 单击“新建图层”按钮，新建图层 3，取名为“贺卡纸”。

02 选择矩形工具，在其“属性”面板中设置笔触颜色为黑色，笔触高度为 15.00，“样式”为点状线，如图 1-40 所示，填充颜色为浅黄色(＃FFFFCC)，绘制一个矩形。

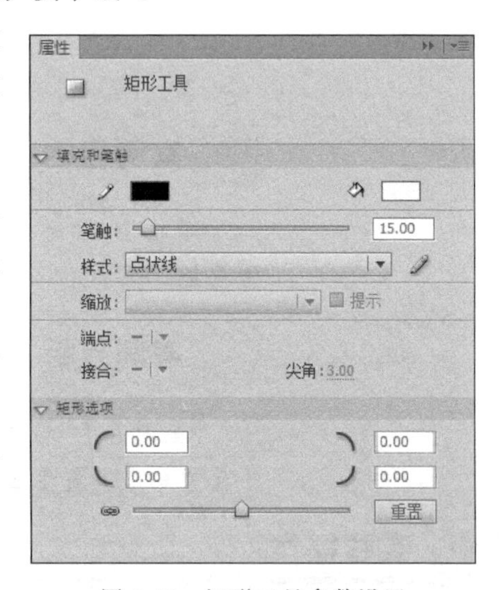

图 1-40 矩形工具参数设置

03 执行“修改/形状/将线条转换为填充”命令，选择中间的浅黄色区域，拖动鼠标移动其位置。

04 选择点状线的外轮廓，按【Delete】键删除边框，这样就完成贺卡纸的制作。

05 选择任意变形工具，选中贺卡纸并旋转。

3. 制作圣诞树

01 单击“新建图层”按钮，新建图层 4，取名为“圣诞树”。选择 Deco 工具，打开其“属性”面板，设置绘制效果为“树刷子”，“高级选项”为“圣诞树”，如图 1-41 所示。

02 拖动鼠标指针，完成两棵圣诞树的制作，效果如图 1-42 所示。

4. 完成图片处理

01 执行“文件/导入/导入到库”命令，弹出“导入到库”对话框，分别将“圣诞老人”“礼物”“圣诞快乐”三张图片导入库中。

02 单击“新建图层”按钮，新建图层 5，取名为“圣诞老人”。将“圣诞老人”图片拖入舞台，执行“修改/分离”命令，设置魔术棒参数，如图 1-43 所示。

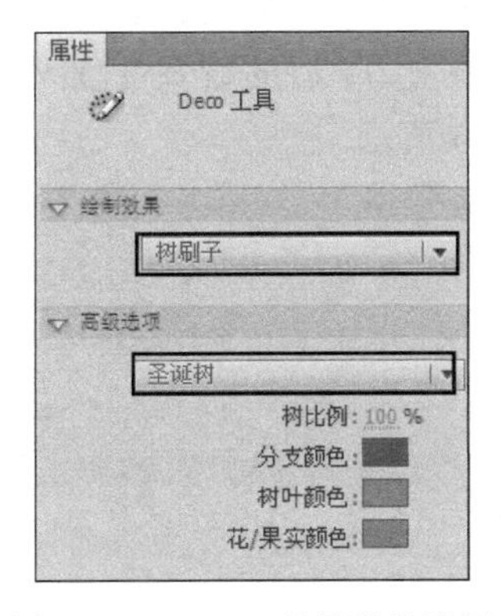

图 1-41　Deco 工具属性的设置

图 1-42　“圣诞树”效果图

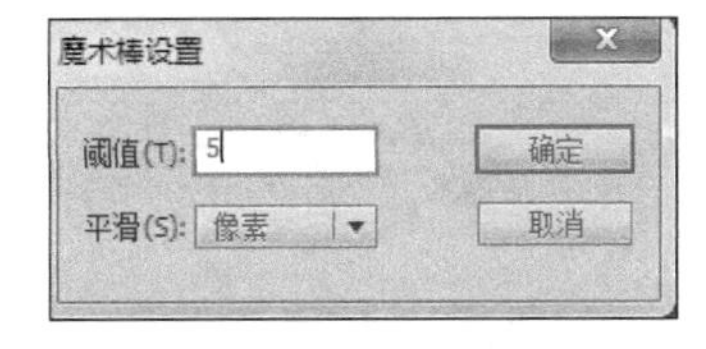

图 1-43　魔术棒参数的设置

03 选择魔术棒工具，单击图片中白色的背景，按【Delete】键删除背景颜色，局部处理可以使用橡皮擦工具。

04 选择墨水瓶工具，笔触高度设置为 3，颜色为白色，为圣诞老人图片描白色的边。

05 依次分图层完成对“礼物”和“圣诞快乐”两张图片的处理。

5. 测试影片

01 执行“文件/保存”命令，或按快捷键【Ctrl+S】，以“圣诞贺卡.fla”为名保存文件。

02 执行“控制/测试影片/测试”命令，或按快捷键【Ctrl+Enter】，预览动画效果。

相关知识

1. 墨水瓶工具

使用墨水瓶工具可以为绘制好的矢量线段填充颜色，或为一个填充图形区域添加封闭的边线。

2. 橡皮擦工具

橡皮擦工具用于擦除多余的部分。

3. Deco 工具

Deco 工具是 Flash 中一种类似“喷涂刷”的填充工具，使用该工具可以快速完成大量相同元素的绘制，也可以制作出很多复杂的动画效果。将其与图形元件和影片剪辑元件配合，可以制作出效果更加丰富的动画效果。

Deco 工具提供了众多的应用方法，除了使用默认的一些图形绘制以外，Flash CS6 还为用户提供了开放的创作空间，可以让用户通过创建元件，完成复杂图形或者动画的制作。

Flash CS6 共提供了 13 种不同类型的刷子，每个刷子都包含了多个不同的设置内容，利用 Deco 工具可以制作出丰富的图案。如图 1-44 所示，选择“树刷子”后的设置选项，单击“高级选项”中的下拉列表可以实现不同的绘制效果，如图 1-45 所示。

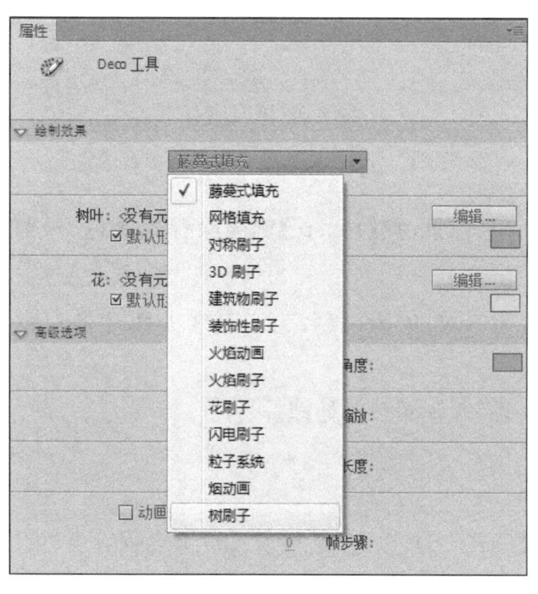

图 1-44　13 种绘制效果

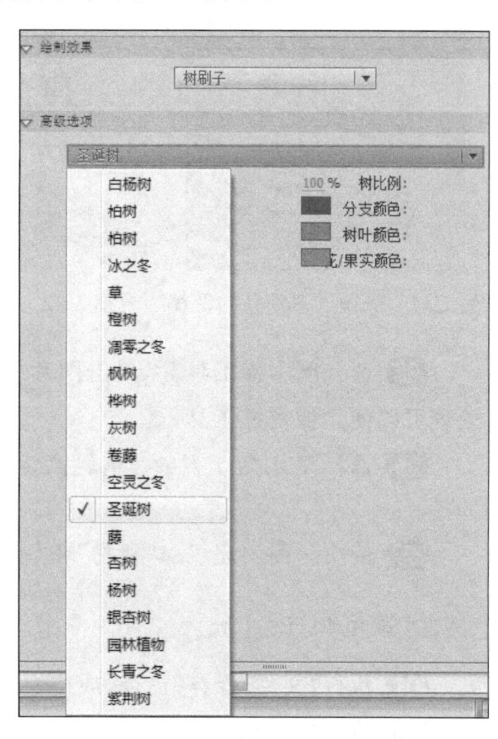

图 1-45　“高级选项”设置

1）藤蔓式填充

利用“藤蔓式填充”效果，将藤蔓式图案填充舞台、元件或封闭区域。通过从库中选择元件，可以替换叶子和花朵的插图。生成的图案将包含在影片剪辑中，而影片剪辑本身包含组成图案的元件。

2）网格填充

“网格填充”可以将基本图形元素复制，并将其有序地排列到整个舞台上，产生类似壁纸的效果，并且在“属性”面板的下方还可设置网格的填充颜色。

3）对称刷子

使用“对称刷子”效果，可以围绕中心点对称排列图形。在舞台上绘制图形时，将显示手柄，使用手柄增加元件数、添加对称内容或者修改效果，从而控制对称效果。使用“对称刷子”效果，可以创建圆形用户界面元素和旋涡图案。

4）3D 刷子

通过“3D 刷子”效果，在舞台上按住鼠标左键拖动绘制出的图案为无数个图形，使其具有 3D 透视效果。

5）建筑物刷子

使用“建筑物刷子”效果，可以在舞台上绘制建筑物。建筑物的外观取决于为建筑物属性选择的值。将鼠标移动到舞台上按住左键不放，由下向上拖动到合适的位置就可绘制出建筑物体，释放左键即可创建出建筑物的顶部。

6）装饰性刷子

通过应用“装饰性刷子”效果，可以绘制出装饰性图案，如点线、波浪线及其他线条。

7）火焰动画

“火焰动画”效果可以在场景中直接单击，将会自动在单击的地方创建多个帧，并且每个帧中都会包含不同形状的火焰，以达到创建模拟火焰燃烧的逐帧动画效果。

8）火焰刷子

借助“火焰刷子”效果，可以在“时间轴”面板的当前帧中的舞台上绘制火焰。

9）花刷子

借助“花刷子”效果，可以绘制程式化的花，在舞台中拖动可以绘制花图案，其绘制的效果随机产生，拖动得越慢绘制的图案越密集。

10）闪电刷子

通过“闪电刷子”效果，可以创建闪电效果，而且还可以创建具有动画效果的闪电。

11）粒子系统

使用“粒子系统”效果，可以创建火、烟、水、气泡及其他效果的粒子动画。

12）烟动画

“烟动画”效果与“火焰动画”效果类似，可以创建程序化的逐帧烟动画。

13）树刷子

通过“树刷子”效果，可以快速创建树状插图，在舞台中按住鼠标左键由下向上快速拖动可绘制出树干，然后减速拖动可绘制出树枝和树叶，释放鼠标即可停止绘制。

单元小结

本单元着重为大家介绍了绘图工具的使用方法及操作技巧。当绘制的矢量图形中对象比较多时，通常可以采用以下三种方式完成。

（1）在同一图层绘制不同对象时，每绘制完成一个元素将其组合。

（2）分图层来绘制不同的对象。

(3) 当动画中的对象比较多时,可将某个对象制作成元件,重复使用。制作元件的方法将在后续单元中介绍。

自我测评

1. 制作"荷塘月色"动画:荷塘夜色,一轮圆月高高挂在天空,池塘里,几只蜻蜓在荷叶上休憩,如图 1-46 所示。

2. 制作"乡村小屋"动画:该动画中向日葵、小屋、云朵、树组成了一幅美丽的田园风景,如图 1-47 所示。

图 1-46 "荷塘月色"效果图

图 1-47 "乡村小屋"效果图

3. 制作"可爱的小猪"动画:该动画中小猪、爱心构成一幅温馨的画面,效果如图 1-48 所示。

图 1-48 "可爱的小猪"效果图

单元2

逐帧动画

单元导读

单元2课件下载

Flash动画有很多种类型，最常见的是基本动画、逐帧动画、引导动画、遮罩动画。

逐帧动画的特点是动画由多个关键帧组合而成，且每个关键帧中的内容都有所改变，在播放时，则将所有的关键帧中的画面依次呈现，从而达到动画的效果。因此，逐帧动画中的每一帧都是关键帧，制作起来比较烦琐，而且文件也较大，但是逐帧动画也有优势，其灵活性较好，很适合做细腻的动画，如人或动物的表情变化、肢体动作等。

学习目标

1. 了解逐帧动画的制作原理，掌握逐帧动画的制作方法。
2. 学会导入素材及处理素材。
3. 掌握帧的相关知识。

单元任务

1. 绘制“书籍”。
2. 绘制“跳舞的人”。
3. 绘制“笑脸”。
4. 绘制“花朵的成长”。

案例2.1 书籍

案例目的

微课：2.1 书籍

通过制作“书籍”动画，学习文档属性的设置、图像的导入，领会逐帧动画的制作原理和操作方法。

案例分析

导入书籍的图片，用魔术棒工具处理图片的背景，利用逐帧动画，完成一叠书、一串文字逐渐显示出来的效果，如图 2-1 所示。

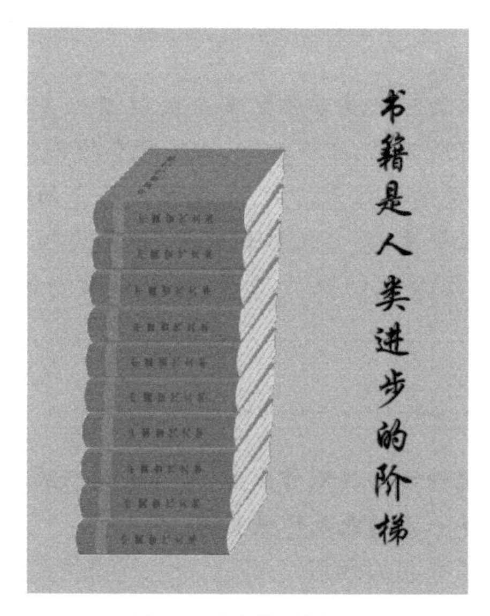

图 2-1 “书籍”效果图

实践操作

1. 制作书籍、文字的动画

01 创建一个新的 Flash 文档，类型为 ActionScript 3.0，设置舞台大小为 400 像素×500 像素，背景颜色为浅蓝色(＃99CCFF)，设置“帧频”为 3.00fps，如图 2-2 所示。

02 执行“文件/导入/导入到库”命令，弹出“导入到库”对话框，在该对话框中选择需要导入的“书籍”图片，单击“打开”按钮。

03 执行“窗口/库”命令，将“库”中“书籍”图片从“库”中拖到舞台。

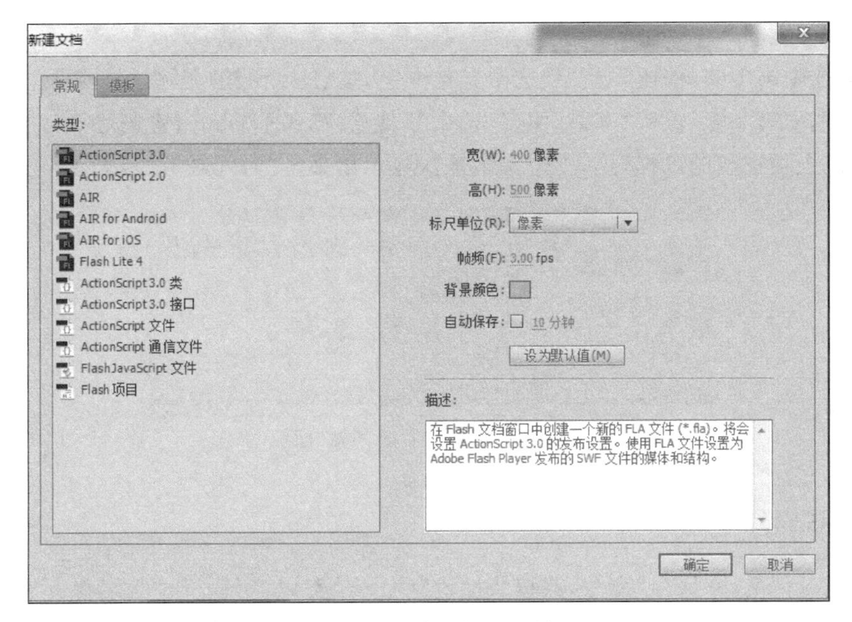

图 2-2 “新建文档”对话框

04 选中“套索工具”选项中的“魔术棒设置”,参数设置如图 2-3 所示。

05 选中对象,执行“修改/分离”命令,选中图片中的白色背景,按【Delete】键,删除白色的背景。

06 执行“窗口/变形”命令,调整书的大小为缩小 40.0%,参数如图 2-4 所示。

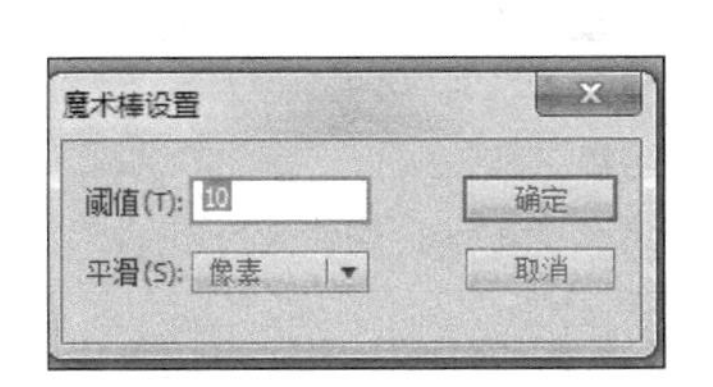

图 2-3 “魔术棒设置”对话框参数设置

图 2-4 “变形”面板参数设置

07 选中第 2 帧,右击,在弹出的快捷菜单中选择“插入关键帧”命令。按住【Ctrl】键,复制一个对象,并调整其位置。

08 选中第 3 帧,右击,在弹出的快捷菜单中选择“插入关键帧”命令。按住【Ctrl】键,复制一个对象,并调整其位置。

09 以此类推,共插入 10 个关键帧,每插入一个关键帧,书增加一本,最后变成一叠书。

10 单击“新建图层”按钮,输入文字“书籍是人类进步的阶梯”,执行“修改/分离”命令,将文字分离成单个文字。

11 选中第 2 帧,右击,在弹出的快捷菜单中选择“插入关键帧”命令。以此类推,共插入 10 个关键帧。

12 选中第 1 帧，保留“书”字，选中其他文字，按【Delete】键删除。

13 选中第 2 帧，保留“书籍”两字，选中其他文字，按【Delete】键删除。以此类推，最后“书籍是人类进步的阶梯”这 10 个文字依次显示出来。“时间轴”面板如图 2-5 所示。

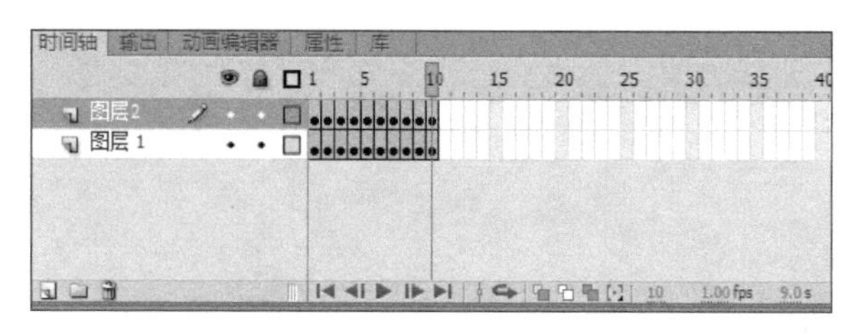

图 2-5 “书籍”的“时间轴”面板

2. 测试影片

01 执行“文件/保存”命令，或按快捷键【Ctrl+S】，以“书籍.fla”为名保存文件。

02 执行“控制/测试影片/测试”命令，或按快捷键【Ctrl+Enter】，预览动画效果。

相关知识

1. 有关帧的概念

(1) 帧：构成动画的一系列画面称为帧，其是 Flash 动画制作的基本单位，在时间轴上显示为灰色填充的小方格。

(2) 帧频：动画播放的速度，它是每秒钟播放的帧数的度量单位。Flash CS6 默认的帧频为 24 帧/秒。

(3) 关键帧：用于定义动画变化的帧。制作动画时，在不同的关键帧上绘制或编辑对象，再通过一些设置便能形成动画，如图 2-6 所示。

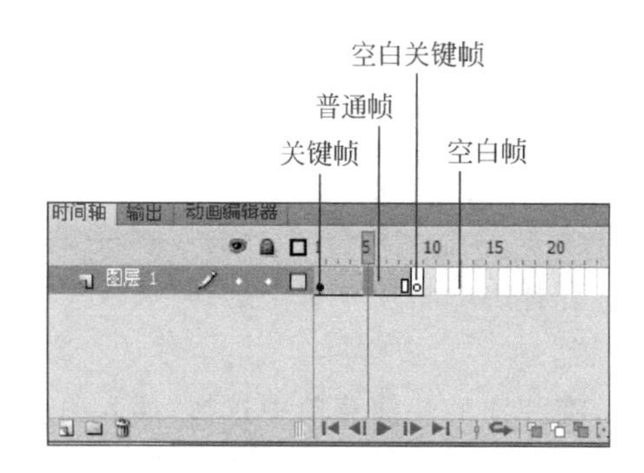

图 2-6 帧的介绍

(4) 普通帧：延伸关键帧上的内容。制作动画时，经常需要将某一关键帧上的内容向后延伸，此时可以通过添加普通帧来实现，如图 2-6 所示。

(5) 空白关键帧：表示该关键帧中没有任何内容，这种帧主要用于结束前一个关键帧的内容或用于分隔两个相连的补间动画。空白关键帧在“时间轴”面板中以一个空心圆表示，如图 2-6 所示。

2. 帧的操作

1）常用的插入关键帧的方法

(1) 选择某帧，执行“插入/关键帧”命令。

(2) 将鼠标指针移到要插入空白关键帧的帧上，右击，在弹出的快捷菜单中选择“插入关键帧”命令。

(3) 选择某帧，按快捷键【F6】。

2）常用的插入帧的方法

(1) 选择某帧，执行“插入/帧”命令。

(2) 将鼠标指针移到要插入关键帧的帧上，右击，在弹出的快捷菜单中选择“插入帧”命令。

(3) 按住【Alt】键，将鼠标指针移到关键帧处，当鼠标指针呈黑色箭头形状时，向右拖动关键帧，即可产生一个或多个普通帧，但最后一个是关键帧。

(4) 选择某帧，按快捷键【F5】。

3）常用的插入空白关键帧的方法

(1) 选择某帧，执行“插入/空白关键帧”命令。

(2) 将鼠标指针移到要插入关键帧的帧上，右击，在弹出的快捷菜单中选择“插入空白关键帧”命令。

(3) 选择某帧，按快捷键【F7】。

4）编辑帧

在 Flash CS6 中，系统提供了强大的帧编辑功能，用户可以根据需要在“时间轴”面板中编辑各种帧。编辑帧可以通过在菜单中选择命令来完成，也可右击需要编辑的帧，在弹出的快捷菜单中选择各种编辑帧的命令，如图 2-7 所示。可以对选择的帧进行移动、翻转、复制、转换、删除和清除等操作。删除帧常用快捷键【Shift＋F5】，删除关键帧常用快捷键【Shift＋F6】。

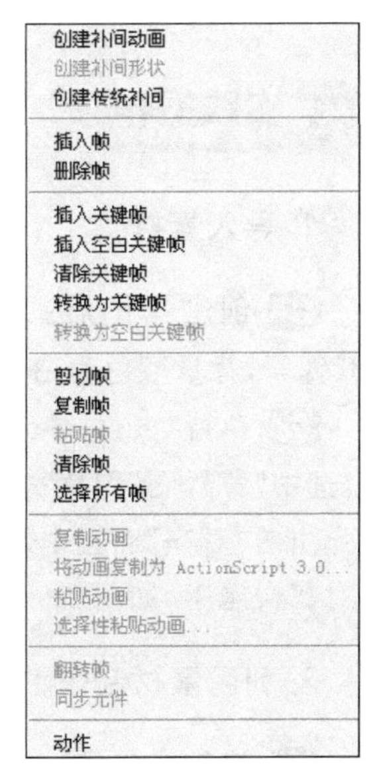

图 2-7 帧的快捷菜单

跳舞的人

案例目的

通过制作“跳舞的人”动画，学会导入有序图片快速制作逐帧动画。

微课：2.2 跳舞的人

案例分析

“跳舞的人”动画通过导入跳舞人不同动作的位图，连续播放而产生跳舞的效果，如图 2-8 所示。

图 2-8 “跳舞的人”效果图

实践操作

1. 导入素材

01 创建一个新的 Flash 文档，类型为 ActionScript 3.0，设置舞台大小为 400 像素×400 像素，背景颜色为白色(＃FFFFFF)。

02 执行“文件/导入/导入到舞台”命令，弹出“导入到舞台”对话框，在“素材”文件夹中，选中“背景图”图片素材，单击“打开”按钮，将图片导入舞台中，执行“窗口/对齐”命令，在弹出的“对齐”面板中勾选“与舞台对齐”复选框，选择“水平中齐”和“垂直中齐”，将位图相对舞台居中，如图 2-9 所示。

2. 利用素材制作影片剪辑元件

01 执行新建“插入/新建元件” 命令或按快捷键【Ctrl＋F8】，弹出“创建新元件”对话框，输入元件“名称”为“跳舞的人”，设置元件“类型”为“影片剪辑”，单击“确定”按钮，进入影片剪辑元件编辑界面，如图 2-10 所示。

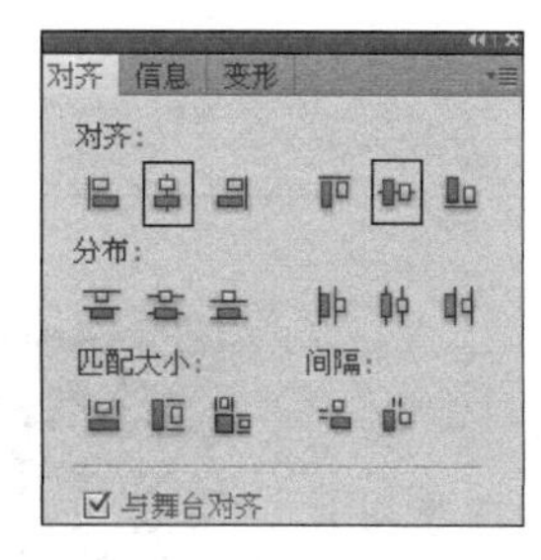

图 2-9 “对齐”面板

图 2-10 “创建新元件”对话框

02 执行“文件/导入/导入到舞台”命令或按快捷键【Ctrl+R】，选择素材文件中第一张图片，弹出如图 2-11 所示对话框，选择【是】选项。这时跳舞的人的影片剪辑元件就创建好了。

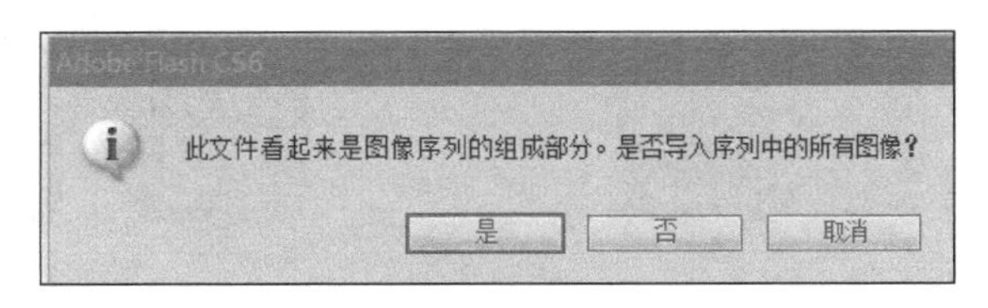

图 2-11　Adobe Flash CS6 对话框

03 回到场景，新建一个“跳舞的人”图层，将刚刚做好的影片剪辑元件拖到舞台上，如图 2-12 所示。

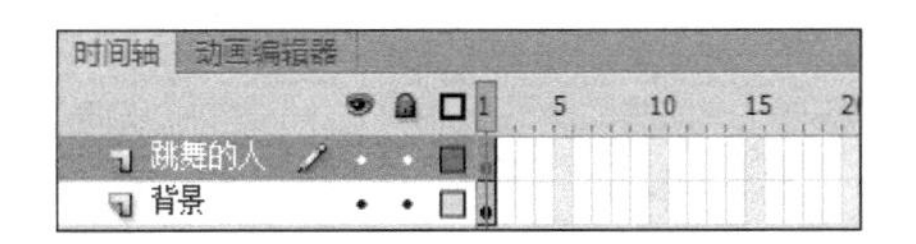

图 2-12　“时间轴”面板

3. 测试影片

01 执行“文件/保存”命令，或按快捷键【Ctrl+S】，以“跳舞的人.fla”为名保存文件。

02 执行“控制/测试影片/测试”命令，或按快捷键【Ctrl+Enter】，预览动画效果。

提示

对于一些序列图片（根据名称判断），导入舞台后将按照名称顺序自动创建关键帧，从而形成动画效果。

相关知识

Flash CS6 提供的绘图工具和公用库的内容对于制作一个大型的项目而言是不够的，因此需要从外部导入所需的素材文件。在 Flash CS6 中可导入的文件格式类型有矢量图形、位图图像、视频和音频等。

1. 导入位图图像

执行“文件/导入/导入到库”命令，弹出“导入到库”对话框，在该对话框中可以选择文件类型、文件夹、文件，如图 2-13 所示，再单击“打开”按钮，即可将选定的素材导入库中，使用时打开“库”面板将其拖入舞台即可。

2. 导入矢量图形

执行“文件/导入/导入到库”命令，弹出“导入到库”对话框，在该对话框中可以选择 Illustrator 文件“儿童 01.ai”，再单击“打开”按钮，弹出“将‘儿童 01.ai’导入到库”对话框，

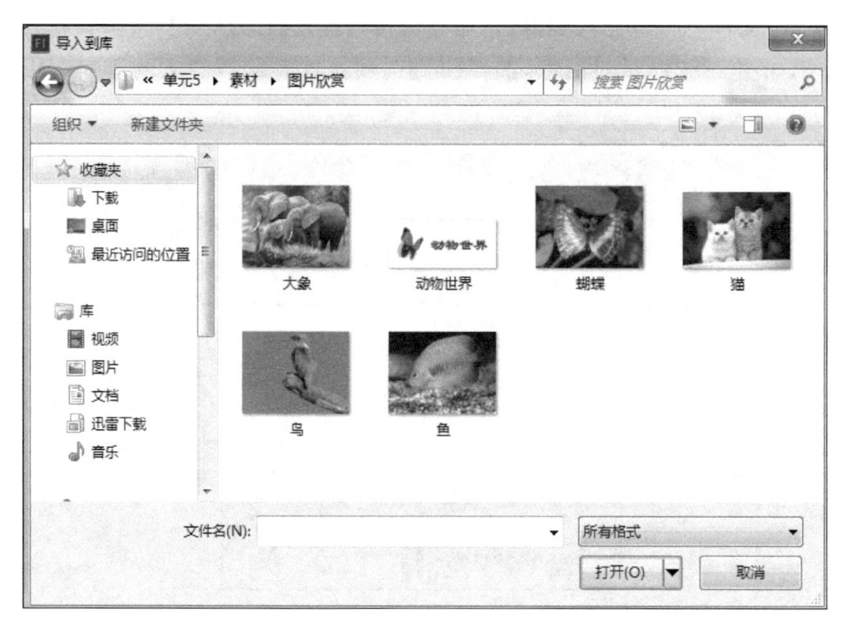

图 2-13 “导入到库”对话框

如图 2-14 所示，单击“确定”按钮，即可导入所选 Illustrator 文件。在导入的 Illustrator 文件中，所有的对象都将组合成一个组，如果要对导入的文件进行编辑，需将群组打散。

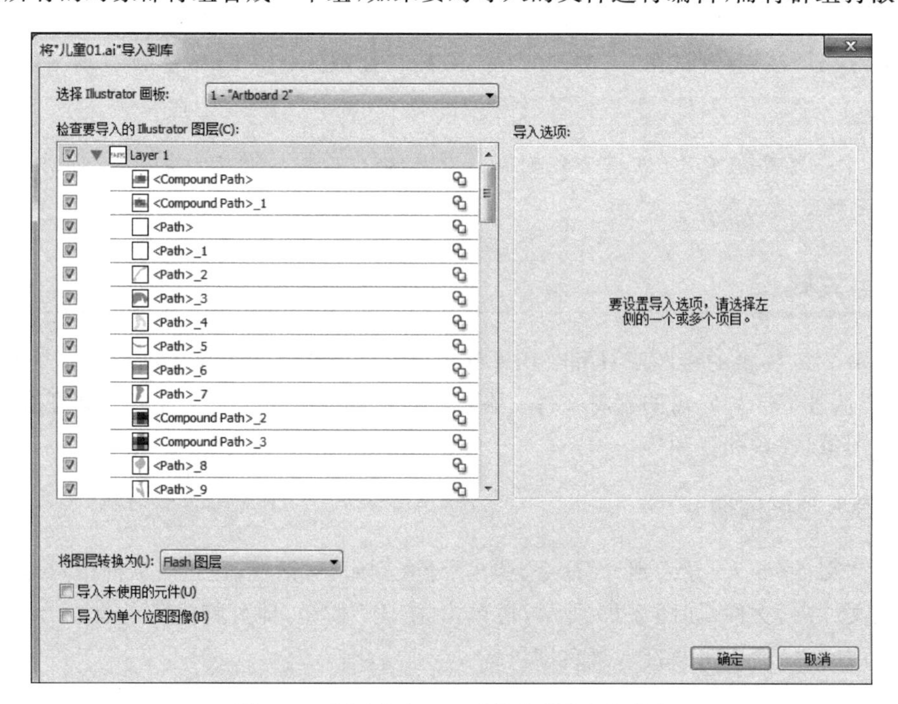

图 2-14 “将‘儿童 01. ai’导入到库”对话框

案例2.3 笑脸

案例目的

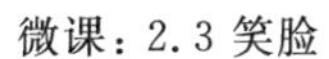

微课：2.3 笑脸

通过绘制"笑脸"动画，学习使用绘图工具绘制简单图形，逐步掌握图像逐帧动画的制作方法。

案例分析

"笑脸"动画主要利用椭圆工具来绘制眼睛和嘴巴，通过眼睛和嘴巴的变化产生动画，如图 2-15 所示。

图 2-15 "笑脸"效果图

实践操作

1. 绘制笑脸

01 创建一个新的 Flash 空白文档，类型为 ActionScript 3.0，设置舞台大小为 200 像素×200 像素，"帧频"为 24.00fps，背景颜色为白色(#FFFFFF)。

02 选择"工具"面板中的椭圆工具，设置笔触颜色为黑色，笔触高度为 2，填充颜色为黄色，绘制一个正圆。

03 单击"新建图层"按钮，新建图层 2，使用线条工具绘制嘴巴。

04 单击"新建图层"按钮，新建图层 3，使用椭圆工具绘制眼睛。

2. 修改嘴巴和眼睛

01 在第 5 帧、第 10 帧、第 15 帧、第 20 帧，分别右击，插入关键帧。

02 分别修改图层 2 的第 5 帧、第 10 帧、第 15 帧嘴巴的形状，如图 2-16 所示。

图 2-16 "嘴巴"的三种不同形状

03 单击图层 3 的第 5 帧，修改眼睛的形状，执行“窗口/变形”命令，打开“变形”面板，调整眼睛大小到 120.0%，如图 2-17 所示。

04 单击图层 3 的第 15 帧，修改眼睛的形状。第 5 帧和第 15 帧眼睛的形状如图 2-18 所示。

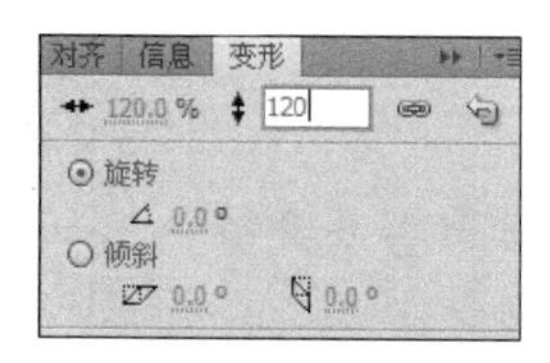

图 2-17 “变形”面板的参数设置

图 2-18 “眼睛”的两种形状

3. 测试影片

01 执行“文件/保存”命令，或按快捷键【Ctrl+S】，以“笑脸.fla”为名保存文件。

02 执行“控制/测试影片/测试”命令，或按快捷键【Ctrl+Enter】，预览动画效果。

案例 2.4 花朵的成长

案例目的

通过制作动画“花朵的成长”，进一步了解逐帧动画的制作原理，掌握逐帧动画的制作方法。

微课：2.4 花朵的成长

案例分析

使用刷子工具和钢笔工具分图层绘制背景、花盆、花朵，通过花朵不同形状的连续播放，产生“花朵的成长”动画效果，如图 2-19 所示。

图 2-19 “花朵的成长”效果图

实践操作

1. 制作背景

01 创建一个新的 Flash 文档，类型为 ActionScript 3.0，设置舞台大小为 550 像素×400 像素，设置“帧频”为 3.00fps，背景颜色为白色(＃FFFFFF)。

02 选择刷子工具，笔触颜色为蓝色(＃0000FF)绘制外框，如图 2-20 所示。

03 选择渐变工具填充白色到天蓝色的渐变(＃00FFFF)，选择刷子工具，设置笔触颜色为棕色(＃663300)，绘制小木桌，填充粉色(＃FFCC99)，如图 2-21 所示。

图 2-20 外框效果

图 2-21 背景效果

2. 制作花盆

01 单击“新建图层”按钮，新建图层 2。

02 选择刷子工具，设置刷子大小为最小，笔触形状为圆形，颜色为黑色(＃000000)，绘制一个花盆，填充棕色(＃663300)，如图 2-22 所示。

3. 制作花朵

01 单击“新建图层”按钮，新建图层 3。选择刷子工具绘制第一片绿叶，如图 2-23 所示。

02 选择第 2 帧，右击，在弹出的快捷菜单中选择“插入关键帧”命令，绘制第二片绿叶，如图 2-24 所示。

图 2-22 花盆效果

图 2-23 第 1 帧绿叶效果

图 2-24 第 2 帧绿叶效果

03 以此类推，分别从第3帧至第10帧插入关键帧，绘制出不同形状的绿叶及花朵。如图2-25所示。“时间轴”面板如图2-26所示。

图2-25 第3帧至第10帧绿叶及花朵效果

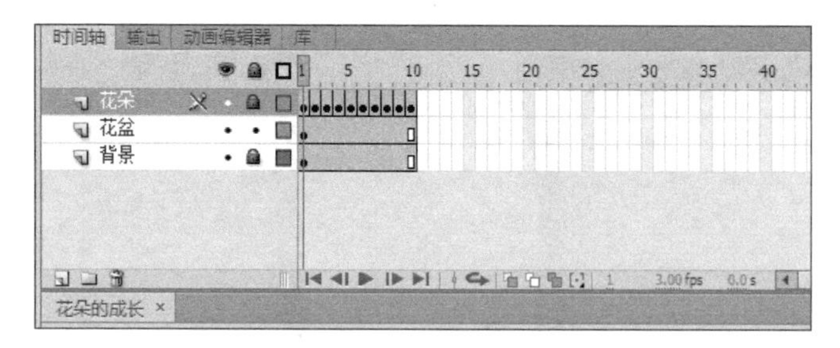

图2-26 “花朵的成长”的“时间轴”面板

4. 测试影片

01 执行“文件/保存”命令，或按快捷键【Ctrl+S】，以“花朵的成长.fla”为名保存文件。

02 执行“控制/测试影片/测试”命令，或按快捷键【Ctrl+Enter】，预览动画效果。

单元小结

本单元为大家介绍了帧及逐帧动画的有关知识。在制作过程中，应注意以下三个原则。

（1）根据动画显示的先后顺序进行制作。

（2）如果前后两帧关联很大，建议使用快捷键【F6】插入关键帧。

（3）如果前后两帧无关联，建议使用快捷键【F7】插入空白关键帧，然后重新绘制新的内容。

自我测评

1. 用逐帧动画的方法制作“闪客天堂”四个字的打字效果，如图2-27所示。
2. 利用绘图工具逐帧绘制花朵的生长过程，效果如图2-28所示。

图 2-27 “闪客天堂”效果图

图 2-28 “花朵的成长”效果图

3. 利用矩形工具绘制几幅简单的机器人运动的动画，效果如图 2-29 所示。

图 2-29 “运动的机器人”效果图

4. 利用魔术棒工具处理小狗的背景，完成“小狗奔跑”动画，效果如图 2-30 所示。

图 2-30 “小狗奔跑”效果图

单元3

传统补间动画

单元导读

单元3课件下载

传统补间动画是制作Flash动画过程中使用最频繁的一种动画。该动画制作起来比较简单，只需在动画的第一帧和最后一帧中创建动画对象就可完成传统补间动画的制作。

运用传统补间动画可以制作具有大小、位置、颜色、透明度、旋转等变化的动画。

本单元主要介绍传统补间动画的操作方法和使用技巧。

学习目标

1. 了解补间动画的制作原理，掌握传统补间动画(原来的动作补间动画)和补间动画(新增的补间动画)操作的区别。
2. 了解文本的类型，掌握文本工具的使用方法。
3. 填充的扩展与收缩功能的使用方法。
4. 柔化填充边缘功能的使用方法。

单元任务

1. 绘制“公园风标”。
2. 绘制“跳跃的文字”。
3. 绘制“文字逼近”。
4. 绘制“雨滴”。

案例3.1 公园风标

案例目的

通过制作“公园风标”动画，了解什么是传统补间动画，以及如何制作一个传统补间动画。

微课：3.1 公园风标

案例分析

通过设置帧的“属性”面板中旋转参数，从而产生风标旋转的效果，如图 3-1 所示。

图 3-1 “公园风标”效果图

实践操作

1. 制作 “风标” 的动画

01 创建一个新的 Flash 文档，类型为 ActionScript 3.0，设置舞台大小为 400 像素×225 像素，背景颜色为白色(#FFFFFF)。

02 执行“导入/导入到舞台”命令，弹出“导入”对话框，找到素材文件夹中的“风标”图片，将其导入舞台，执行“窗口/对齐”命令，勾选“与舞台对齐”复选框，单击水平中齐，垂直中齐，将图片置于舞台中央。

03 单击“新建图层”按钮，新建图层 2，执行“视图/标尺”命令，分别拖出两条参考线，用多角星形工具画出几个不同的形状，如图 3-2 所示。

04 选择铅笔工具，设置笔触颜色为棕色(#663300)，笔触大小为 2.00，“样式”为“锯齿线”，如图 3-3 所示，沿着画好的形状描边，如图 3-4 所示。

05 在第 40 帧处插入关键帧，选择第 1～40 帧的任意帧格，右击，在弹出的快捷菜单中选择“创建传统补间”命令。

06 选择第 1 帧，打开“帧”属性面板，设置补间“旋转”为“顺时针 1 次”，如图 3-5 所示。

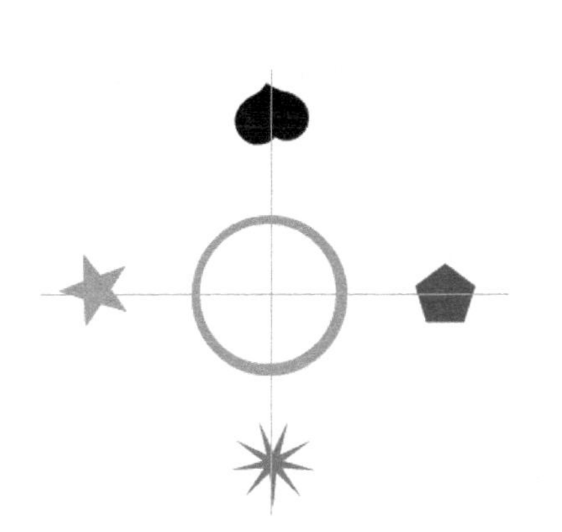

图 3-2 “风标”的图形

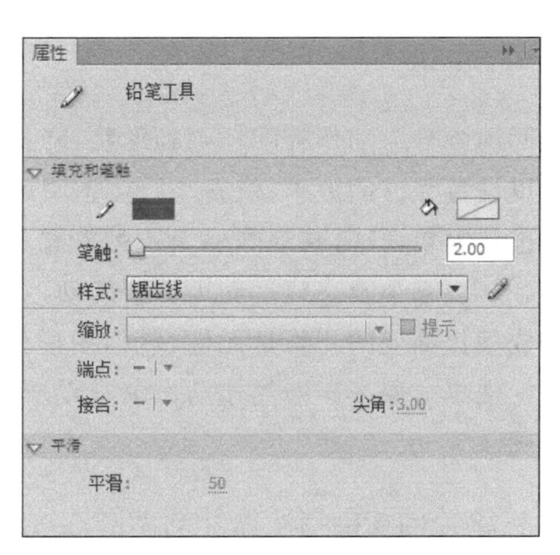

图 3-3 “铅笔工具”参数设置

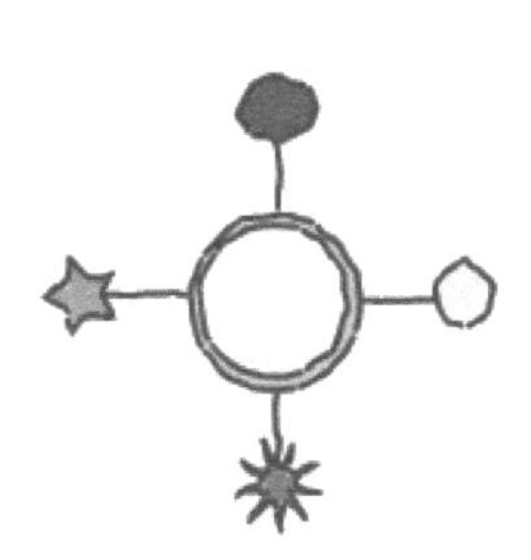

图 3-4 “风标”效果图

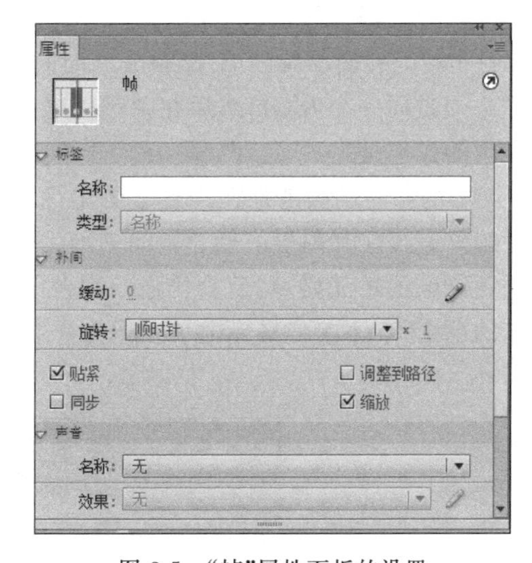

图 3-5 “帧”属性面板的设置

2. 测试影片

01 执行“文件/保存”命令，或按快捷键【Ctrl+S】，以“公园风标.fla”为名保存文件。

02 执行“控制/测试影片/测试”命令，或按快捷键【Ctrl+Enter】，预览动画效果。

提示

制作传统补间动画时，两个关键帧上的对象可以是元件实例，也可以是文本、位图、群组、绘制对象等，但不能是分散的矢量图形。尤其要注意，同一个图层上的每个关键帧必须是同一个对象才能创建补间动画。

相关知识

1. 补间动画

补间动画分为动作补间动画和形状补间动画，动作补间动画也称为动作渐变动画，运用它可以设置元件的大小、位置、颜色、透明度、旋转等属性，该动画渐变的过程很连贯，制作过程也很简单，只需在动画的第一帧和最后一帧中创建动画即可。如在 Flash 中看到的旋转、放大、缩小及直线运动等类型的动画都属于动作渐变动画。

构成动作渐变的元素是元件，包括图形元件、影片剪辑和按钮等。除了元件外，其他元素包括文本对象都不能创建动作渐变动画，所以要将对象转换为元件后才能创建动作补间动画。

2. 传统补间动画与新增补间动画的区别

在 Flash CS4 之后的版本，出现了传统补间动画（原来的动画补间动画）和补间动画（新增的补间动画），其区别如下。

（1）创建传统补间动画的顺序，首先在时间轴上的两个不同时间点插入关键帧（每个关键帧都必须是同一个 MC），然后在关键帧之间创建传统补间，动画就形成了。因此，传统补间动画的操作是定头、定尾、做动画（开始帧、结束帧、创建动画动作）。

（2）新增的补间动画则是在舞台上画出一个 MC 以后，不需要在时间轴的其他地方插入关键帧。直接在某图层上创建补间动画，该层变成蓝色之后，只需先在时间轴上选择需要添加关键帧的单元格，然后直接拖动舞台上的 MC，即自动形成一个补间动画。这个补间动画的路径可以直接显示在舞台上，并且可以利用调动手柄进行调整，如图 3-6 所示。

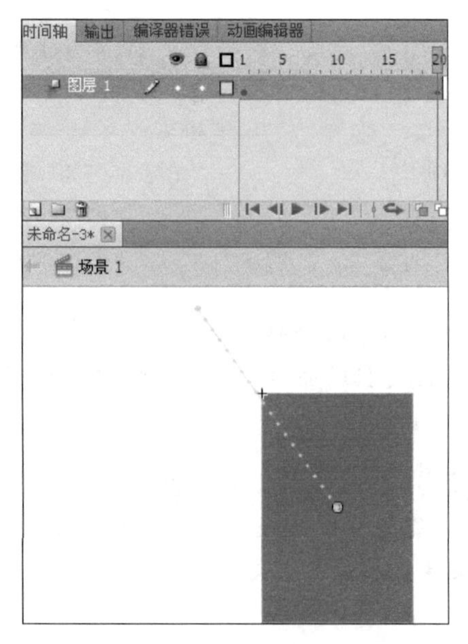

图 3-6　手动控制柄

(3) 传统补间是两个对象生成一个补间动画，而新增的补间动画是一个对象的两个不同状态生成一个补间动画，这样就可以利用新补间动画来完成大批量或更为灵活的动画调整。

案例3.2 跳跃的文字

案例目的

通过制作“跳跃的文字”动画，了解文本的类型及文本工具参数的设置。

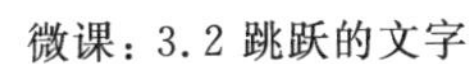

微课：3.2 跳跃的文字

案例分析

“跳跃的文字”动画是通过改变不同关键帧上实例的位置，产生文字上下跳跃的效果，如图3-7所示。

图3-7 “跳跃的文字”效果图

实践操作

1. 输入文本

01 创建一个新的Flash文档，类型为ActionScript 3.0，设置舞台大小为550像素×400像素，背景颜色为深蓝色(#000066)。

02 用文本工具 T 在舞台中输入“FLASHCS6”，设置字体样式为华文琥珀，大小为100.0点，颜色为红色(#FF0000)，字母间距为10.0，如图3-8所示。

03 执行“窗口/对齐”命令，勾选“与舞台对齐”复选框，单击水平中齐，垂直中齐，如图3-9所示。

04 执行“修改/时间轴/分散到图层”命令，每个字母会自动生成一个图层，原来的图层1为空，将其删除。

2. 文字动画的制作

01 选中“F”图层，分别在第10帧、第20帧、第30帧、第40帧、第50帧、第60帧处插入关键帧。

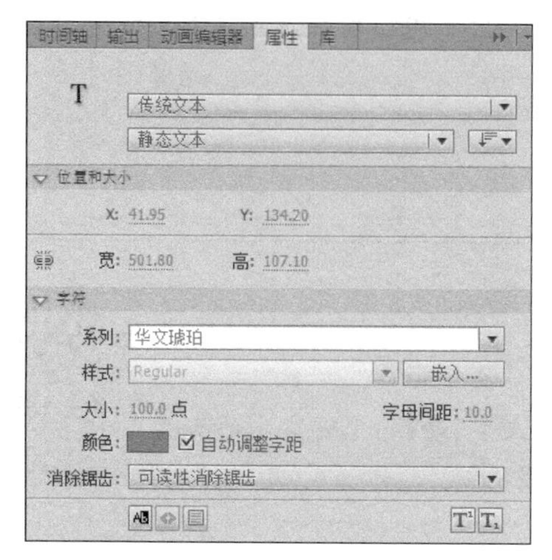

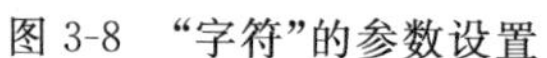

图 3-8 “字符”的参数设置

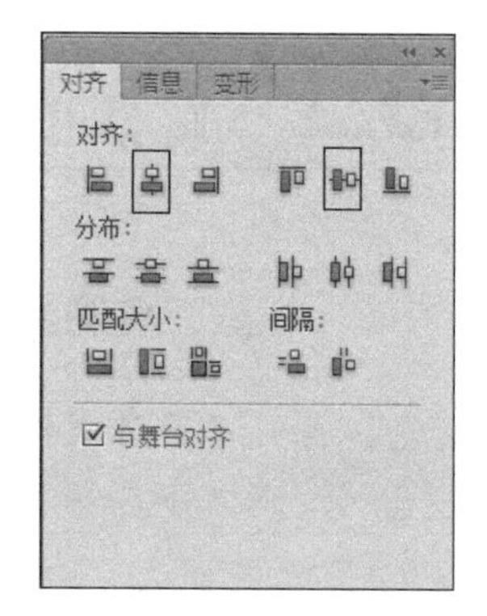

图 3-9 “对齐”面板参数设置

02 右击各关键帧，在弹出的快捷菜单中选择“创建传统补间”命令。

03 执行“视图/标尺”命令，拖出两条参考线，字母的上下分别各一条。

04 单击第 10 帧，将字母 F 拖至上参考线位置，单击第 30 帧，将字母 F 拖至下参考线位置，单击第 50 帧，将字母 F 再次拖至上参考线位置，其他各关键帧字母的位置不变，单击第 100 帧，插入帧。

05 选中 L 图层，分别在第 5 帧、第 15 帧、第 25 帧、第 35 帧、第 45 帧、第 55 帧、第 55 帧插入关键帧。

06 选中该图层的第 1 帧，按【Delete】键，删除 L 字母。

07 单击第 15 帧，将字母 F 拖至上参考线位置，单击第 35 帧，将字母 F 拖至下参考线位置，单击第 55 帧，将字母 F 再次拖至上参考线位置，其他各关键帧字母的位置不变，单击第 100 帧，插入帧。

08 以此类推，完成各图层的动画，从而制作出上下跳跃的文字效果。“时间轴”面板如图 3-10 所示。

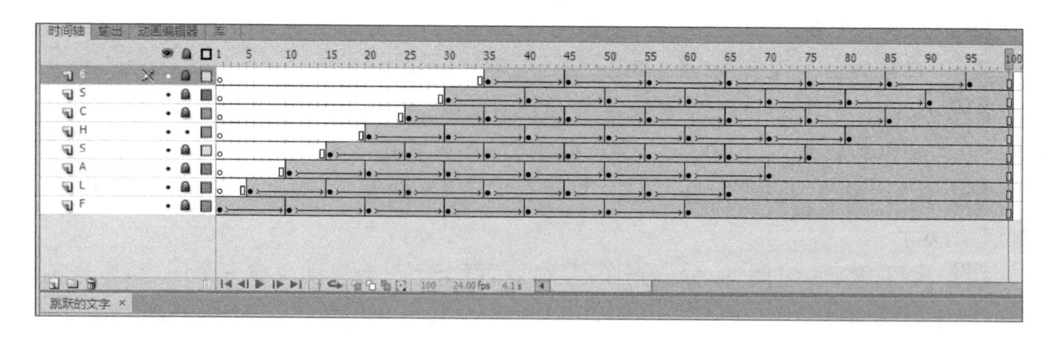

图 3-10 “时间轴”面板

3. 测试影片

01 执行“文件/保存”命令，或按快捷键【Ctrl＋S】，以“跳跃的文字.fla”为名保存文件。

02 执行“控制/测试影片/测试”命令，或按快捷键【Ctrl＋Enter】，预览动画效果。

> **提示**
>
> 制作动作补间动画时，除了通过改变不同关键帧上对象的位置、大小、旋转等产生动画效果外，还可以改变不同关键帧上对象实例的颜色、亮度、透明度等，产生变色、变光等动画效果。制作时首先要将对象转换成图形元件。

相关知识

1. 文本的类型

在 Flash CS6 中，文本是一种特殊的对象，其既具有图形组合和实例的某些属性，又具有独特的属性；既可以作为运动渐变的对象，又可以作为形状渐变动画的对象。在创建文本前，首先了解文本的类型。

2. 文本工具

1）文本的设置

文本类型、位置、大小、字体、颜色、间距、对齐方式等可以通过文本“属性”面板的设置来完成，如图 3-11 所示。

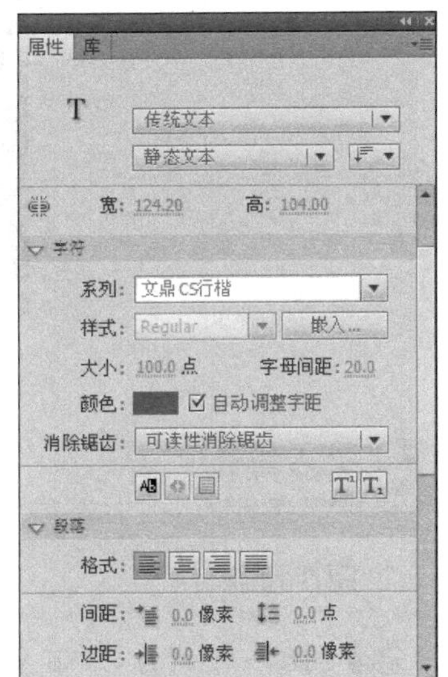

图 3-11 文本“属性”面板

文本工具的“属性”面板中主要选项的含义如下。

（1）“文本引擎”下拉列表框：这是选择文本输入时所使用的文本引擎，有“传统文本”和“TLF 文本”两个选项，“传统文本”引擎功能更强些。

（2）“文本类型”下拉列表框：可创建文本的类型，有“静态文本”“动态文本”“输入文本”三种类型。静态文本是用来显示不会动态更改字符的文本，一般由文本工具创建；动态文本是用来显示动态更改的文本；输入文本是用户输入的任何文本，或用户可以编辑的动态文本。

（3）“改变文本方向”按钮：单击该按钮在弹出的下拉列表中设置文本的方向，有“水平”“垂直”“垂直从左向右”三个选项。

（4）“系列”下拉列表框：在该下拉列表框中可以选择文本的字体。

（5）“样式”下拉列表框：部分字体的多种样式，可选择其中一项。

（6）“嵌入”按钮：可设置字体嵌入 Flash 动画中。

(7) 格式：用于设置文本的对齐方式，有左对齐、居中对齐、右对齐、两端对齐四种方式。

(8) "间距"和"边距"数值框：用于设置文本的间距和边距。

2) 文本的变形

在制作动画的过程中，根据用户的不同需求，可以对文本进行缩放、旋转、倾斜和编辑等操作。

案例 3.3 文字逼近

案例目的

微课：3.3 文字逼近

通过制作"文字逼近"动画，学习填充的扩展与收缩、柔化填充边缘功能，掌握动作补间动画的操作方法和使用技巧。

案例分析

"文字逼近"动画主要使用绘图工具完成背景的制作，利用动作补间动画完成文字由小到大再变小的渐变效果，如图 3-12 所示。

图 3-12 "文字逼近"效果图

实践操作

1. 制作背景

01 创建一个新的 Flash 文档，类型为 ActionScript 3.0，设置舞台大小为 600 像素×300 像素，背景颜色为黑色(＃000000)。

02 选择椭圆工具，设置笔触的颜色为白色，笔触高度为 1，使用椭圆工具绘制一个椭圆，填充浅蓝(＃33CCFF)～白色(＃FFFFFF)～浅紫(＃3333FF)的线性渐变，并用渐变变形工具调整渐变的方向。

03 执行“修改/形状/柔化填充边缘”命令，弹出“柔化填充边缘”对话框，设置“距离”为 30 像素，“步长数”为 30，如图 3-13 所示，单击“确定”按钮。

04 单击“新建图层”按钮，新建图层 2。使用铅笔工具绘制一条曲线，再用椭圆工具绘制一个椭圆，其大小与背景的椭圆相同，调整椭圆的位置，使其与曲线相连，这样就完成了“岛屿”的轮廓，如图 3-14 所示。

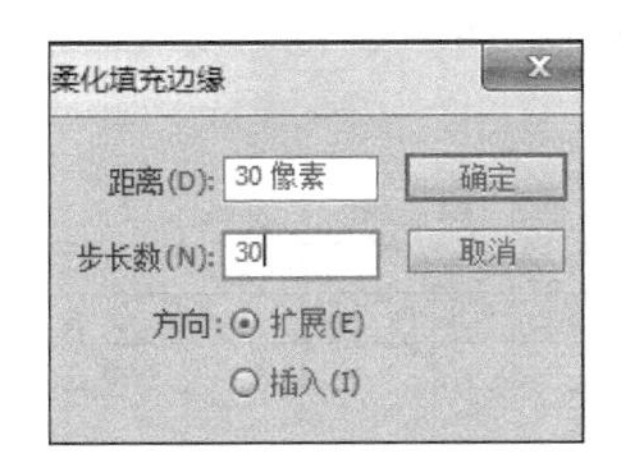

图 3-13 “柔化填充边缘”参数设置

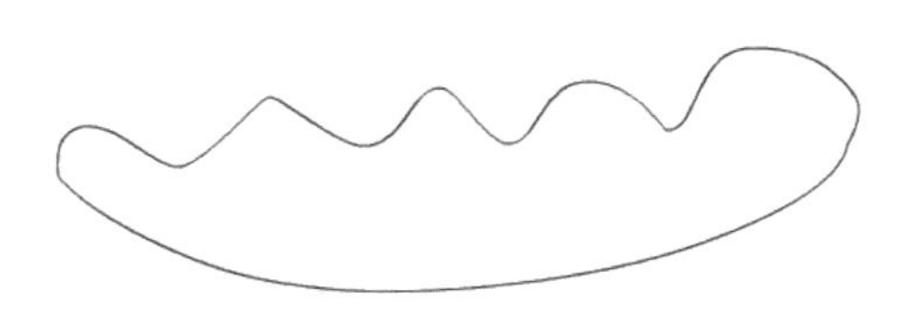

图 3-14 “岛屿”的轮廓

05 选择“工具”面板中的颜料桶工具，填充天蓝(＃33FFFF)～白色(＃FFFFFF)～深蓝(＃0033FF)的线性渐变，并用渐变变形工具调整渐变的方向，如图 3-15 所示。

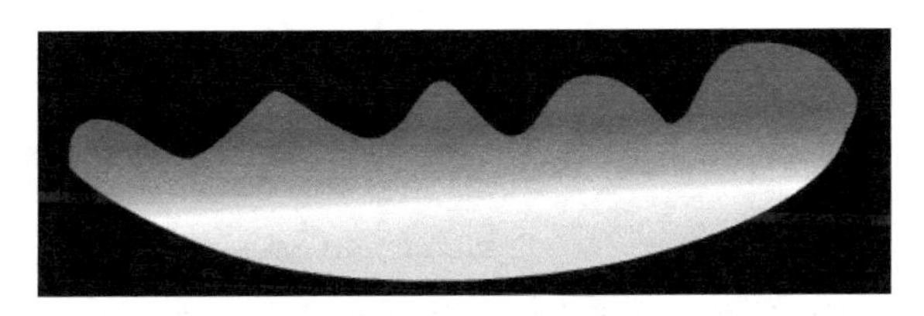

图 3-15 为“岛屿”填充颜色

2. 制作文字的动画

01 单击“新建图层”按钮，新建图层 3。选择文本工具 T，设置字体为 Bickham Script Pro Regular，大小为 80，粗体，输入“F”。

02 执行“修改/分离”命令，选择“工具”面板中的颜料桶工具，填充红色到黑色的径向渐变，并用渐变变形工具调整渐变的方向。

03 选中第 10 帧，右击，在弹出的快捷菜单中选择“插入关键帧”命令，创建传统补间。

04 选中第 10 帧中的对象，执行“窗口/变形”命令，在“变形”面板中将文字放大到 150.0%，如图 3-16 所示。设置对象的属性 Alpha 为 45%，如图 3-17 所示。

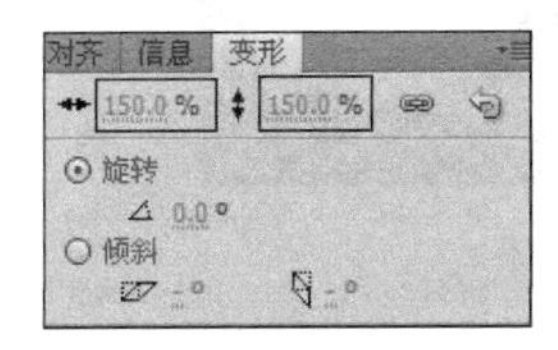

图 3-16 “变形”面板的参数设置

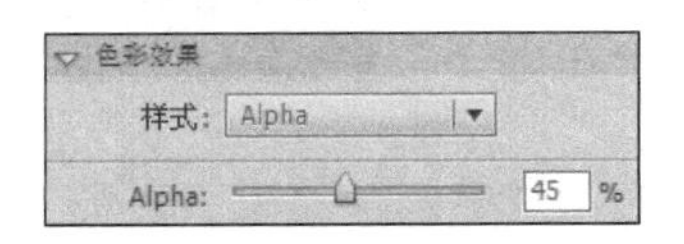

图 3-17 Alpha 参数的设置

05 选中第 20 帧，右击，在弹出的快捷菜单中选择“插入空白关键帧”命令，或按快捷键【F7】，插入空白关键帧。

06 选中第 1 帧，右击，在弹出的快捷菜单中选择“复制帧”命令；再选中第 20 帧，右击，在弹出的快捷菜单中选择“粘贴帧”命令。

07 按上述方法，分别从第 5 帧、第 10 帧、第 15 帧、第 20 帧开始，设置四种不同颜色，制作“L”“A”“S”“H”文字效果。“文字逼近”时间轴面板如图 3-18 所示。

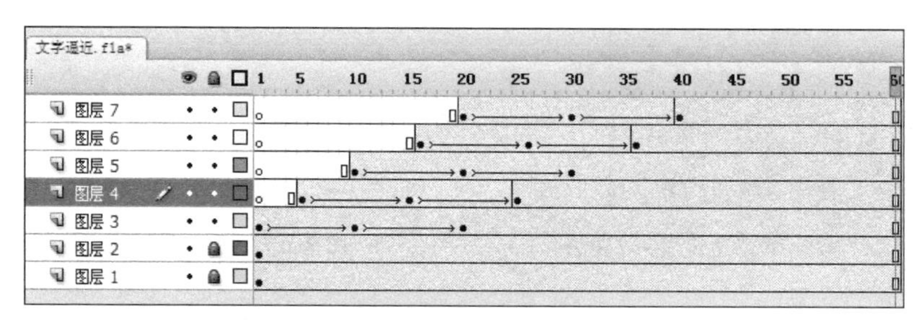

图 3-18 “文字逼近”的“时间轴”面板

3. 测试影片

01 执行“文件/保存”命令，或按快捷键【Ctrl+S】，以“文字逼近.fla”为名保存文件。

02 执行“控制/测试影片/测试”命令，或按快捷键【Ctrl+Enter】，预览动画效果。

提示

正确创建动作补间动画的两个条件：①被操作对象必须在同一图层上；②动作不能发生在多个对象上。因此，我们将“FLASH”这个单词的五个字母分成五个图层来完成。

相关知识

1. 填充的扩展与收缩

执行“修改/形状/扩展填充”命令，在弹出的“扩展填充”对话框中设置图形扩展填充的距离和方向，对所选图形的外形进行修改，效果如图 3-19 所示。

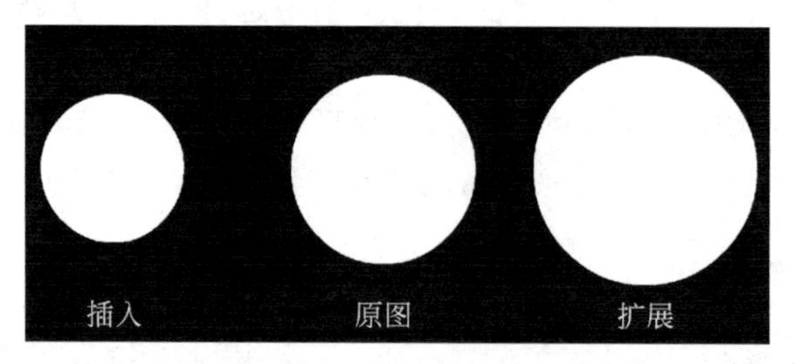

图 3-19 “扩展填充”效果

(1) 扩展：以图形的轮廓为界，向外扩展、放大填充。

(2) 插入：以图形的轮廓为界，向内收紧、缩小填充。

2. 柔化填充边缘

与“扩展填充”命令相似，“柔化填充边缘”命令也是对图形的轮廓进行放大或缩小填充。不同的是“柔化填充边缘”命令可以在填充边缘产生多个逐渐透明的图形层，形成边缘柔化的效果。

选择需要编辑的图形后，执行“修改/形状/柔化填充边缘”命令，在弹出的“柔化填充边缘”对话框中设置边缘柔化，效果如图 3-20 所示。

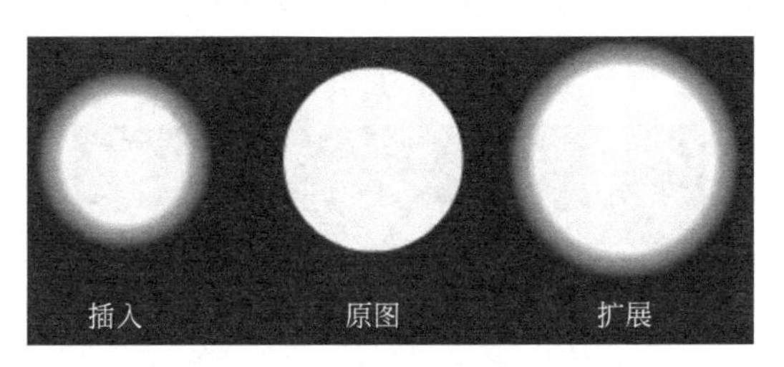

图 3-20 “柔化填充边缘”效果

(1) 距离：边缘柔化的范围，数值为 1～144。
(2) 步长数：柔化边缘生成的渐变层数，最多可以设置 50 个层。
(3) 方向：选择边缘柔化的方向是向外扩展还是向内插入。

案例3.4 雨滴

案例目的

微课：3.4 雨滴

通过制作“雨滴”动画，学习图层的基本操作，进一步掌握动作补间动画的操作方法和使用技巧。

案例分析

“雨滴”动画主要用矩形工具绘制背景，用椭圆工具绘制雨滴和水波，最后创建动作补间动画，并修改实例 Alpha 值，最终效果如图 3-21 所示。

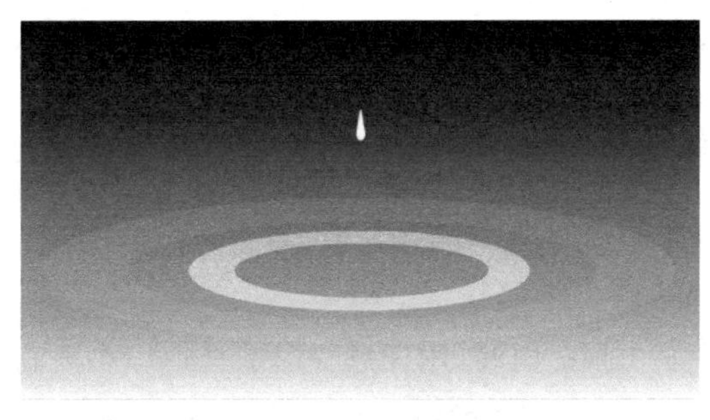

图 3-21 “雨滴”效果图

实践操作

1. 制作背景

01 创建一个新的 Flash 文档,类型为 ActionScript 3.0,设置舞台大小为 550 像素×300 像素,背景颜色为黑色(＃000000)。

02 选择"工具"面板中的矩形工具绘制矩形,填充蓝色到白色的线性渐变,并用渐变变形工具调整渐变的方向,效果如图 3-22 所示。

图 3-22 "背景"效果图

2. 制作雨滴

01 单击"新建图层"按钮,新建图层 2,取名为"雨滴 1"。

02 用椭圆工具绘制一个椭圆,再用部分选取工具单击椭圆的边缘,并选中要删除的锚点,按【Delete】键将其删除,如图 3-23 所示。这样就完成了雨滴的制作,如图 3-24 所示。

图 3-23 选中并删除锚点

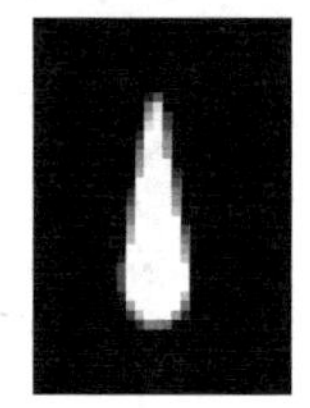

图 3-24 "雨滴"效果图

> **提示**
>
> 选中的锚点为红色小方块,未被选中的锚点为空心红色小方块。

3. 制作雨滴的动画

01 分别选中第 10 帧和第 25 帧,右击,在弹出的快捷菜单中选择"插入关键帧"命令,创建动画补间。

02 选中第 1 帧的雨滴,用任意变形工具缩小雨滴。

03 单击"雨滴 1"图层的第 1 帧,按住【Shift】键,再单击第 25 帧,将第 1～25 帧选中,右击，在弹出的快捷菜单中选择“复制帧”命令，如图 3-25 所示。

图 3-25　选择“复制帧”命令

04 单击“新建图层”按钮，新建图层 3，取名为“雨滴 2”。

05 选中“雨滴 2”图层的第 26 帧，按【F7】键插入空白关键帧，右击，在弹出的快捷菜单中选择“粘贴帧”命令。

06 单击“新建图层”按钮，新建图层 4，取名为“雨滴 3”。

07 选中“雨滴 3”图层的第 52 帧，按【F7】键插入空白关键帧，右击，在弹出的快捷菜单中选择“粘贴帧”命令。此时“雨滴”时间轴如图 3-26 所示。

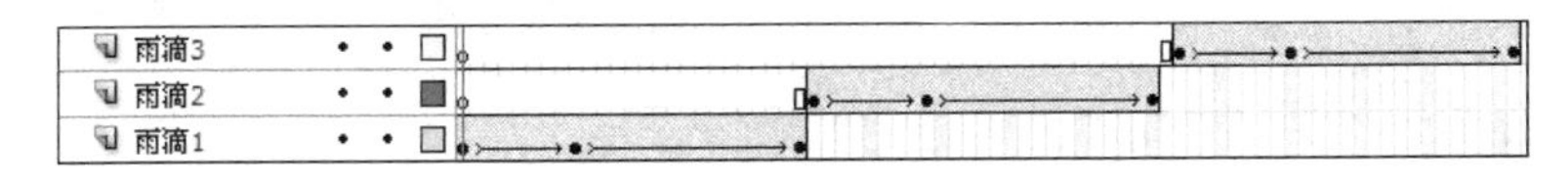

图 3-26　“雨滴”时间轴

4. 制作水的动画

01 单击“新建图层”按钮，新建图层 5，取名为“水 1”。选中第 26 帧，按【F7】键插入空白关键帧。

02 选择“工具”面板中的椭圆工具，设置填充颜色为白色，“内径”为 60.00，如图 3-27 所示。绘制一个环，制作“水”的效果，如图 3-28 所示。

03 右击第 75 帧，在弹出的快捷菜单中选择“插入关键帧”命令，创建动画补间。调整该对象的透明度(Alpha 值为 0)和大小。

04 按住【Shift】键，单击第 26 帧和第 75 帧，将第 26～75 帧选中，右击，在弹出的快捷菜单中选择“复制帧”命令。

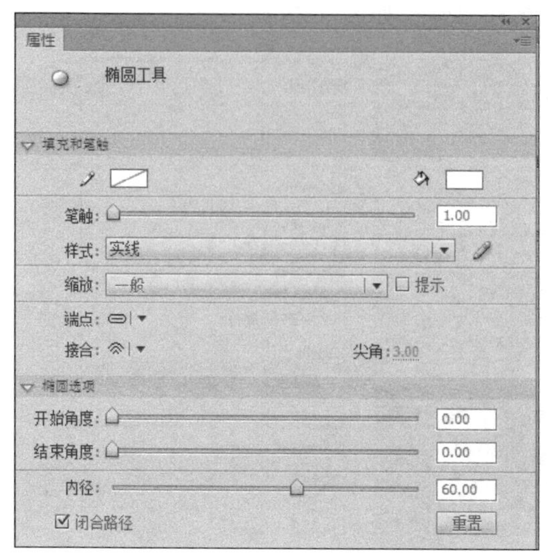

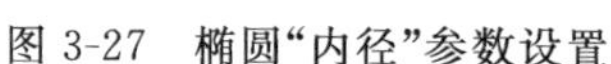
图 3-27 椭圆“内径”参数设置

图 3-28 “水”效果图

05 单击“新建图层”按钮，新建图层 6，取名为“水 2”。选中第 52 帧，按【F7】键插入空白关键帧。

06 选中图层“水 2”的第 52 帧，按【F7】键插入空白关键帧，右击，在弹出的快捷菜单中选择“粘贴帧”命令。

07 单击“新建图层”按钮，新建图层 7，取名为“水 3”。选中第 77 帧，按【F7】键插入空白关键帧。

08 选中图层“水 3”的第 77 帧，按【F7】键插入空白关键帧，右击，在弹出的快捷菜单中选择“粘贴帧”命令。此时“雨滴”时间轴如图 3-29 所示。

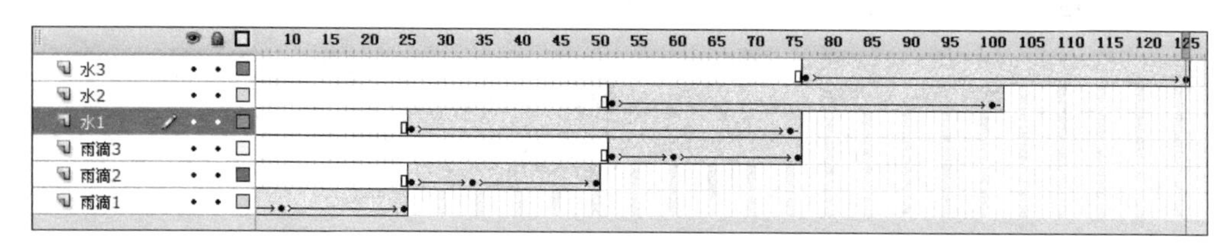

图 3-29 “雨滴”时间轴

5. 测试影片

01 执行“文件/保存”命令，或按快捷键【Ctrl+S】，以“雨滴.fla”为名保存文件。

02 执行“控制/测试影片/测试”命令，或按快捷键【Ctrl+Enter】，预览动画效果。

相关知识

Flash 中的图层就像一张透明的纸，而动画中的多个图层，就相当于一叠透明的纸，通过调整这些纸的顺序，就可以改变动画中图层的上下关系。在 Flash 中，可以对图层进行选择、移动、复制及删除等操作。

1. 创建图层

在 Flash 中，可以通过以下三种方法创建图层。

(1) 执行“插入/时间轴/图层”命令。

(2) 选择一个图层，右击，在弹出的快捷菜单中选择“插入图层”命令。

(3) 单击“时间轴”面板底部的“新建图层”按钮。

2. 选择图层

在时间轴中选中某一图层就能将该图层激活，当图层的名称旁边出现一个铅笔图标时，表示该图层是当前的工作图层(每次只能有一个图层是工作图层)。

3. 移动图层

在时间轴图层控制区内，拖动图层至目标处，即可完成图层的移动，从而改变图层的顺序。

4. 复制图层

在制作动画的过程中，有时需要复制一个图层，将该图层拖到“新建图层”按钮上就可以复制一个同样的图层。

5. 删除图层

在制作动画的过程中，对于多余的图层，需要删除，可以单击“时间轴”面板底部的“删除”按钮，或者右击需要删除的图层，在弹出的快捷菜单中选择“删除图层”命令。

6. 重命名图层

在默认情况下，系统会以“图层 1”和“图层 2”的名称为图层命名。当图层较多时，双击需要重命名的图层，在其名称文本框中输入新名称就可以进行图层的重命名。

7. 显示和隐藏图层

在场景中图层比较多时的情况下，对单一的图层进行编辑会感到不方便，用户可以将不需要的图层隐藏起来，使舞台变得整洁以提高工作效率。

单元小结

本单元为大家介绍了动作补间动画及其操作方法。

动作补间动画是 Flash 动画制作中常见的一种动画技术，其特点是以元件为对象，便于修改。无论是图形还是文字等，都可制作成元件。

元件实例可以通过“属性”面板中的“颜色”选项进行设置，达到不同的效果。

自 我 测 评

1. 制作“Flash”这串字符变色的动画效果，如图 3-30 所示。

图 3-30 “文字变色”效果图

2. 制作“残影效果”动画：一串文字顺时针旋转，边旋转文字边看不到，效果如图 3-31 所示，时间轴如图 3-32 所示。

图 3-31 “残影效果”效果图

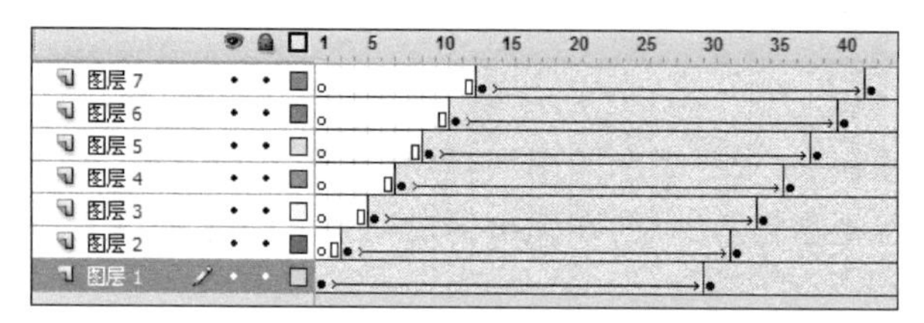

图 3-32 “残影效果”时间轴

提示

(1) 7 个图层的效果是一样的，只是出现的时间不同，可以复制图层 1 的所有帧。

(2) 设置第二个关键帧的实例 Alpha 值为 0。

3. 制作“空中客机”动画：通过改变飞机的位置和大小，产生飞机在蓝天渐飞渐远的效果，如图 3-33 所示。

图 3-33 “空中客机”效果图

单元4

形状补间动画

单元导读

单元4课件下载

形状补间动画属于补间动画的一种，其基于所选择的两个关键帧中的矢量图形存在的形状、大小、颜色发生变化，从而产生动画效果。本单元主要介绍形状补间动画的特点及形状补间动画的创建。

学习目标

1. 了解形状补间动画的制作原理和特点。
2. 掌握形状补间动画的使用方法和操作技巧。

单元任务

1. 绘制“变字的枫叶”。
2. 绘制“绚丽烟花”。
3. 绘制“烛光”。
4. 绘制“路”。

案例 4.1 变字的枫叶

案例目的

微课：4.1 变字的枫叶

通过制作“变字的枫叶”动画，初步了解形状补间动画及其制作方法和操作技巧。

案例分析

“变字的枫叶”动画主要是在一个关键帧上导入枫叶图片并做分离处理，在另一个关键帧上输入文字并做分离处理，在两个关键帧之间创建形状补间，就完成了枫叶变为文字的效果，如图 4-1 所示。

图 4-1 “变字的枫叶”效果图

实践操作

1. 导入素材，制作枫叶

01 创建一个新的 Flash 文档，类型为 ActionScript 3.0，设置舞台大小为 550 像素×400 像素，背景颜色为黑色(#000000)。

02 执行“文件/导入/导入到库舞台”命令，弹出“导入”对话框，从素材文件夹中找到枫叶图片并将其导入舞台。

03 执行“修改/分离”命令，将枫叶图片分离，设置魔术棒的参数，如图 4-2 所示，用魔术棒工具选中图片的背景，按【Delete】键将其删除。

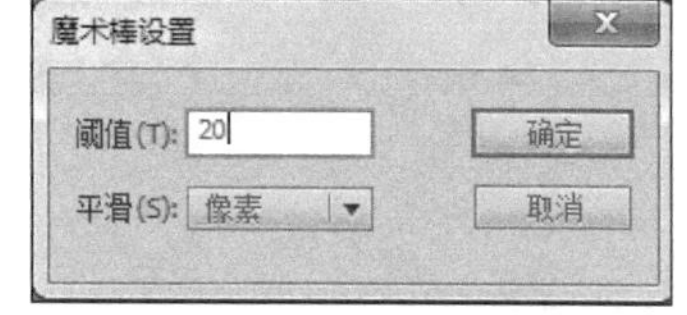

图 4-2 魔术棒参数设置

2. 输入文本

01 右击第 15 帧，在弹出的快捷菜单中选择“插入空白关键帧”命令，或按快捷键【F7】，插入空白关键帧。

02 选择文本工具 T，设置字体为楷体，“大小”为 200.0 点，颜色为水湖蓝(#00FFFF)，粗体，如图 4-3 所示，输入“枫”字。

03 执行“修改/分离”命令，将“枫”字分离。

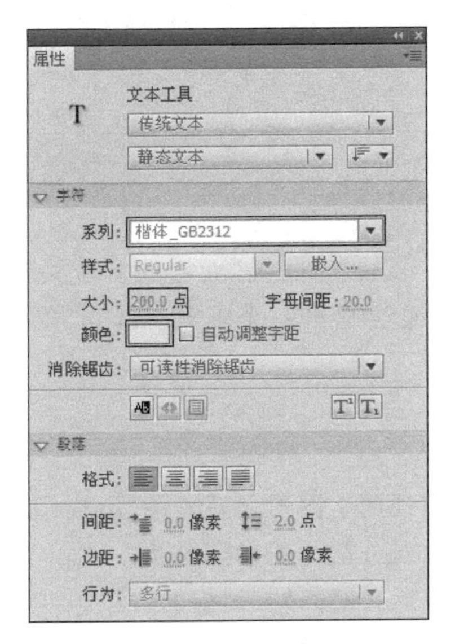

图 4-3 设置文本的参数

3. 创建形状补间动画

01 右击第 1～15 帧中的任意一帧,在弹出的快捷菜单中选择"创建补间形状"命令。

02 右击第 1 帧,在弹出的快捷菜单中选择"复制帧"命令;右击第 20 帧,在弹出的快捷菜单中选择"粘贴帧"命令,将枫叶复制到第 20 帧。

03 在第 35 帧处按快捷键【F7】,插入空白关键帧,输入"叶"字,执行"修改/分离"命令,将文字分离,创建形状补间动画;在第 40 帧处按快捷键【F5】,插入帧,"变字的枫叶"时间轴如图 4-4 所示。

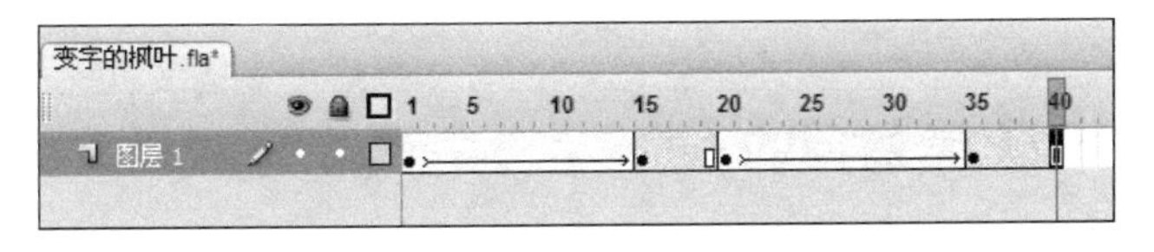

图 4-4 "变字的枫叶"时间轴

提示

在 Flash CS6 中,形状补间中两个关键帧中的内容必须是处于分离状态的图形,独立的图形元件不能创建形状补间动画。

形状补间动画创建好之后,"时间轴"面板中帧的背景颜色变成绿色,并且在起始帧和结束帧之间有一个长长的箭头。

4. 测试影片

01 执行"文件/保存"命令,或按快捷键【Ctrl+S】,以"变字的枫叶.fla"为名保存文件。

02 执行“控制/测试影片/测试”命令，或按快捷键【Ctrl+Enter】，预览动画效果。

相关知识

1. 形状补间动画的概念

形状补间动画是指在 Flash 的“时间轴”面板的一个关键帧中绘制一个形状，然后在另一个关键帧中更改该形状或绘制另一个形状，Flash 会根据两者之间的形状来创建动画。

2. 形状补间动画的特点

(1) 形状补间动画可以实现两个图形之间颜色、形状、大小及位置的相互变化。

(2) 形状补间动画只能针对分散的矢量图形。

(3) 形状补间动画创建好后，“时间轴”面板的背景色变为淡绿色，在起始帧和结束帧之间有一个长长的箭头。如果箭头变为虚线，则说明制作不成功，造成这个问题的主要原因是某个关键帧上的图形没有被分离。

3. 创建形状补间动画的方法

在一个关键帧上设置要变形的图形，在另一个关键帧上改变这个图形的形状或颜色，或重新创建图形，右击两个关键帧之间的任意帧，在弹出的快捷菜单中选择“创建补间形状”命令，或执行“插入/补间形状”命令，即可创建形状补间动画。

案例4.2 绚丽烟花

案例目的

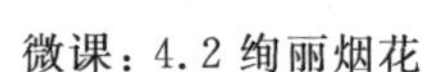

微课：4.2 绚丽烟花

通过制作“绚丽烟花”动画，逐步掌握形状补间动画的制作方法和操作技巧。

案例分析

在黑色屏幕上颜色各异的烟花在不断地变化，如图 4-5 所示。

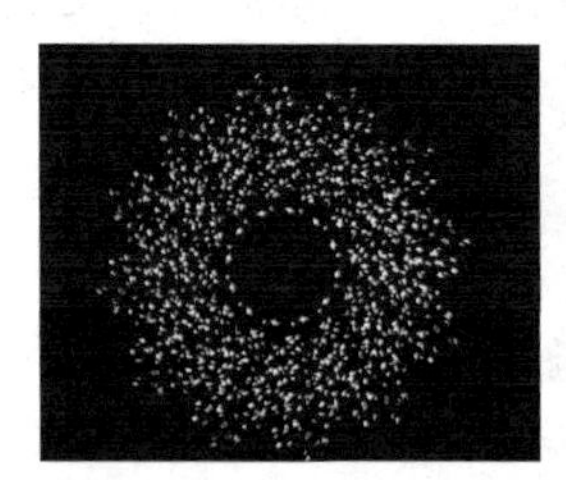

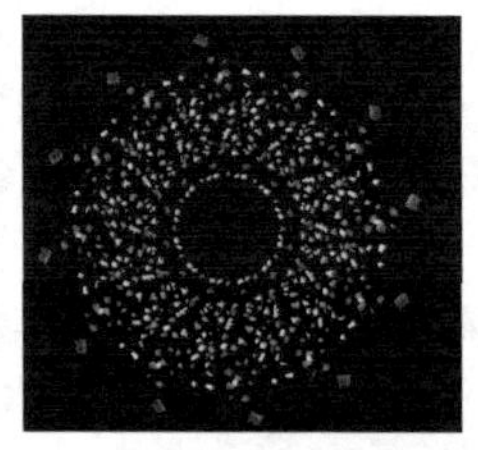

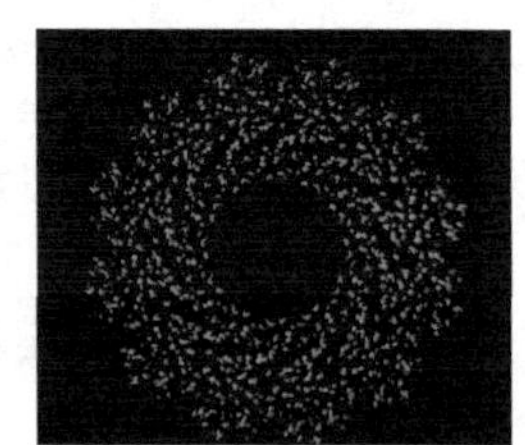

图 4-5 “绚丽烟花”效果图

实践操作

1. 绘制碎花元件

01 创建一个新的 Flash 文档，类型为 ActionScript 3.0，设置舞台大小为 550 像素×400 像素，背景颜色为黑色(#000000)。

02 按快捷键【Ctrl+F8】，新建一个影片剪辑元件，取名“碎花”。

03 按【O】键调出椭圆工具，外轮廓线为无，填充色红色。按住【Shift】键，在第一帧，画一个红色的圆，如图 4-6 和图 4-7 所示。

04 执行“窗口/对齐”命令，或按快捷键【Ctrl+K】，打开“对齐”面板，如图 4-8 所示。在该对话框中设置圆相对于舞台居中，如图 4-8 所示。

图 4-6 “圆”属性参数设置

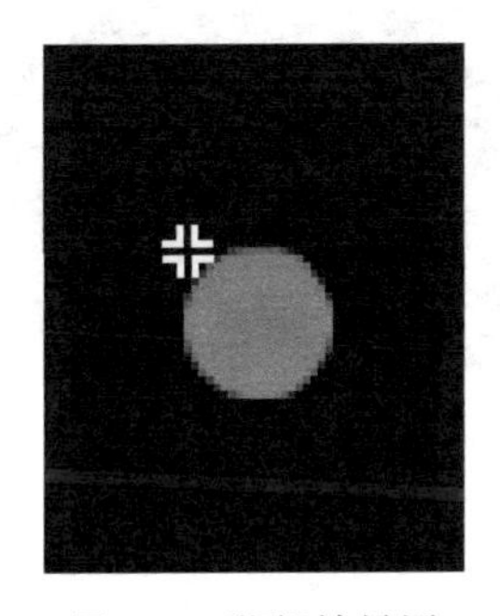

图 4-7 “圆”效果图

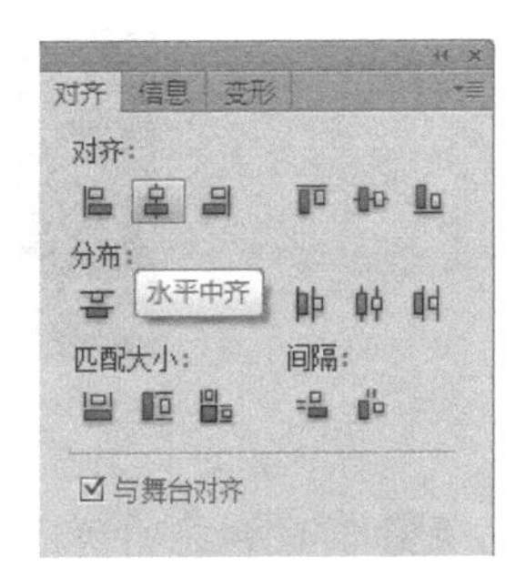

图 4-8 “对齐”面板

> **提示**
>
> 在执行“对齐”命令时，要勾选“与舞台对齐”复选框。

05 在第 5 帧处添加关键帧。更改圆的宽高，填充色改为彩虹渐变，如图 4-9 所示。

06 选择工具拖选出一块，放在较远些的地方，最后全部拆成碎片，如图 4-10 和图 4-11 所示。

图 4-9 “圆”属性参数设置

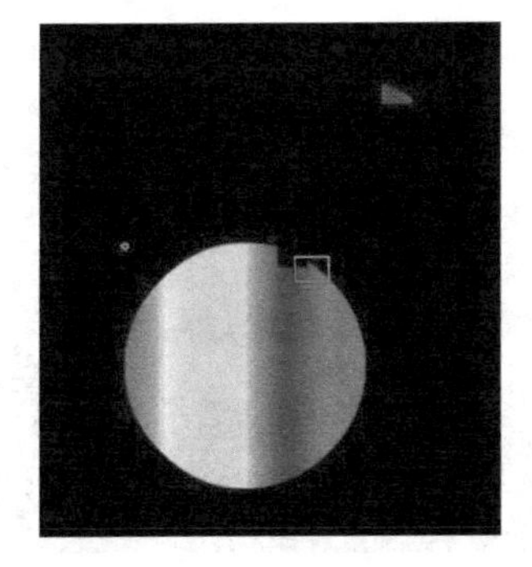

图 4-10 选取碎片

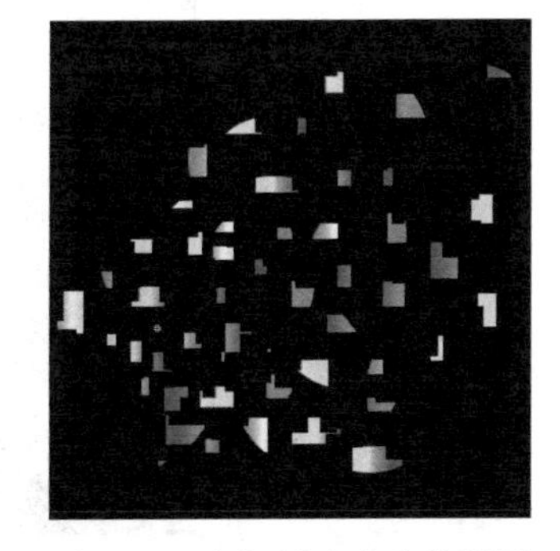

图 4-11 全部拆成碎片效果图

07 回到第一帧，右击，创建补间形状。

08 在第 20 帧处插入关键帧，将所有碎片移至更远些的地方。回到第 5 帧，创建形状补间。

09 在第 30 帧处插入关键帧，所有碎片选中状态，“颜色”面板中选择颜色，将碎片更改为明亮的黄色系，如图 4-12 所示。

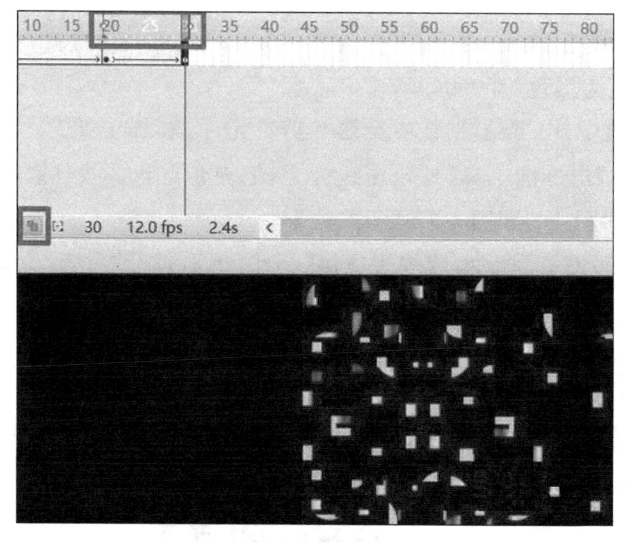

图 4-12　黄色碎片

10 将碎片拉得更散些。回到第 20 帧创建形状补间。为了显示前后差异，图 4-11 中是打开了编辑多个帧，使 20 帧的彩色碎片与 30 帧的黄色碎片同时显现。

11 第 45 帧同样处理，颜色改为蓝色，拉得更远些，依然是创建形状补间，如图 4-13 所示。

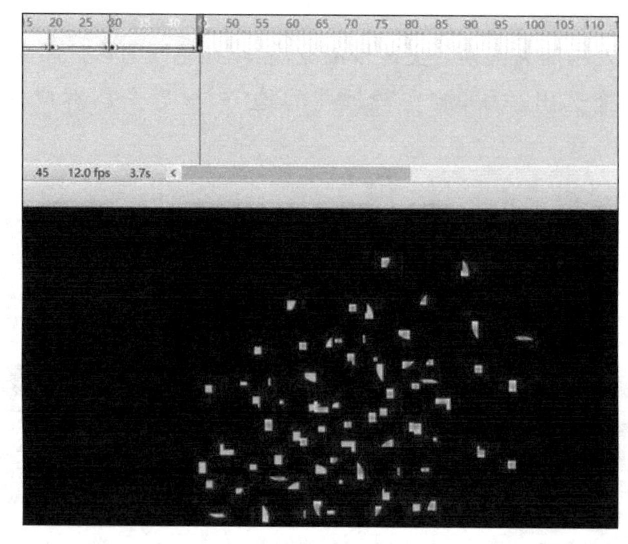

图 4-13　蓝色碎片

2. 场景绘制动画

01 回到场景，用钢笔工具绘制一个长长的水滴形状，填充上由红到白的渐变色，删除线条，如图 4-14 所示。

02 在第 15 帧处插入关键帧，回到第 1 帧，将形状缩小到最小，并向下移动一段距离，创建形状补间。

03 新建一层，在第 16 帧处插入关键帧。从库中将碎花元件拖入，按【Q】键调出任意变形工具，将变形点向下移动，如图 4-15 所示。

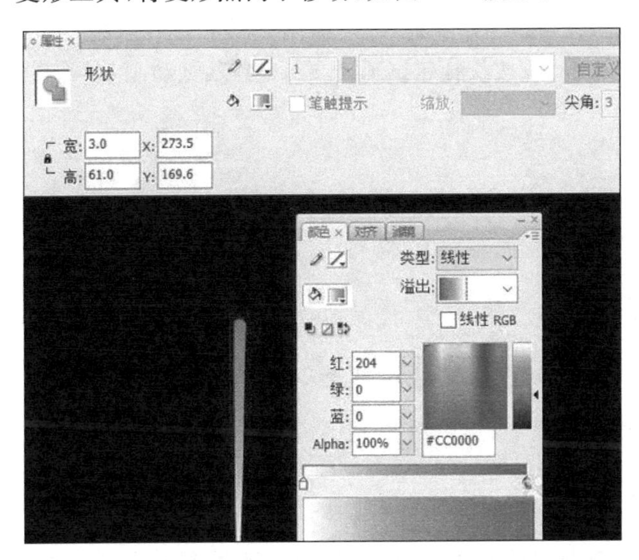

图 4-14 水滴参数

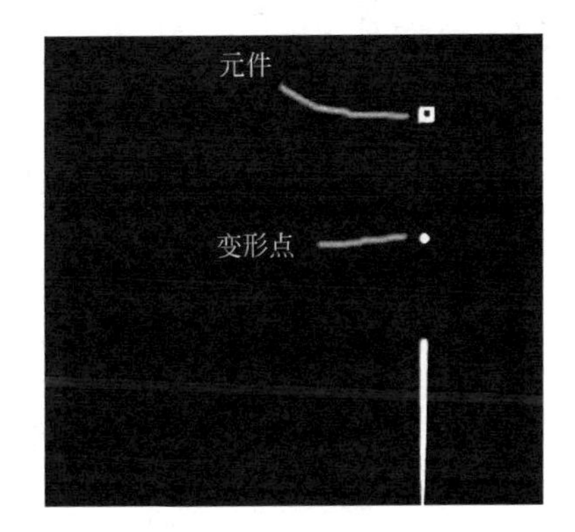

图 4-15 变形点

04 按快捷键【Ctrl+T】调出变形面板，旋转度数为 30，单击复制选区和变形按钮。复制出 11 个，如图 4-16 和图 4-17 所示。

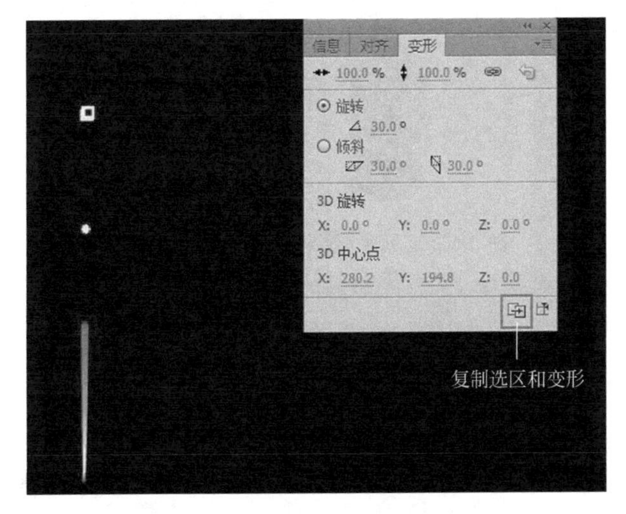

图 4-16 “变形”面板的参数设置

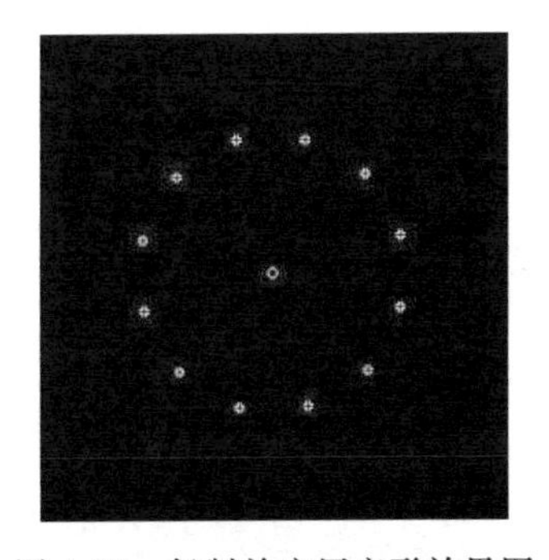

图 4-17 复制并应用变形效果图

05 在第 60 帧处按【F5】键插入帧。第 15～60 帧是碎花元件的总帧数(图 4-18)。

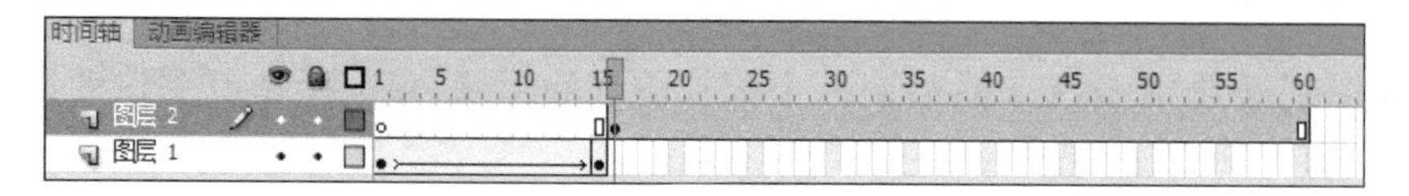

图 4-18 时间轴

3. 测试影片

01 执行“文件/保存”命令，或按快捷键【Ctrl+S】，以“绚丽烟花. fla”为名保存文件。

02 执行“控制/测试影片/测试”命令，或按快捷键【Ctrl+Enter】，预览动画效果。

案例 4.3 烛光

案例目的

通过制作“烛光”动画，进一步掌握形状补间动画的制作方法和操作技巧。

微课：4.3 烛光

案例分析

“烛光”动画主要利用绘图工具来绘制蜡烛，运用形状补间完成火焰和光晕的制作，如图 4-19 所示。

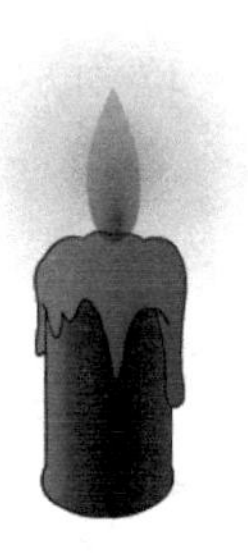

图 4-19 “烛光”效果图

实践操作

1. 绘制蜡烛

01 创建一个新的 Flash 文档，类型为 ActionScript 3.0，设置舞台大小为 400 像素×300 像素，背景颜色为黑色(#000000)。

02 选择“工具”面板中的矩形工具和椭圆工具绘制“烛身”，如图 4-20 所示。

03 选择铅笔工具绘制“烛泪”，如图 4-21 所示。

04 选择颜料桶工具为烛身填充橘色(＃FF9900)～红色(＃FF0000)～浅红(＃FF6699)的线性渐变，如图 4-22 所示。

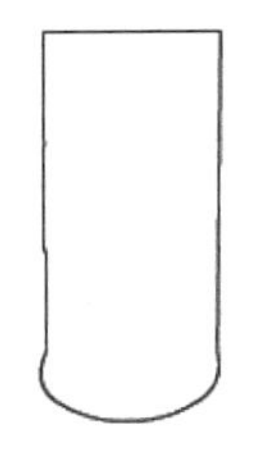

图 4-20 “烛身”轮廓

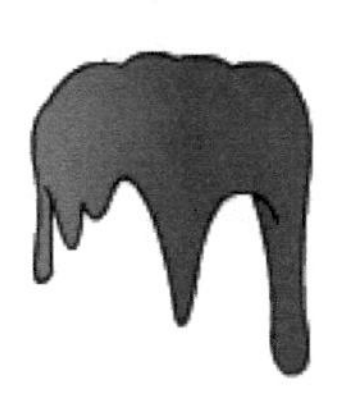

图 4-21 “烛泪”轮廓

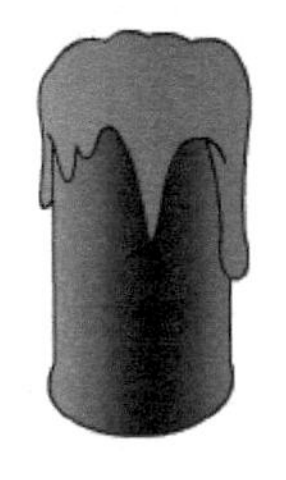

图 4-22 “蜡烛”效果

2. 绘制火焰

01 单击“新建图层”按钮，新建图层 2，取名为“火焰”。

02 选择椭圆工具和部分选取工具绘制火焰，填充红色[＃FF0300(Alpha 值为 80%)]～橘色[＃FF9900(Alpha 值为 40%)]的径向渐变，如图 4-23 所示。

图 4-23 第 1 帧“烛光”的效果

03 选择第 10 帧和第 20 帧，按【F6】键插入关键帧，选中第 10 帧的“火焰”，用任意变形工具，调整火焰的高度，效果如图 4-24 所示，创建形状补间动画，如图 4-25 所示。

图 4-24 第 10 帧“烛光”的效果

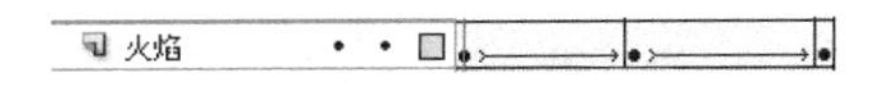

图 4-25 “火焰”的形状补间动画

3. 绘制光晕

01 单击“新建图层”按钮，新建图层 3，取名为“光晕”。

02 选择椭圆工具绘制光晕，填充橘色[＃FF9900(Alpha 值为 50%)]到透明的径向渐变。

03 选择第 10 帧和第 20 帧，按【F6】键插入关键帧，选中第 10 帧的“光晕”，用任意变形工具调整光晕的大小，创建形状补间动画，如图 4-26 所示。

图 4-26 “火焰”的形状补间动画

04 “烛光”时间轴如图 4-27 所示。

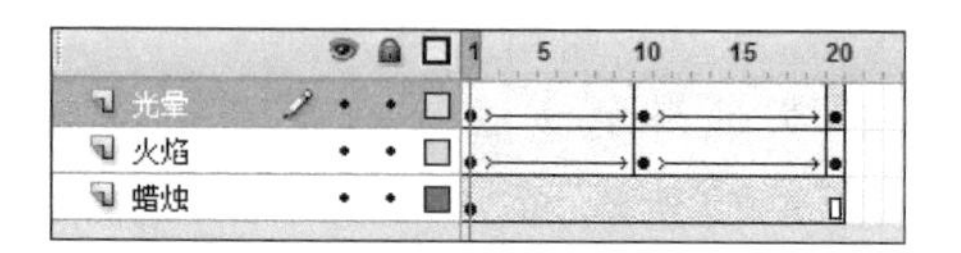

图 4-27 “烛光”时间轴

4. 测试影片

01 执行“文件/保存”命令，或按快捷键【Ctrl＋S】，以“烛光.fla”为名保存文件。

02 执行“控制/测试影片/测试”命令，或按快捷键【Ctrl＋Enter】，预览动画效果。

案例 4.4 路

案例目的

微课：4.4 路

通过制作“路”动画，熟悉 Deco 工具的使用，进一步掌握形状补间动画的制作方法和操作技巧。

案例分析

“路”动画主要利用 Deco 工具来绘制建筑物、花丛、树木等元素，运用形状补间动画完成路的延伸效果，如图 4-28 所示。

图 4-28 “路”效果图

实践操作

1. 制作背景

01 创建一个新的 Flash 文档,类型为 ActionScript 3.0,设置舞台大小为 550 像素×400 像素,背景颜色为浅紫色(#9999FF)。

02 选择“工具”面板中的线条工具,绘制一个三角形,将鼠标移到边线,拖动鼠标变成弧线,填充棕色(#663300),再绘制一个三角形,将鼠标移到边线,拖动鼠标变成弧线,填充棕绿色(#333300),如图 4-29 所示。按快捷键【Ctrl+G】将其组合,这样就完成了山坡的绘制。

03 选择刷子工具画两朵白色的云。

04 选择 Deco 工具,打开“属性”面板设置绘制效果为“建筑物刷子”,高级选项为“摩天大楼 2”,如图 4-30 所示,拖动鼠标,绘制两个建筑物。

图 4-29 “山坡”效果图

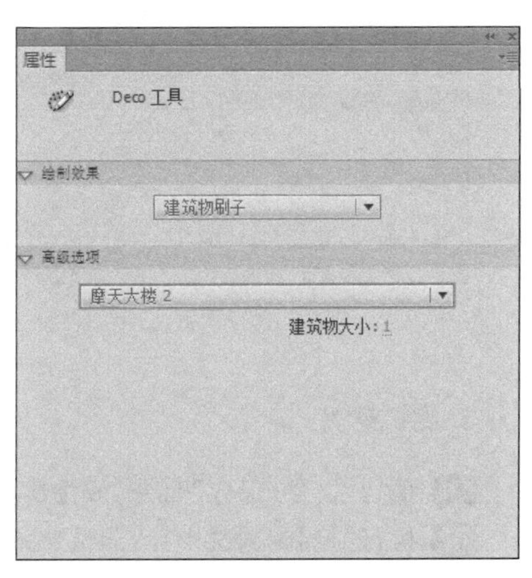

图 4-30 “建筑物刷子”参数设置

05 选择 Deco 工具,打开“属性”面板设置绘制效果为“树刷子”,高级选项为“杨树”,如图 4-31 所示,拖动鼠标,绘制杨树。

06 选择 Deco 工具,打开“属性”面板设置绘制效果为“花刷子”,高级选项为“一品红”,如图 4-32 所示,拖动鼠标,绘制花丛。

2. 制作路的动画

新建图层 2,选择刷子工具画一条路,执行“修改/变形/封套”命令,将路做适当的调整。

在第 70 帧处右击,插入关键帧,创建形状补间,在第 1 帧的位置将“路”用橡皮擦工具擦涂大部分的路,产生路慢慢延伸的效果。“时间轴”面板如图 4-33 所示。

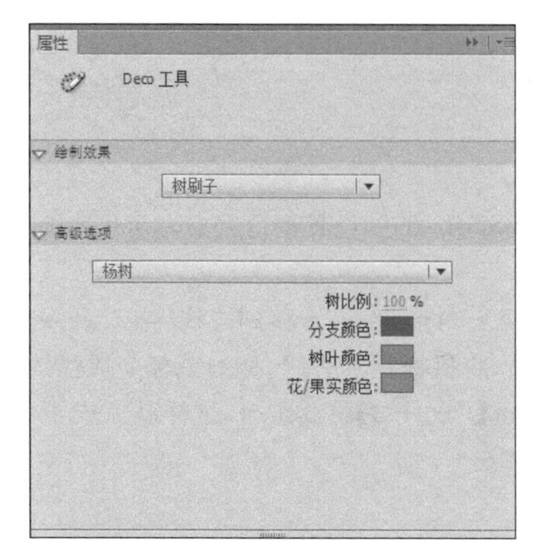

图 4-31 “树刷子”参数设置

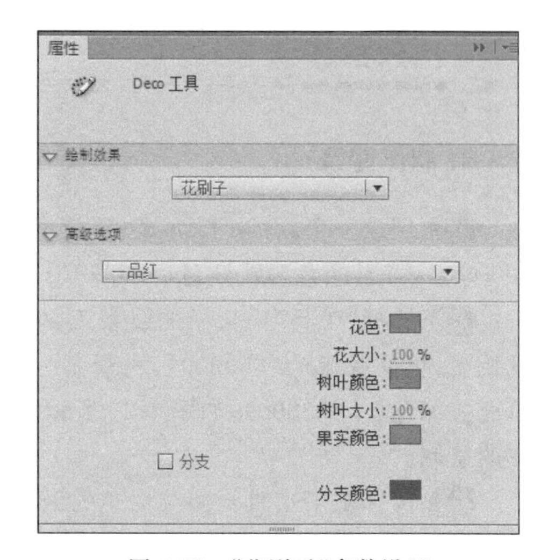

图 4-32 “花刷子”参数设置

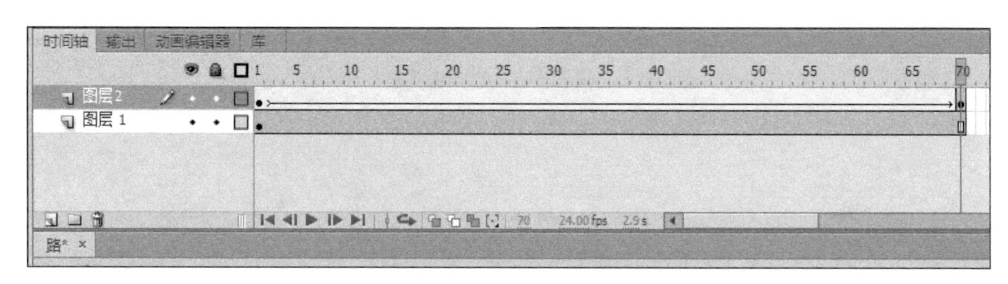

图 4-33 “路”的“时间轴”面板

3. 测试影片

01 执行“文件/保存”命令，或按快捷键【Ctrl+S】，以“路.fla”为名保存文件。

02 执行“控制/测试影片/测试”命令，或按快捷键【Ctrl+Enter】，预览动画效果。

单元小结

本单元着重介绍了形状补间动画，以及如何创建形状补间动画，为以后制作复杂的动画打下基础。

自我测评

1. 制作“神奇的线条”动画，该动画中一条线段逐渐变成一个圆，如图 4-34 所示。

2. 制作“变化的数字”动画，该动画中数字从 5 开始逐渐变到 1，对角线上两条不同颜色的线也随其延伸，如图 4-35 所示。

图 4-34 “神奇的线条”三个状态

图 4-35 “变化的数字”效果图

单元5

元件与库

单元5课件下载

单元导读

元件是在制作Flash动画过程中必不可少的元素，可以反复使用，提高工作效率。元件创建好后，就会自动添加到库中，当元件运用到动画中之后，只要对元件进行修改，场景中的元件就会自动修改。

本单元主要介绍元件的类型、元件的创建和编辑及“库”面板的使用方法。

学习目标

1. 了解元件的类型及特点。
2. 掌握图形元件、影片剪辑元件、按钮元件的创建和编辑。
3. 掌握“库”面板的编辑。

单元任务

1. 绘制“风车”。
2. 绘制“小火车”。
3. 绘制“火把”。
4. 绘制“草原上的一只鸟”。
5. 绘制“风景图欣赏”。

案例 5.1 风车

案例目的

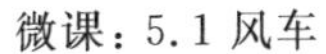

微课：5.1 风车

通过制作“风车”动画，掌握图形元件、影片剪辑元件的创建和编辑方法等。

案例分析

“风车”动画由“风车”图形元件和“风车转”影片剪辑元件完成，元件创建好后拖入舞台即可完成风车转动的动画，如图 5-1 所示。

图 5-1 “风车”效果图

实践操作

1. 绘制背景

01 创建一个新的 Flash 文档，类型为 ActionScript 3.0，设置舞台大小为 600 像素×480 像素。

02 绘制一个与舞台一样大的矩形，填充色为白色到蓝色的径向渐变，颜色分别是 #FFFFFF～#74BAD7～#002E6D。

03 利用白色的无边框的椭圆工具绘制出白云，Alpha 设为 10%，如图 5-2 所示。

图 5-2 “背景”效果图

2. 制作“风车”图形元件

01 执行“插入/新建元件”命令，或按快捷键【Ctrl＋F8】，弹出“创建新元件”对话框，输入元件名称为“风车”，设置元件类型为“图形”，单击“确定”按钮，进入图形元件编辑界面。

02 使用钢笔工具绘制“风车”，如图 5-3 所示。利用“对齐”面板，将“风车”与舞台中心重合。

3. 制作“风车转”影片剪辑元件

01 执行“插入/新建元件”命令，或按快捷键【Ctrl＋F8】，弹出“创建新元件”对话框，输入元件“名称”为“风车转”，设置元件“类型”为“影片剪辑”，单击“确定”按钮，进入“影片剪辑”编辑界面。

02 在图层 1 上，选择钢笔工具和椭圆绘制风车支架，填充黑色（＃000000），如图 5-4 所示。

图 5-3 “风车”效果图　　图 5-4 “风车支架”效果图

03 单击“新建图层”按钮，新建图层 2，将“风车”图形元件拖到舞台，在第 60 帧处插入关键帧，右击选择“创建传统补间”，如图 5-5 所示。选中补间中的任意一帧，执行“补间/旋转/顺时针”命令，如图 5-6 和图 5-7 所示。

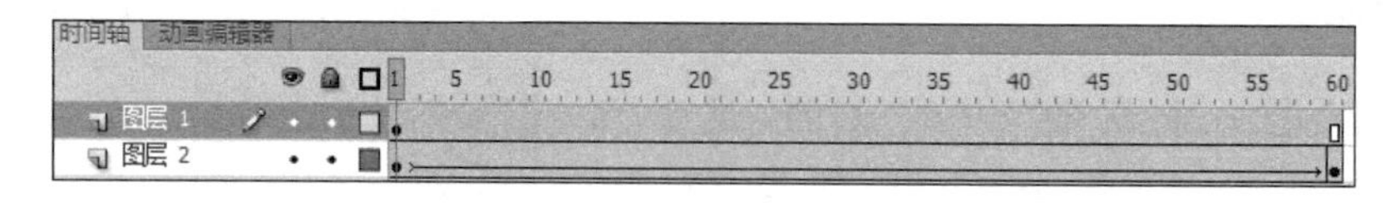

图 5-5 “帧”属性面板

04 单击“场景 1”按钮，返回主场景，新建图层 2，将“库”中的“风车转”影片剪辑元件拖入舞台，共三个风车，调整风车大小。

4. 测试影片

01 执行“文件/保存”命令，或按快捷键【Ctrl＋S】，以“风车.fla”为名保存文件。

02 执行“控制/测试影片/测试”命令，或按快捷键【Ctrl＋Enter】，预览动画效果。

图 5-6 执行“补间/旋转/顺时针”命令

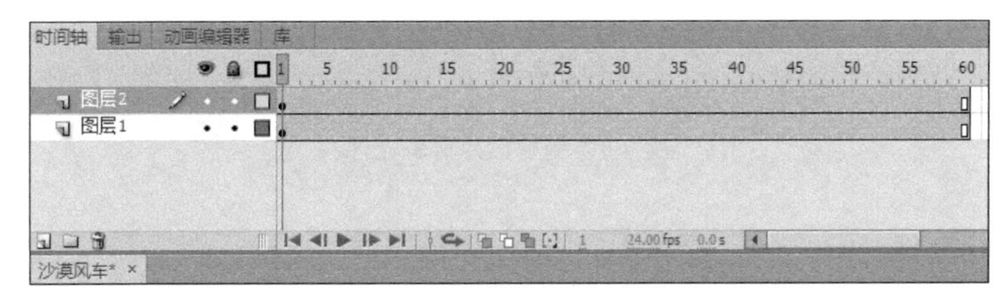

图 5-7 “风车”主场景“时间轴”面板

相关知识

元件是制作 Flash 动画重要的一部分,可以反复使用。当元件应用到动画中后,只要对元件做出修改,动画会自动修改。元件分为图形元件、影片剪辑元件和按钮元件三种,创建好的元件存于库中,其能够在 Flash 文档中重复使用而且不会增加文件的大小,便于网络传输,同时又是 Flash 动画中最基本的元素。

1. 图形元件

图形元件是三种元件中最普通的一种,主要用来制作静态图像,建好的图形元件存于库中,可以重复使用。

执行“插入/新建元件”命令,或打开“库”面板,单击“新建元件”按钮,即可弹出“创建新元件”对话框,在“名称”文本框中输入元件的名称(默认为“元件 1”),在“类型”下拉列表框中选择“图形”选项,如图 5-8 所示。单击“确定”按钮,即可完成图形元件的创建。

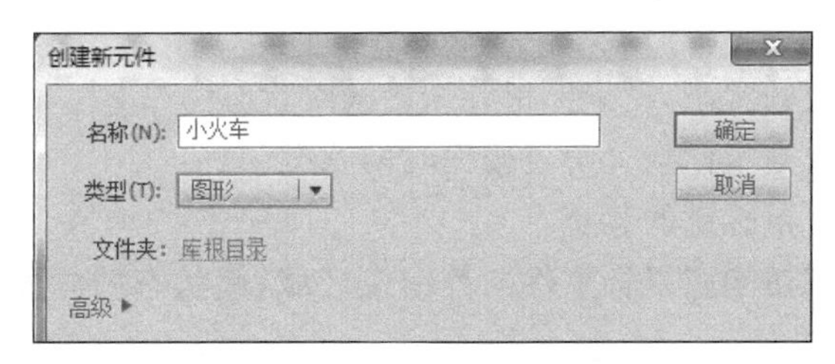

图 5-8 “创建新元件”对话框

2. 影片剪辑元件

影片剪辑元件本身是一个独立的小动画，无论影片剪辑元件的内部时间帧有多长，将其拖到主场景的时间轴上，只要一帧就可以播放了。

执行“插入/新建元件”命令，或打开“库”面板，单击“新建元件”按钮，即可弹出“创建新元件”对话框，在“名称”文本框中输入元件的名称，在“类型”下拉列表框中选择“影片剪辑”选项，即可完成影片剪辑元件的创建，如图 5-9 所示。

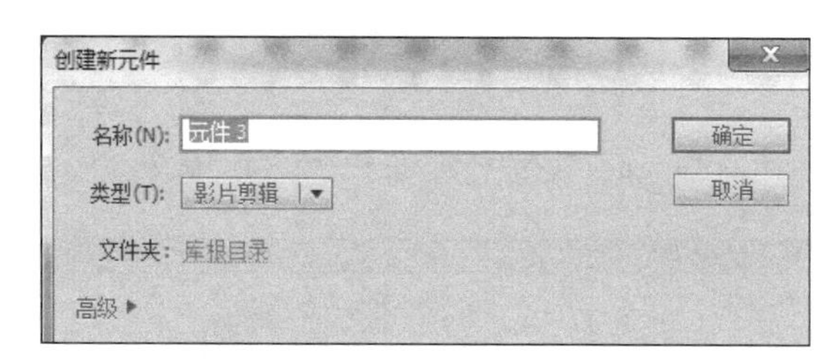

图 5-9　创建影片剪辑元件

3. 按钮元件

按钮元件是用于创建动画的交互控制按钮，包括“弹起”“指针经过”“按下”“点击”四个不同状态的帧，可分别在按钮的不同状态帧上创建不同的内容，既可以是静止图形，也可以是影片剪辑，还可以给按钮添加交互动作，使之具有交互功能。

执行“插入/新建元件”命令，或打开“库”面板，单击“新建元件”按钮，即可弹出“创建新元件”对话框，在“名称”文本框中输入元件的名称，在“类型”下拉列表框中选择“按钮”选项，即可完成按钮元件的创建，如图 5-10 所示。

按钮元件的“时间轴”面板与图形元件和影片剪辑元件的“时间轴”面板有所不同，它只有四个帧，如图 5-11 所示。

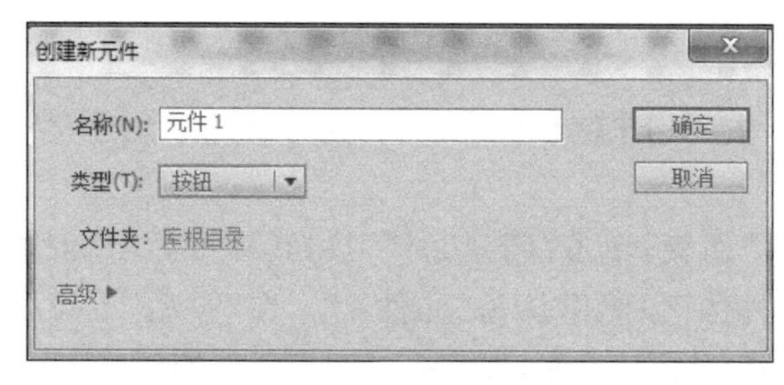

图 5-10　创建按钮元件

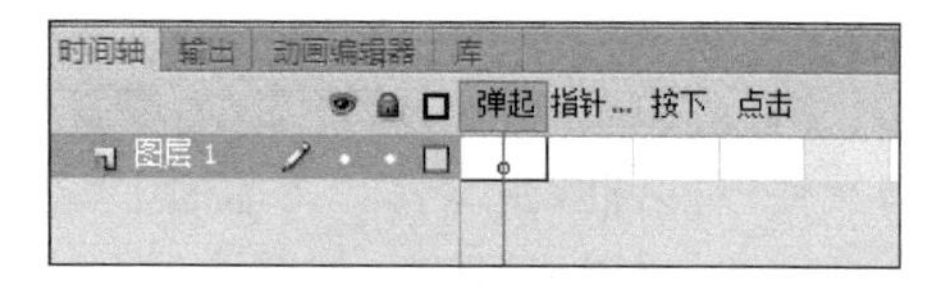

图 5-11　按钮元件“时间轴”面板

(1) 弹起：为按钮的常态，即鼠标指针未接触时状态。

(2) 指针经过：为当鼠标指针滑过按钮时的状态。

(3) 按下：为按下鼠标键的状态。

(4) 点击：表示按钮响应鼠标事件的范围或区域，此状态的画面内容、颜色在动画播放时不可见。

案例 5.2 小火车

案例目的

通过制作“小火车”动画，了解元件的类型及其特点，掌握图形元件和影片剪辑元件的创建、编辑等。

微课：5.2 小火车

案例分析

“小火车”动画主要由“背景”“车身”“车轮”“小火车”等元件构成，静态图像可以通过图形元件来完成，动态图像可以通过影片剪辑元件来完成，效果如图 5-12 所示。

图 5-12 “小火车”效果图

实践操作

1. 制作“背景”图形元件

01 创建一个新的 Flash 文档，类型为 ActionScript 3.0，设置舞台大小为 800 像素×400 像素，背景颜色为浅灰色(#999999)。

02 执行“插入/新建元件”命令，或按快捷键【Ctrl+F8】，弹出“创建新元件”对话框，输入元件名称为“背景”，设置元件类型为“图形”，单击“确定”按钮，进入图形元件编辑界面。

03 使用矩形工具绘制一个长方形，大小为 800 像素×400 像素，填充蓝色(#0066FD)～白色(#FFFFFF)～土黄(#996600)～黄色(#FFCC00)～白色(#FFFFFF)的线性渐变，用渐变变形工具调整颜色方向。

04 单击“新建图层”按钮，新建图层 2，选择椭圆工具，设置填充颜色为白色(#FFFFFF)，绘制三个叠加在一起的椭圆，按快捷键【Ctrl+G】将其组合，即可完成云朵的制作。

05 按住【Ctrl】键，可复制多朵白云，使用任意变形工具调整云朵的大小，使用选择工具调整云朵的位置。

06 选择线条工具，完成树木的制作，按快捷键【Ctrl＋G】将其组合起来发，效果如图 5-13 所示。

07 按住【Ctrl】键，复制多棵树，使用任意变形工具调整树的大小，使用选择工具调整树的位置。

08 使用矩形工具绘制两个大小一致的矩形，填充两种不种颜色，拼接在一起，完成轨道的制作，效果如图 5-14 所示。

图 5-13 “树”效果图

图 5-14 “背景”元件效果图

2. 制作“车身”影片剪辑元件

01 执行“插入/新建元件”命令，或按快捷键【Ctrl＋F8】，弹出“创建新元件”对话框，输入元件“名称”为“车身”，设置元件“类型”为“影片剪辑”，单击“确定”按钮，进入影片剪辑元件编辑界面。

02 使用线条工具、铅笔工具、选择工具完成“车身”的制作，并给车身填充红色(＃FF0000)。

03 单击“新建图层”按钮，新建图层 2，使用线条工具画烟囱。

04 单击“新建图层”按钮，新建图层 3，使用铅笔工具，设置笔触颜色为白色，笔触大小为 5.00，“样式”为“点刻线”，如图 5-15 所示。画烟的效果，如图 5-16 所示。

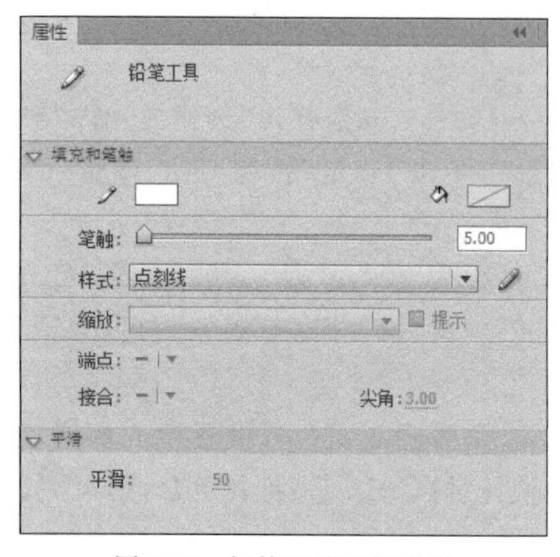

图 5-15 铅笔工具属性设置

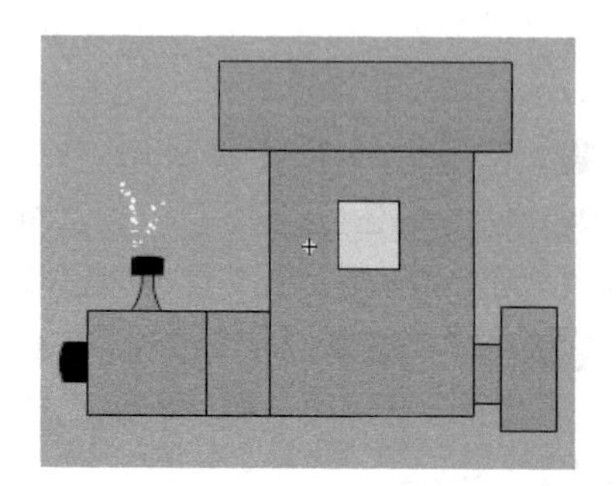

图 5-16 车身及烟囱的效果

05 分别在第 5 帧、第 10 帧、第 15 帧、第 20 帧处插入空白关键帧，画不同烟的效果。时间轴如图 5-17 所示。

3. 制作“车轮”图形元件

01 执行“插入/新建元件”命令，或按快捷键【Ctrl+F8】，弹出“创建新元件”对话框，输入元件“名称”为“车轮”，设置元件“类型”为“影片剪辑”，单击“确定”按钮，进入影片剪辑元件编辑界面。

02 使用椭圆工具和线条工具绘制车轮，如图 5-18 所示。打开“对齐”面板，将“车轮”置于舞台中间，在第 20 帧插入关键帧，创建传统补间动画。选择第 1 帧，打开“属性”面板，如图 5-19 所示，设置逆时针旋转 1 次。

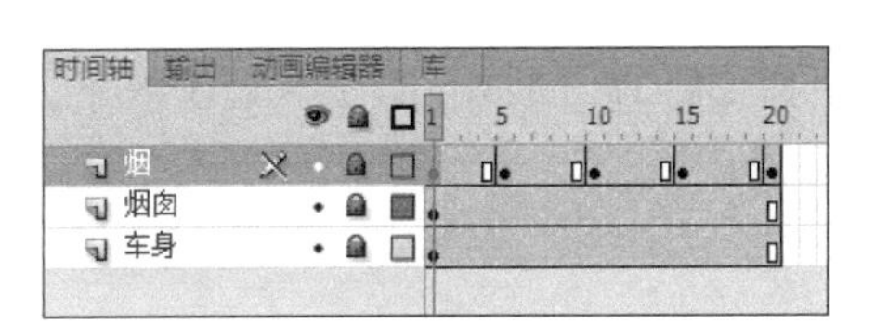

图 5-17 “车身”影片剪辑时间轴

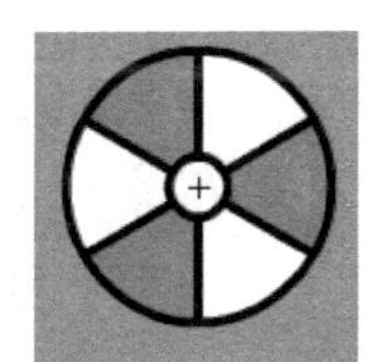
图 5-18 绘制“车轮”

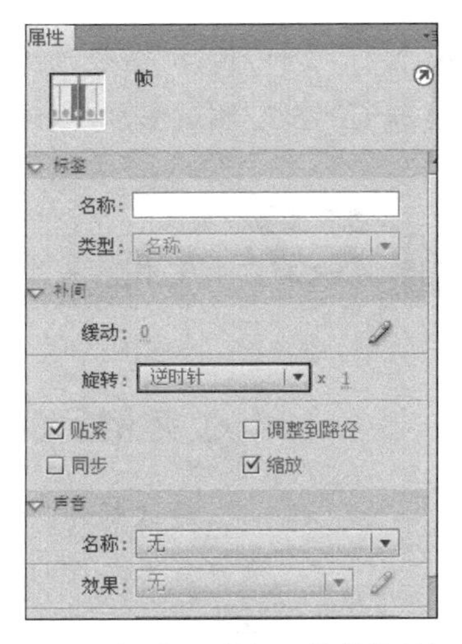

图 5-19 “车轮”影片剪辑元件帧“属性”面板

4. 制作“小火车”影片剪辑元件

01 执行“插入/新建元件”命令，或按快捷键【Ctrl+F8】，弹出“创建新元件”对话框，输入元件“名称”为“小火车”，设置元件“类型”为“影片剪辑”，单击“确定”按钮，进入影片剪辑元件编辑界面。

02 按快捷键【Ctrl+L】，打开“库”面板，分别将“车身”和“车轮”拖到舞台，将车身和车轮连起来，这样就完成了火车的制作，如图 5-20 所示。

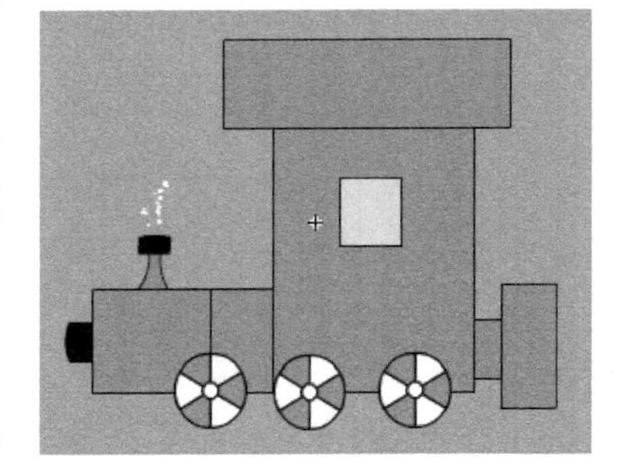
图 5-20 “小火车”效果图

5. 搭建舞台，完成动画

01 单击“场景 1”按钮，回到主场景，将“背景”图形元件拖动到舞台。在第 80 帧处插入关键帧，创建传统补间动画，向右移动“背景”的位置。

02 单击“新建图层”按钮，新建图层 2，将“小火车”影片剪辑元件拖动到舞台，其位置调整到轨道的上方，在第 80 帧处插入关键帧，创建传统补间动画，向左移动“小火车”的位置，时间轴如图 5-21 所示。

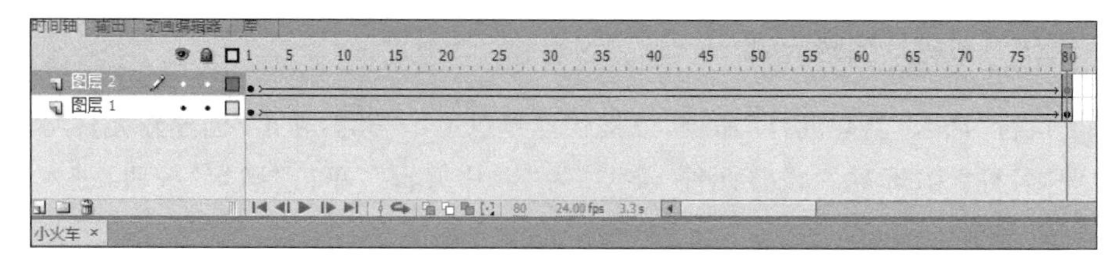

图 5-21 “时间轴”面板

6. 测试影片

01 执行“文件/保存”命令，或按快捷键【Ctrl+S】，以“小火车.fla”为名保存文件。

02 执行“控制/测试影片/测试”命令，或按快捷键【Ctrl+Enter】，预览动画效果。

案例 5.3 火把

案例目的

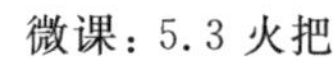

微课：5.3 火把

通过制作“火把”动画，进一步掌握图形元件和影片剪辑元件的创建与编辑。

案例分析

“火把”动画主要由“背景”“柴火”和“火焰”等元件构成，利用图形元件完成背景和柴火元件的制作，利用影片剪辑元件完成火焰的制作，如图 5-22 所示。

图 5-22 “火把”效果图

实践操作

1. 制作“背景”图形元件

01 创建一个新的Flash文档，类型为ActionScript 3.0，设置舞台大小为600像素×400像素，背景颜色为白色(#FFFFFF)。

02 执行“插入/新建元件”命令，或按快捷键【Ctrl+F8】，弹出“创建新元件”对话框，输入元件“名称”为“背景”，设置元件“类型”为“图形”，单击“确定”按钮，进入图形元件编辑界面。

03 使用矩形工具绘制一个长方形，大小为600像素×400像素，填充蓝色(#3300CC)～浅蓝色(#99CCFF)～棕色(#666600)的线性渐变。

2. 制作“柴火”图形元件

01 执行“插入/新建元件”命令，或按快捷键【Ctrl+F8】，弹出“创建新元件”对话框，输入元件“名称”为“柴火”，设置元件“类型”为“图形”，单击“确定”按钮，进入图形元件编辑界面。

02 使用矩形工具和部分选取工具绘制柴火，并用任意变形工具调整木柴的大小和方向，如图5-23所示。

图5-23 “柴火”效果图

3. 制作“火焰”影片剪辑元件

01 执行“插入/新建元件”命令，或按快捷键【Ctrl+F8】，弹出“创建新元件”对话框，输入元件“名称”为“火焰1”，设置元件“类型”为“影片剪辑”，单击“确定”按钮，进入影片剪辑元件编辑界面。

02 使用钢笔工具和部分选取工具绘制出第1帧火焰的轮廓，如图5-24所示，填充黄色(#FFFF00)，再按住【Ctrl】键复制两个，用任意变形工具调整其大小，分别填充橘黄色(#FF6600)和红色(#FF0000)，并调整好位置，如图5-25所示；在第3帧插入空白关键帧，用相同的方法绘制第二个火焰；再用相同的方法完成第5帧、第7帧、第9帧、第11帧、第13帧火焰的制作，如图5-26～图5-31所示。

图 5-24　第 1 帧火焰轮廓

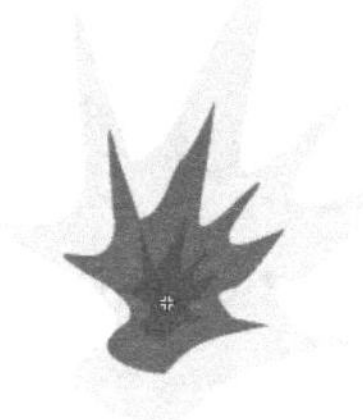

图 5-25　第 1 帧火焰

图 5-26　第 3 帧火焰

图 5-27　第 5 帧火焰

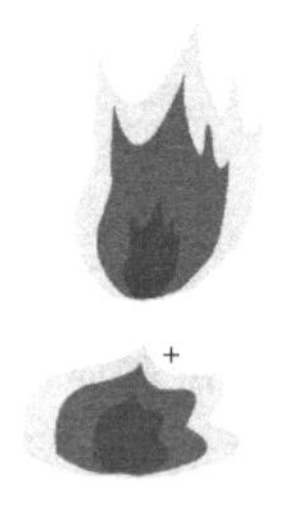

图 5-28　第 7 帧火焰

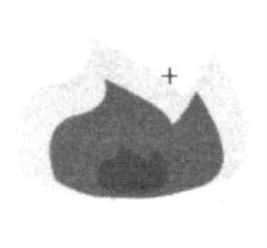

图 5-29　第 9 帧火焰

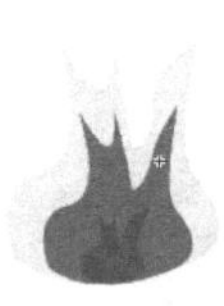

图 5-30　第 11 帧火焰

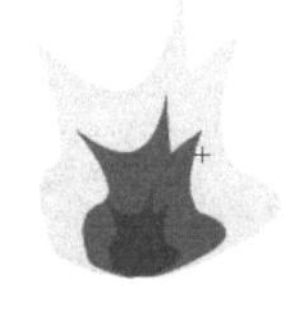

图 5-31　第 13 帧火焰

03 选中“库”面板中的“火焰 1”影片剪辑元件，右击，在弹出快捷的菜单中选择“直接复制”命令，然后在弹出的“直接复制元件”对话框的“名称”文本框中输入“火焰 2”，单击“确定”按钮。

04 单击“编辑元件”按钮，进入“火焰 2”影片剪辑元件编辑界面，选择第 1 帧，按住【Shift】键，再单击最后一帧，右击，在弹出的快捷菜单中选择“翻转帧”命令，这样“火焰 2”影片剪辑元件就制作完成了。

05 再次选中“库”面板中的“火焰 1”影片剪辑元件，右击，在弹出的快捷菜单中选择“直接复制”命令，然后在弹出的“直接复制元件”对话框的“名称”文本框中输入“火焰 3”，单击“确定”按钮。

06 单击“编辑元件”按钮，进入“火焰 3”影片剪辑元件编辑界面，将第 11～13 帧的火焰调到第 1～3 帧的位置上，其他的帧按顺序后延。

4. 搭建舞台，完成动画

01 单击“场景”按钮，返回主场景，分别将“背景”和“柴火”图形元件拖到舞台，调整其位置。

02 单击“新建图层”按钮，新建图层 2，分别将“火焰 1”“火焰 2”和“火焰 3”拖到舞台，调整“火焰 2”“火焰 3”的大小、倾斜度和角度。

5. 测试影片

01 执行“文件/保存”命令，或按快捷键【Ctrl＋S】，以“火把.fla”为名保存文件。

02 执行“控制/测试影片/测试”命令，或按快捷键【Ctrl＋Enter】，预览动画效果。

相关知识

在 Flash 中，“库”面板中的文件除了 Flash 影片的三种元件类型的文件外，还包含其他素材文件，如一个复杂的 Flash 影片中会使用到一些位图、声音、视频、文字等素材文件，每种元件将被作为独立的对象存储在元件库中。

执行“窗口/库”命令或按快捷键【Ctrl＋L】，即可打开“库”面板，如图 5-32 所示。

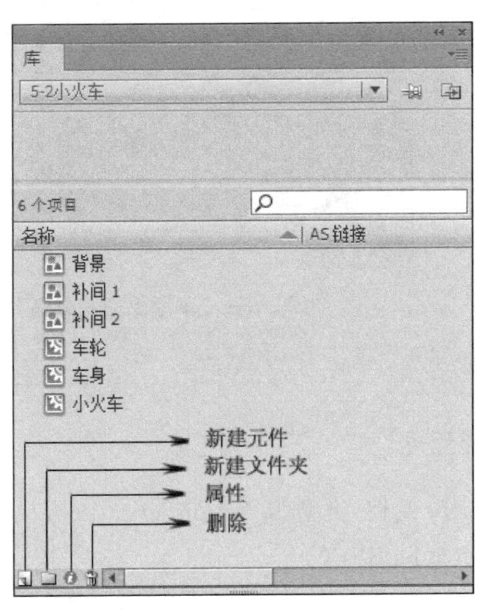

图 5-32 “库”面板

单击“新建元件”按钮，可以创建新元件。

单击“新建文件夹”按钮，可以在库中新建一个文件夹，将同一类型的元件放在一起。

单击“属性”按钮，可以进行元件属性的编辑。

单击“删除”按钮，可以删除库中的元件。

案例5.4 草原上的一只鸟

案例目的

微课：5.4 草原上的一只鸟

通过制作“草原上的一只鸟”动画，了解元件的类型及其特点，掌握影片剪辑元件的创建和编辑等。

案例分析

“草原上的一只鸟”动画主要由“背景”“鸟飞”等元件构成，鸟飞可以通过影片剪辑元件来完成，如图 5-33 所示。

图 5-33 “草原上的一只鸟”效果图

实践操作

1. 制作“背景”图形元件

01 创建一个新的 Flash 文档，类型为 ActionScript 3.0，设置舞台大小为 800 像素×500 像素，背景颜色为白色(#FFFFFF)。

02 执行“文件/导入/导入到舞台”命令，弹出“导入到舞台”对话框，将“背景图”导入舞台。

2. 制作“鸟飞”影片剪辑元件

01 执行“插入/新建元件”命令，或按快捷键【Ctrl+F8】，弹出“创建新元件”对话框，输入元件“名称”为“鸟飞”，设置元件“类型”为“影片剪辑”，单击“确定”按钮，进入影片剪辑元件编辑界面。

02 执行“文件/导入/导入到舞台”命令，弹出“导入到舞台”对话框，选择“图片 1”，弹出对话框,选择“是”,鸟飞的影片剪辑元件就创建好了。

3. 搭建舞台,完成动画

01 单击“场景1”按钮,回到主场景,新建图层“小鸟飞”,将已经创建好的“鸟飞”影片剪辑元件从库中拖到舞台,其位置调整到舞台左边。

02 在“小鸟飞”图层第50帧处按【F6】键,创建传统补间动画,向右移动“鸟飞”的位置,时间轴如图5-34所示。

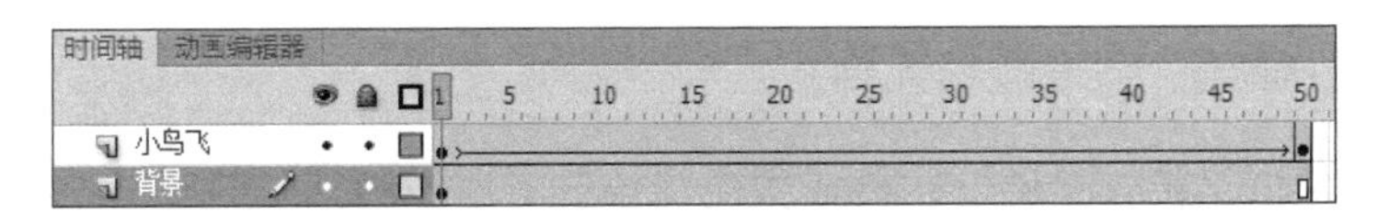

图5-34 “时间轴”面板

4. 测试影片

01 执行“文件/保存”命令,或按快捷键【Ctrl+S】,以“草原上的一只鸟.fla”为名保存文件。

02 执行“控制/测试影片/测试”命令,或按快捷键【Ctrl+Enter】,预览动画效果。

案例5.5 风景图欣赏

案例目的

通过制作“风景图欣赏”动画,掌握按钮元件的创建和编辑。

微课:5.5 风景图欣赏

案例分析

制作五个数字按钮,当鼠标指针滑过这五个按钮时,按钮的颜色发生变化,同时在按钮的上方显示五种不同的风景图片,如图5-35所示。

图5-35 “风景图欣赏”效果图

实践操作

1. 导入素材

01 创建一个新的 Flash 文档，类型为 ActionScript 3.0，设置舞台大小为 550 像素×400 像素，背景颜色为白色（#FFFFFF）。

02 执行“文件/导入/导入到库”命令，将“风景图片”文件夹中的图片导入库中。

2. 分别制作数字 1～5 按钮元件

01 执行“插入/新建元件”命令，或按快捷键【Ctrl＋F8】，弹出“创建新元件”对话框，取名为“元件 1”，设置元件“类型”为“按钮”，单击“确定”按钮，进入按钮元件编辑界面。

02 选择椭圆工具，设置笔触颜色为黑色，填充颜色为浅橘色（#FFCC99），绘制一个正圆，将笔触“宽度”调为 5.0。

03 执行“窗口/对齐”命令，打开“对齐”面板，选择“水平对齐”“垂直对齐”，将正圆置于舞台中间。

04 按【F6】键，在“指针经过”帧插入关键帧，填充颜色改为橘红色（#FF9900）。

05 按【F5】键，在“按下”帧插入帧。

06 单击“新建图层”按钮，新建图层 2，设置文字大小为 20 像素，颜色为黑色，输入数字 1，并置于舞台中间。

07 单击“新建图层”按钮，新建图层 3，在“指针经过”帧插入空白关键帧，将库中的“风景 1”图片拖入舞台，并设置其大小及位置（X 为－160.00，Y 为－280.00，“宽”为 300.00，“高”为 225.00），如图 5-36 所示。“时间轴”面板如图 5-37 所示。

图 5-36　位图的参数设置

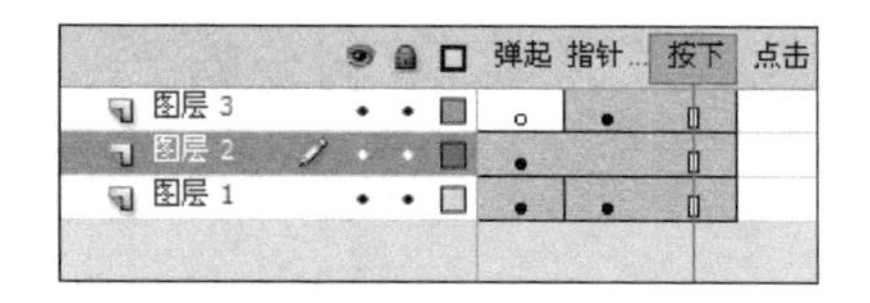

图 5-37　元件 1 的“时间轴”面板

08 执行“窗口/库”命令，或按快捷键【Ctrl＋L】，选中“元件 1”，右击，在弹出的快捷菜单中选择“直接复制”命令，如图 5-38 所示。在弹出的“直接复制元件”对话框中将元件“名称”命名为“元件 2”，如图 5-39 所示。

09 库中选中“元件 2”，双击进入元件 2，将图层 2 里的数字“1”改为“2”，在舞台上选中图层 3“指针经过”里的图片，并在图片上右击，选择“交换位图”，选择风景 2 确定，并修改图片位置（X 为－201.00，Y 为－280.00，“宽”为 300.00，“高”为 225.00），如图 5-40 所示。

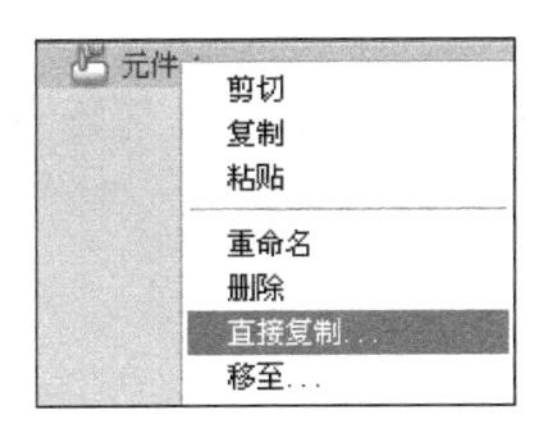

图 5-38 “库”面板的面板菜单

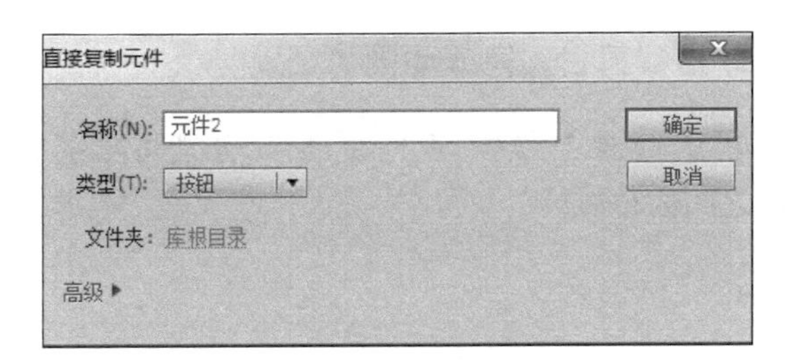

图 5-39 “直接复制元件”对话框设置

图 5-40 “交换位图”对话框

10 以此类推，分别完成数字 2～5 按钮元件的制作，各元件的风景图片位置及大小如图 5-41 所示。

图 5-41 数字 2～5 按钮元件位图的参数设置

3. 搭建舞台，完成动画

单击“场景 1”按钮，返回主场景，分别将数字 1～5 按钮元件从库中拖到舞台，调整好按钮之间的位置。

4. 测试影片

01 执行“文件/保存”命令，或按快捷键【Ctrl＋S】，以“风景图欣赏.fla”为名保存文件。

02 执行“控制/测试影片/测试”命令，或按快捷键【Ctrl＋Enter】，预览动画效果。

单元小结

元件是 Flash 动画制作中的一个重要对象，常见的元件类型有图形元件、影片剪辑元件和按钮元件。还可以利用三种元件的嵌套，丰富动画的作品效果。

库是用来存放元件的地方，除了存放元件外，还可以存放位图、声音、视频等素材。当元件从库中拖到舞台后，舞台中的这个对象称为“实例”。一个元件可以有多个实例，并且可以通过“属性”面板修改其设置，如“色调”“亮度”“Alpha”等。

自我测评

1. 制作“烛光”动画：烛光燃起来了，好像萤火虫般在夜空里跳动，如图 5-42 所示。

图 5-42 “烛光”效果图

2. 制作“堆雪人”动画：圣诞树不停地闪烁，雪人层层的堆高，如图 5-43 所示。

图 5-43 “堆雪人”效果图

3. 制作“名车欣赏”动画：当滑过数字 1、2、3、4 时，显示不同的汽车图片，如图 5-44 所示。

图 5-44 “名车欣赏”效果图

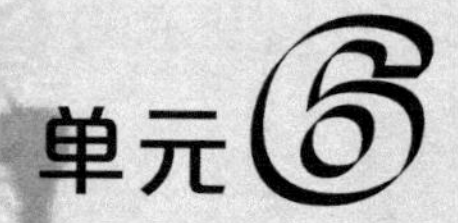

单元6

滤镜的应用

单元6课件下载

单元导读

Flash作品中有许多炫酷效果是通过Flash的一些特效动画来完成的，只有掌握了这些特效动画的制作方法，制作出的Flash作品才更炫、更酷、更有个性。

本单元主要介绍如何使用滤镜特效来完成一些特殊效果的动画。

学习目标

1. 了解滤镜的类型。
2. 掌握滤镜特效的使用方法和操作技巧。

单元任务

1. 绘制“可爱的小青蛙”。
2. 绘制“咖啡广告”。
3. 绘制“生日贺卡”。

案例6.1 可爱的小青蛙

案例目的

微课：6.1 可爱的小青蛙

通过制作“可爱的小青蛙”动画，巩固前面所学的元件与库的知识和熟悉滤镜的七种特效，为后续学习打下基础。

案例分析

“可爱的小青蛙”动画主要由影片剪辑元件和按钮元件构成，先将小青蛙制作成影片剪辑元件，然后制作小青蛙的按钮元件，分别在“指针经过”和“按下”关键帧设置不同的滤镜来完成其效果，如图6-1所示。

图6-1 “可爱的小青蛙”效果图

实践操作

1. 导入素材

01 创建一个新的Flash文档，类型为ActionScript 3.0，设置舞台大小为550像素×400像素，背景颜色为浅绿色(#CCFFFF)。

02 执行“文件/导入/导入到库”命令，弹出“导入到库”对话框，找到要导入的素材图片并将其导入。

2. 制作“小青蛙”影片剪辑元件

01 执行“插入/新建元件”命令，或按快捷键【Ctrl+F8】，弹出“创建新元件”对话框，输入元件“名称”为“小青蛙”，设置元件“类型”为“影片剪辑”，单击“确定”按钮，进入影片剪辑元件编辑界面。

02 执行“窗口/库”命令，或按快捷键【Ctrl+L】，打开“库”面板，从库中将“青蛙.jpg”图片拖入舞台。执行“修改/分离”命令，单击“工具”面板套索工具中的“魔术棒设置”

按钮，在弹出的“魔术棒设置”对话框中进行参数设置，如图 6-2 所示。选中图像中的白色和蓝色区域，按【Delete】键，用任意变形工具调整其大小，按快捷键【Ctrl+G】将其组合，然后执行“修改/对齐/水平居中”和“修改/对齐/垂直居中”命令，这样“小青蛙”的图片就处理好了，如图 6-3 所示。

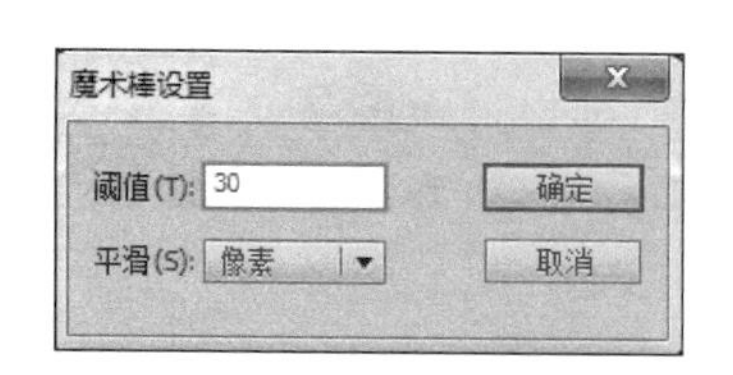

图 6-2 魔术棒参数设置

图 6-3 “小青蛙”影片剪辑元件效果

3. 制作“青蛙按钮”按钮元件

01 执行“插入/新建元件”命令，或按快捷键【Ctrl+F8】，弹出“创建新元件”对话框，输入元件“名称”为“青蛙按钮 1”，设置元件“类型”为“按钮”，单击“确定”按钮，进入按钮元件编辑界面。

02 将“青蛙”影片剪辑元件拖到舞台中间，利用“对齐”面板让实例与舞台中心对齐，执行“插入/关键帧”命令，时间轴如图 6-4 所示。

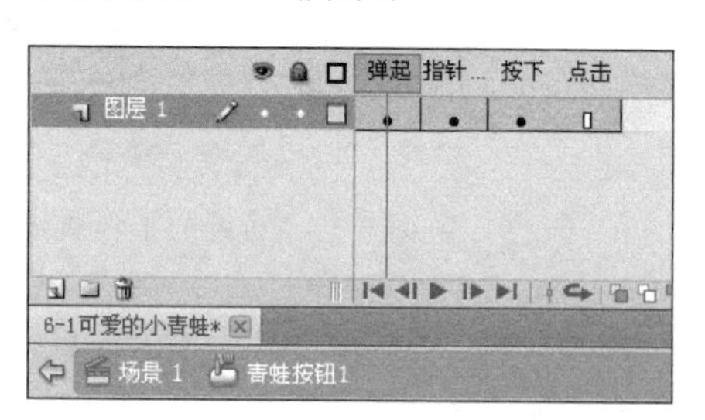

图 6-4 “青蛙按钮 1”时间轴

03 单击“指针经过”关键帧，选中“青蛙”实例对象，打开“滤镜”面板，为舞台中的影片剪辑元件实例添加“投影”和“发光”特效，并调整其参数，如图 6-5 所示。

04 单击“按下”关键帧，选中“青蛙”实例对象，打开“滤镜”面板，为舞台中的影片剪辑元件实例添加“斜角”和“调整颜色”特效，如图 6-6 所示。

05 按上述方法制作“青蛙按钮 2”按钮元件。

06 在“指针经过”关键帧，添加“模糊”和“渐变发光”特效，如图 6-7 所示。

07 单击“按下”关键帧，添加“渐变斜角”特效，如图 6-8 所示。

4. 搭建舞台，制作文字特效

01 单击“场景 1”按钮，返回到主场景，分别将“青蛙按钮 1”和“青蛙按钮 2”拖到舞台，用任意变形工具调整其大小。

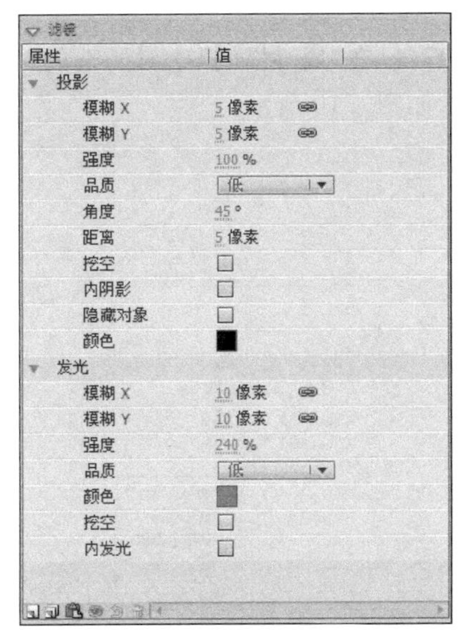

图 6-5　添加“投影”和“发光”特效

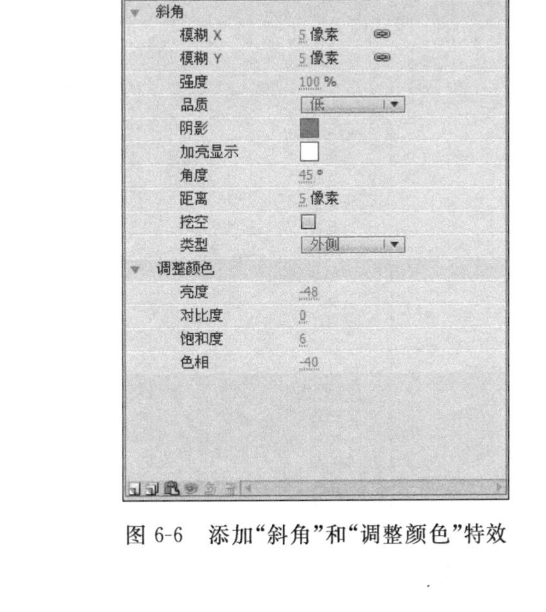

图 6-6　添加“斜角”和“调整颜色”特效

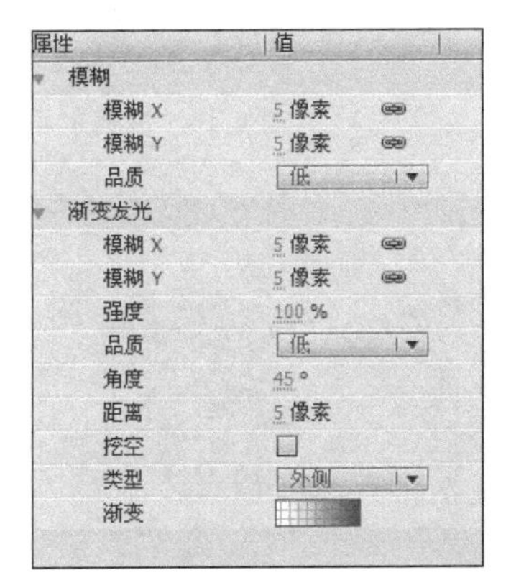

图 6-7　添加“模糊”和“渐变发光”特效

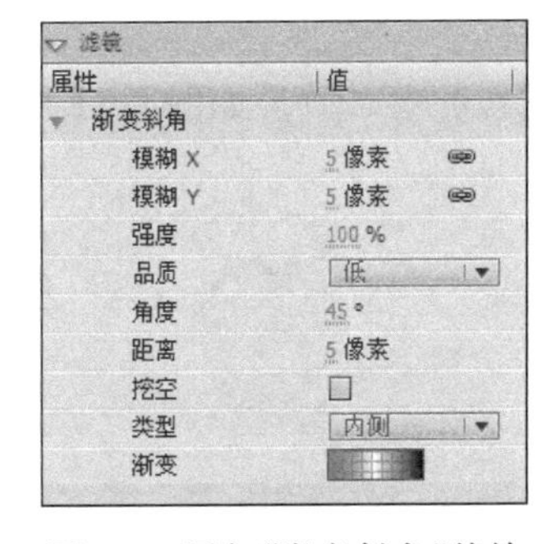

图 6-8　添加“渐变斜角”特效

02 选择文本工具 T，字体选择楷体，设置大小为 24，颜色为黑色，输入“可爱的小青蛙”，并对文本添加“斜角”和“渐变发光”特效，如图 6-9 所示。

5. 测试影片

01 执行“文件/保存”命令，或按快捷键【Ctrl+S】，以“可爱的小青蛙.fla”为名保存文件。

02 执行“控制/测试影片/测试”命令，或按快捷键【Ctrl+Enter】，预览动画效果。

相关知识

滤镜，最早出现在 Adobe 公司的 Photoshop 中，用户通过简单的操作就可以完成一些特殊效果的制作，如模糊、扭曲等。随着 Adobe 与 Macromedia 公司的合并，从 Flash 8.0 开始，也新加了“滤镜”这个功能，其可以实现投影、模糊、发光、斜角、渐变发光、渐变斜角、调整颜色等一些简单的滤镜效果制作。

滤镜效果只适用于文本、影片剪辑和按钮，用户可以在“属性”面板中对所选的对象直接应用滤镜。单击“添加滤镜”按钮，可以增加滤镜，如图 6-10 所示。

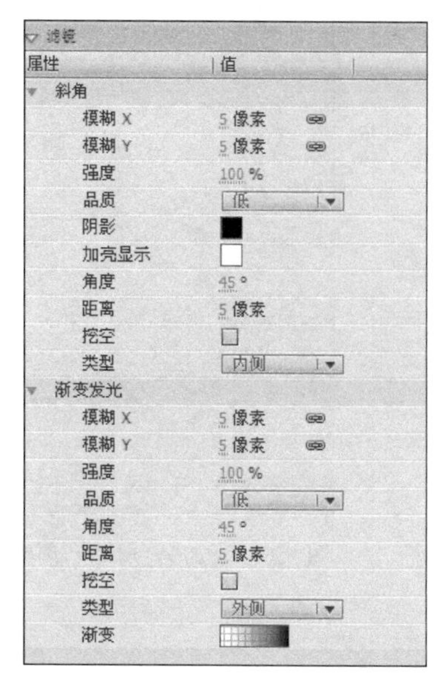

图 6-9　为文本添加“斜角”和“渐变发光”特效

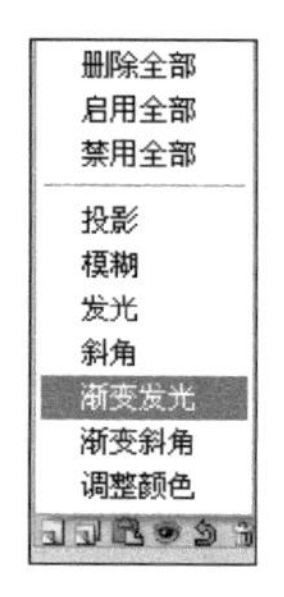

图 6-10　滤镜的添加

滤镜的七种效果如图 6-11 所示，各效果描述如下。

图 6-11　滤镜的七种效果

(1) 投影：可以模拟对象向一个表面投影的效果，或者在背景中剪出一个对象的形状来模拟对象的外观。

(2) 模糊：可以柔化对象的边缘和细节，使对象看起来好像是运动的。

(3) 发光：可以为对象的整个边缘应用颜色。

(4) 斜角：为对象应用“加亮”效果，使其看起来突出于背景表面。

(5) 渐变发光：可以在发光表面产生渐变颜色的发光效果。
(6) 渐变斜角：可以产生凸起的效果，使对象好像是从背景上凸起，而且斜角表面有渐变。
(7) 调整颜色：可以调整所选择对象的“亮度”“对比度”“饱和度”“色相”。

案例6.2 咖啡广告

案例目的

微课：6.2 咖啡广告

通过制作“咖啡广告”动画，掌握“模糊”“发光”“投影”滤镜的使用方法和操作技巧。

案例分析

利用“模糊”滤镜，为咖啡杯上方添加缕缕蒸汽，如图 6-12 和图 6-13 所示。利用“发光”“投影”滤镜，制作发光效果的文字特效，用逐帧动画，实现打字动画效果，如图 6-14 所示。

图 6-12 “咖啡广告”初始效果图

图 6-13 “咖啡广告”模糊效果图

图 6-14 “咖啡广告”效果图

实践操作

1. 导入素材

01 创建一个新的 Flash 文档,类型为 ActionScript 3.0,设置舞台大小为 550 像素×348 像素,背景颜色为灰色(#CCCCCC)。

02 执行"文件/导入/导入到舞台"命令,弹出"导入到舞台"对话框,将相关的图片导入舞台中,利用"对齐"面板将图片相对于舞台水平、垂直方向上居中对齐。

2. 创建"蒸汽"影片剪辑元件

01 执行"插入/新建元件"命令,或按快捷键【Ctrl+F8】,弹出"创建新元件"对话框,输入元件"名称"为"蒸汽 1",设置元件"类型"为"影片剪辑",单击"确定"按钮,进入影片剪辑元件编辑界面。

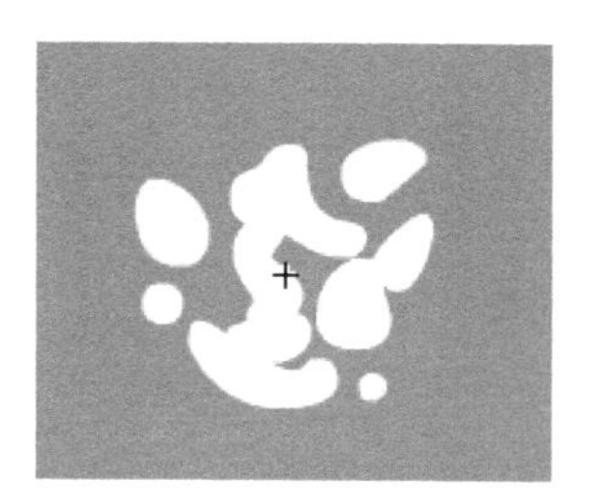

图 6-15　蒸汽形状效果图

02 使用刷子工具绘制一些白色的蒸汽图形,如图 6-15 所示。选中绘制的蒸汽图形,按快捷键【F8】将其转换为影片剪辑元件,命名为"蒸汽"。

> **提示**
>
> 滤镜只能被添加到影片剪辑元件中,因此将静态的蒸汽形状转换为影片剪辑元件,而不是图形元件。

03 返回"蒸汽"影片剪辑元件编辑窗口,在第 20 帧处按【F6】键插入关键帧,使用任意变形工具缩放实例,使蒸汽看上去上升了一些;在第 40 帧处按【F6】键插入关键帧,使用任意变形工具进一步缩放实例,使蒸汽看上去位置再高一些。

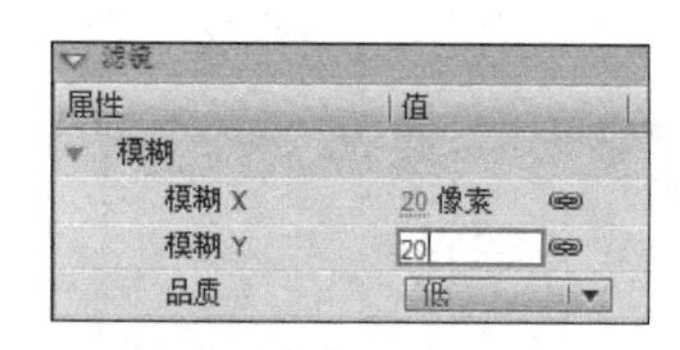

图 6-16　"模糊"滤镜面板

04 返回第 1 帧,执行"窗口/属性/滤镜"命令,弹出"滤镜"面板,选中舞台中的"蒸汽"实例,单击"添加滤镜"按钮,添加"模糊"滤镜,设置"模糊 X"和"模糊 Y"值均为 20 像素,如图 6-16 所示。

05 在第 20 帧中为实例添加"模糊"滤镜,"模糊 X"和"模糊 Y"值均设置为 35 像素;在第 40 帧中为实例添加"模糊"滤镜,"模糊 X"和"模糊 Y"值均设置为 50 像素。

06 在第 60 帧处,设置实例透明,在第 61 帧处按【F7】键插入空白关键帧。

07 为了使效果更加逼真,选择图层 1 中的所有帧,右击,在弹出的快捷菜单中选择"复制帧"命令。单击"新建图层"按钮,新建图层 2,在第 30 帧处右击,在弹出的快捷菜单中选择"粘贴帧"命令,时间轴如图 6-17 所示。

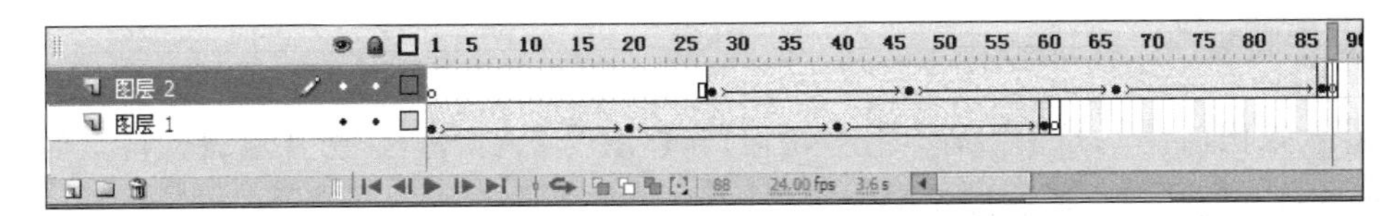

图 6-17 “蒸汽”影片剪辑元件的“时间轴”面板

3. 创建“广告”影片剪辑元件

01 执行“插入/新建元件”命令，或按快捷键【Ctrl+F8】，弹出“创建新元件”对话框，输入元件“名称”为“广告”，设置元件“类型”为“影片剪辑”，单击“确定”按钮，进入影片剪辑元件编辑界面。

02 选择文本工具 T，设置字体为华文琥珀，大小为 48 点，颜色为白色，输入文字“滴”。执行“窗口/属性/滤镜”命令，弹出“滤镜”面板，选中舞台中的“广告”实例，单击“添加滤镜”按钮，添加“发光”滤镜，设置“模糊 X”和“模糊 Y”值均为 20 像素，“颜色”为黄色，“品质”为“低”，选中“内发光”复选框，如图 6-18 所示。再次添加“发光”滤镜，设置“模糊 X”和“模糊 Y”值均为 15 像素，“颜色”设为红色，“品质”为“低”，如图 6-19 所示。添加“投影”滤镜，设置“模糊 X”和“模糊 Y”值均为 10 像素，“颜色”设为白色，“品质”为“中”，如图 6-20 所示。

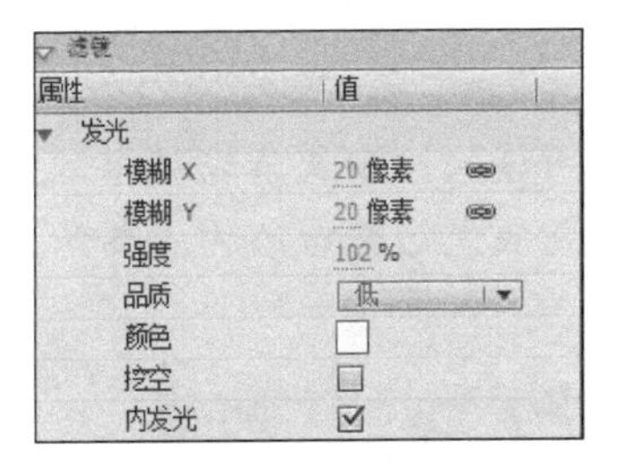

图 6-18 设置“内发光”效果

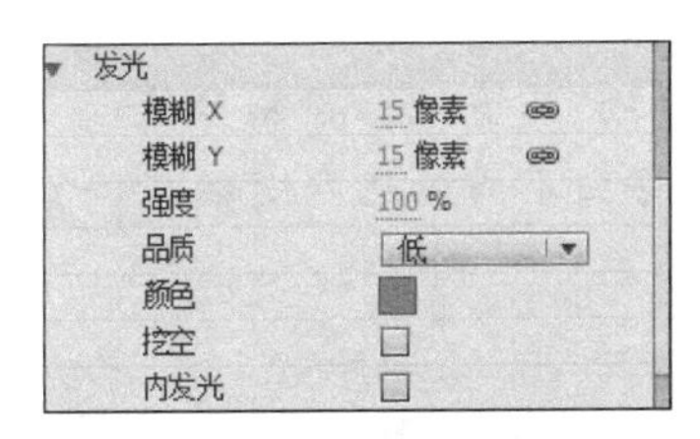

图 6-19 设置“外发光”效果

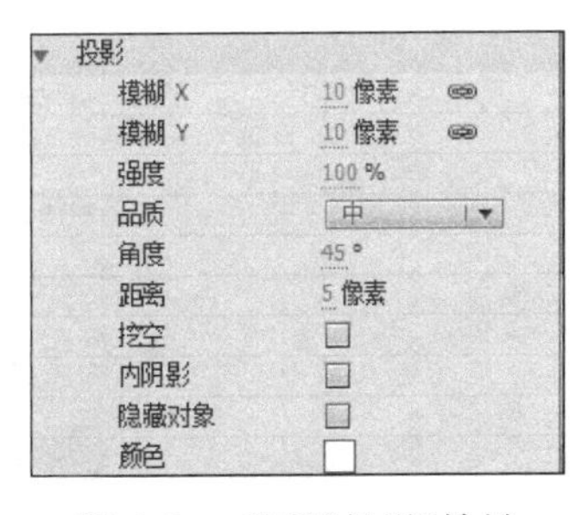

图 6-20 设置“投影”效果

提示

“发光”滤镜，可以多次添加，实现叠加效果。品质的高低是指发光效果是否均匀，品质高，则均匀。其设置需依据所设计效果定。“内发光”不打钩，则为“外发光”效果。

03 分别在第 10 帧、第 20 帧、第 30 帧、第 40 帧、第 50 帧、第 60 帧和第 70 帧，添加关键帧，分别输入“滴滴香浓 意犹未尽”的文字，在第 90 帧处，插入帧，延续动画，实现广告文字的逐帧动画效果，完成“广告”影片剪辑元件制作，如图 6-21 所示。

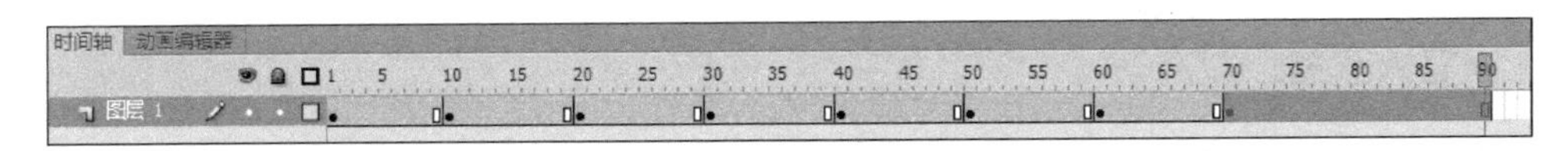

图 6-21 “广告”影片剪辑元件的“时间轴”面板

4. 搭建舞台，完成动画

01 返回场景1,单击“新建图层”按钮,新建图层2,将“蒸汽”影片剪辑元件从库中拖到舞台中,调整其到合适的位置。

02 新建图层,将“广告”影片剪辑元件从库中拖到舞台中,调整其大小、位置。

5. 测试影片

01 执行“文件/保存”命令,或按快捷键【Ctrl+S】,以“咖啡广告.fla”为名保存文件。

02 执行“控制/测试影片/测试”命令,或按快捷键【Ctrl+Enter】,预览动画效果。

案例6.3 生日贺卡

案例目的

通过制作“生日贺卡”动画,掌握文本的“模糊”与“斜角”滤镜的使用方法和操作技巧。

微课:6.3 生日贺卡

案例分析

利用“模糊”滤镜,实现“生日快乐”文字由模糊逐渐变清晰;“永远快乐!”四个字由不同颜色渐变组成,一束白色的光从舞台的左上侧滑向右下侧,如图6-22所示。

图6-22 “生日贺卡”效果图

实践操作

1. 导入素材

01 创建一个新的Flash文档,类型为ActionScript 3.0,设置舞台大小为500像素×300像素。

02 执行“文件/导入/导入到舞台”命令,弹出“导入到舞台”对话框,将背景图片导入舞台中，设置图片属性大小为 500 像素×300 像素，利用“对齐”面板将图片相对于舞台水平、垂直方向上居中对齐。

03 双击时间轴的图层 1，重命名为“背景”。

2. 创建影片剪辑元件

01 执行“插入/新建元件”命令，或按快捷键【Ctrl+F8】，弹出“创建新元件”对话框，设置元件“类型”为“影片剪辑”，命名为“生日快乐”，单击“确定”按钮，进入影片剪辑元件编辑界面。

02 选择文本工具 T，设置字体为华文琥珀，大小为 45 点，颜色为红色，输入“生日快乐”。

03 新建影片剪辑元件，命名为“永远快乐！”，选择文本工具 T，设置字体为华文琥珀，大小为 45 点，颜色为白色，进入影片剪辑元件编辑界面，输入“永远快乐！”。

04 在第 10 帧处按【F7】键插入空白关键帧，执行“窗口/属性/滤镜”命令，弹出“滤镜”面板，选中舞台中的“永远快乐！”实例，单击“添加滤镜”按钮，添加“斜角”滤镜，设置“模糊 X”和“模糊 Y”值均为 5 像素，“阴影”为紫色，“类型”为“内侧”，如图 6-23 所示。

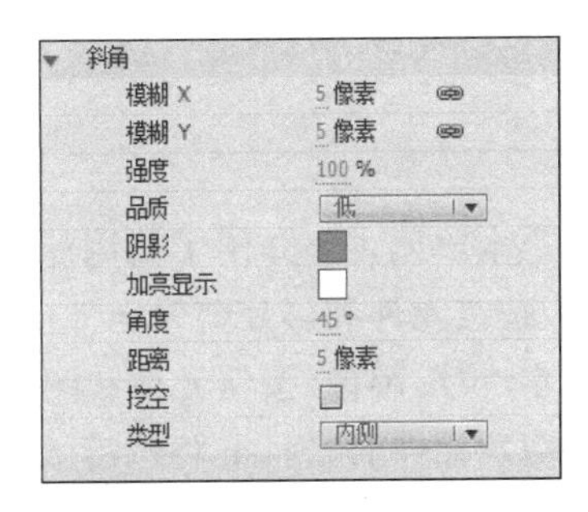

图 6-23 第 10 帧处“斜角”参数的设置

05 同样的操作方法，在第 20 帧、第 30 帧和第 40 帧处，分别按【F7】键插入空白关键帧，分别执行“窗口/属性/滤镜”命令，在弹出的“滤镜”面板中，逐个设置相应的阴影颜色为黄、红、蓝，完成颜色变化的动画效果。

3. 搭建舞台，完成动画

01 单击“新建图层”按钮，新建图层 2，将“生日快乐！”元件拖入舞台的右侧，执行“窗口/属性/滤镜”命令，弹出“滤镜”面板，选中舞台中的“生日快乐！”实例，单击“添加滤镜”按钮，添加“模糊”滤镜，设置“模糊 X”和“模糊 Y”值均为 10 像素。

02 在图层 2 的第 15 帧处插入关键帧，移动该元件到背景图合适的位置，右击，在弹出的快捷菜单中选择“创建传统补间”命令。

03 在图层 2 的第 40 帧处，选中实例元件“生日快乐！”，打开“属性”面板，单击“添加滤镜”按钮，添加“模糊”滤镜，设置“模糊 X”和“模糊 Y”值均为 0 像素，右击，在弹出的快捷菜单中选择“创建传统补间”命令。在第 60 帧处，添加 1 个帧，延续动画。

04 单击“新建图层”按钮，新建图层 3，在第 20 帧处插入空白关键帧，选择矩形工具 ，设置矩形的圆角半径为 10，绘制一个白色的矩形，右击，在弹出的快捷菜单中选择“转换为元件”命令，将矩形转换为影片剪辑元件 3。

05 单击“添加滤镜”按钮，添加“模糊”滤镜，设置“模糊 X”和“模糊 Y”值均为 60 像素。

06 在第 60 帧处插入关键帧，右击，在弹出的快捷菜单中选择“创建传统补间”命令，并移动至白色矩形的右下角合适的位置。

07 单击“新建图层”按钮，新建图层 4，将“永远快乐！”元件拖入舞台的右下角合适的位置，完成动画制作，其时间轴如图 6-24 所示。

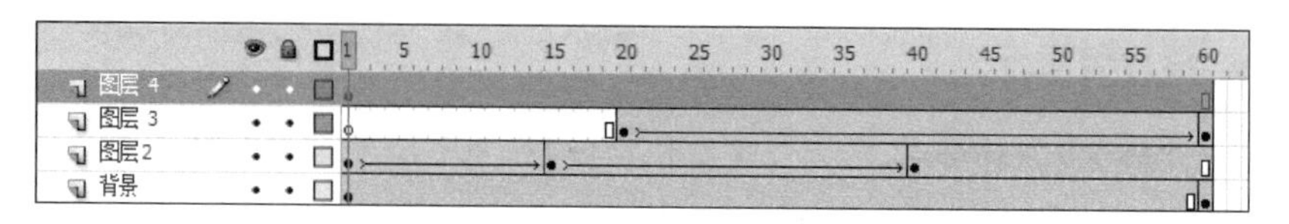

图 6-24 “生日贺卡”时间轴

4. 测试影片

01 执行“文件/保存”命令，或按快捷键【Ctrl+S】，以“生日贺卡.fla”为名保存文件。

02 执行“控制/测试影片/测试”命令，或按快捷键【Ctrl+Enter】，预览动画效果。

单元小结

本单元主要介绍了利用滤镜制作动画的使用方法和操作技巧。滤镜效果只能对文本、按钮元件和影片剪辑元件应用，不能对图形元件应用。时间轴特效的应用对象主要有文本、位图图像、按钮元件和图形(包括形状、组、图形元件)等。当将时间轴特效应用到影片剪辑元件时，Flash 将把特效嵌套在影片剪辑中。

自我测评

1. 利用“投影”滤镜和“斜角”滤镜，完成一幅公益广告，如图 6-25 所示。

图 6-25 “公益广告”效果图

2. 制作"Happy New Year !"特效文字动画，使这串文字先后从舞台的上方落下来。通过使用"渐变斜角""投影""发光""调整颜色"四种滤镜特效来完成其动画，如图 6-26 所示。

图 6-26 "Happy New Year !"效果图

单元 7

骨骼动画

单元 7 课件下载

单元导读

在 Flash CS6 中可以对图形对象添加骨骼动画。制作骨骼动画时，只需确定图形第一帧和最后一帧的内容，系统将会自动添加其中的动画过程。本单元主要介绍制作骨骼动画的方法。

学习目标

1. 了解两种模型动画(顶点动画和骨骼动画)。
2. 了解骨骼动画的原理。
3. 掌握骨骼动画的制作方法。

单元任务

1. 绘制“飞翔”。
2. 绘制“骑自行车的小女孩”。
3. 绘制“舞蹈”。
4. 绘制“跑步男孩”。

案例 7.1 飞翔

案例目的

微课：7.1 飞翔

通过制作“飞翔”动画，了解骨骼动画的原理，初步掌握骨骼动画的使用方法和操作技巧。

案例分析

“飞翔”动画主要是使用钢笔工具绘制鸟的翅膀和身体，利用骨骼工具完成鸟翅膀的骨骼的创建，最终完成鸟飞翔的动画，如图 7-1 所示。

图 7-1 “飞翔”效果图

实践操作

1. 导入素材

01 创建一个新的 Flash 文档，类型为 ActionScript 3.0，设置舞台大小为 620 像素×400 像素，背景颜色为浅蓝色(＃99CCFF)。

02 执行“文件/导入/导入到库”命令，弹出“导入到库”对话框，将素材导入库中。

2. 制作“鸟”影片剪辑元件

01 执行“插入/新建元件”命令，或按快捷键【Ctrl＋F8】，新建一个影片剪辑元件，元件“名称”为“鸟”，进入影片剪辑元件编辑界面。

02 使用钢笔工具 绘制“鸟”的左翅膀，如图 7-2 所示。

03 右击左翅膀，在弹出的快捷菜单中选择“复制帧”命令，单击“新建图层”按钮，新建图层 2，粘贴帧。

04 选择任意变形工具，将“鸟”的左翅膀翻转到右侧。

05 单击“新建图层”按钮，新建图层 3，使用钢笔工具绘制“鸟”的身体，最终效果如图 7-3 所示。

06 使用骨骼工具在“鸟”左翅膀的位置添加骨骼，如图 7-4 所示。

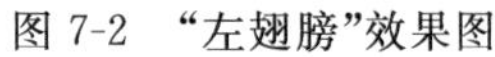

图 7-2 “左翅膀”效果图

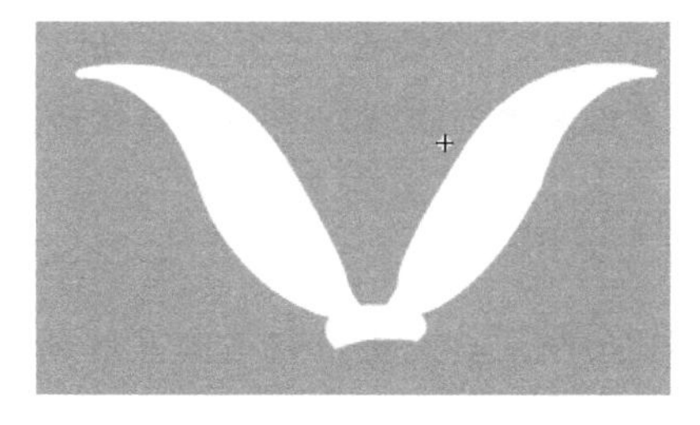

图 7-3 “鸟”效果图

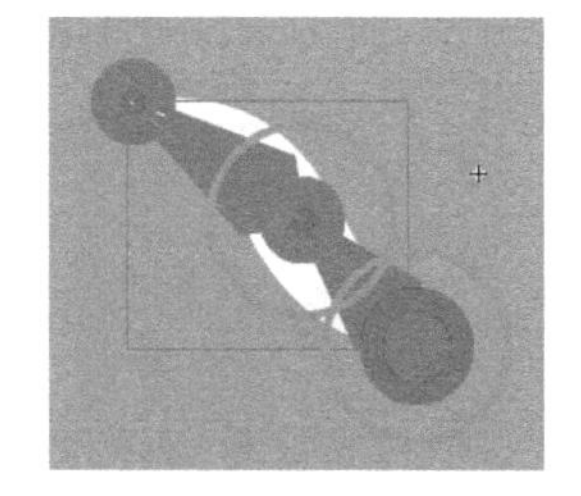

图 7-4 左翅膀的骨骼添加

07 在“时间轴”面板中选择“骨架_2”图层的第 10 帧，右击，在弹出的快捷菜单中选择“插入姿势”命令，如图 7-5 所示；在第 20 帧处右击，在弹出的快捷菜单中选择“插入姿势”命令。

08 选择第 10 帧，使用选择工具调整骨骼的位置，如图 7-6 所示。

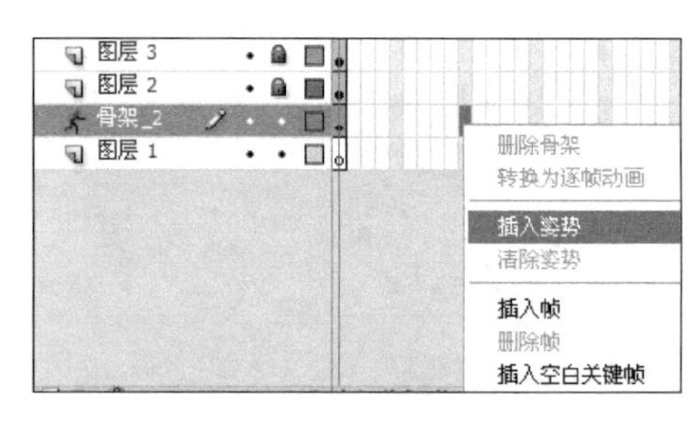

图 7-5 姿势的添加

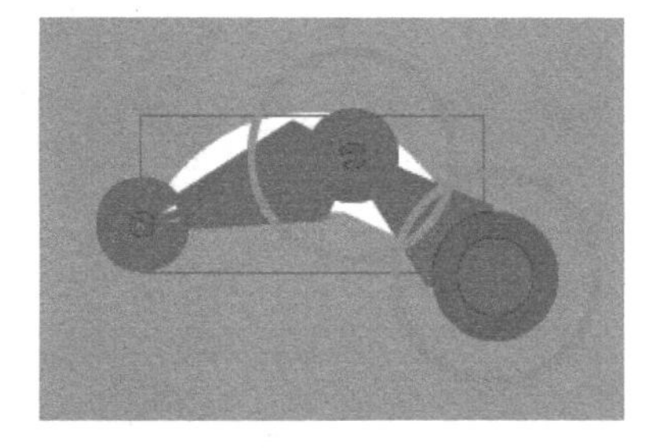

图 7-6 第 10 帧骨骼的位置

09 按上述方法，选择图层 2，为右翅膀添加骨骼，如图 7-7 所示。

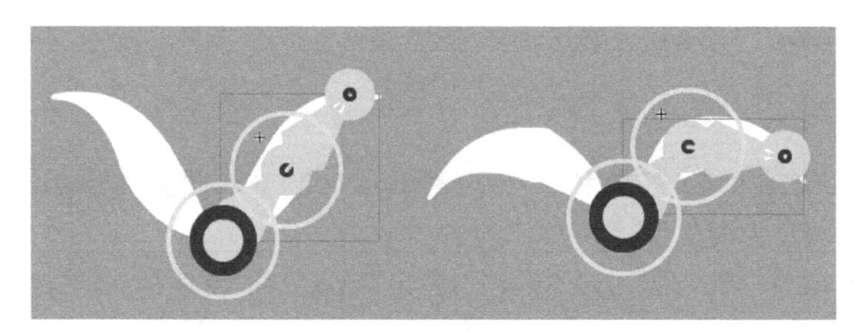

图 7-7 右翅膀第 1 帧和第 10 帧骨骼效果

3. 搭建舞台，完成动画

01 单击“场景 1”按钮，返回场景，将背景图片拖入舞台，并调整其大小与舞台一致。

02 单击“新建图层”按钮，新建图层 2，将“鸟”影片剪辑元件拖入舞台。

03 在第 80 帧处右击，选择插入关键帧，创建传统补间动画，调整“鸟”的位置和大小，完成“鸟”越飞越远的动画。

04 选择图层 2 的所有帧，新建图层 3 和图层 4，分别在第 10 帧和第 20 帧处粘贴帧，完成三只鸟飞翔的动画，时间轴如图 7-8 所示。

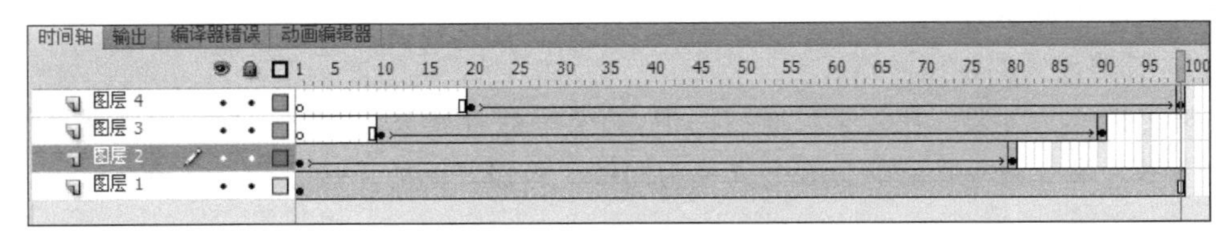

图 7-8 “飞翔”时间轴

4. 测试影片

01 执行“文件/保存”命令，或按快捷键【Ctrl＋S】，以“飞翔. fla”为名保存文件。

02 执行“控制/测试影片/测试”命令，或按快捷键【Ctrl＋Enter】，预览动画效果。

相关知识

1. 骨骼动画的介绍

在 Flash 中，创建骨骼动画一般有两种方式。一种方式是元件，可以是影片剪辑元件、图形元件和按钮元件，如果是文本，则需要将文本转换为元件。实例添加与其他实例相连接的骨骼，使用关节连接这些骨骼。骨骼允许实例链一起运动。另一种方式是在形状对象(各种矢量图形对象)的内部添加骨骼，通过骨骼来移动形状的各个部分以实现动画效果。这样操作的优势在于无须绘制运动中该形状的不同状态，也无须使用补间形状来创建动画。

1) 正向运动与 IK 反向运动

在动画设计软件中，运动学系统分为正向运动学和反向运动学这两种。正向运动学指的是对于有层级关系的对象来说，父对象的动作将影响到子对象，而子对象的动作将不会对父对象造成任何影响。当对父对象进行移动时，子对象也会同时随着移动；而子对象移动时，父对象不会产生移动。由此可见，正向运动中的动作是向下传递的。

与正向运动学不同，反向运动学动作传递是双向的，当父对象进行位移、旋转或缩放等动作时，其子对象会受到这些动作的影响；反之，子对象的动作也将影响到父对象。反向运动是通过一种连接各种物体的辅助工具来实现的运动，这种工具就是 IK 骨骼，也称为反向运动骨骼。使用 IK 骨骼制作的反向运动学动画，就是所谓的骨骼动画。

IK 反向运动是依据反向运动学的原理对层次连接后的复合对象进行运动设置，是使用骨骼关节结构对一个对象或彼此相关的一组对象进行动画处理的方法。

要使用 IK 反向运动，需要对单独的元件实例(图形、影片剪辑、按钮)或单个形状的内部添加骨骼。添加了骨骼后，在一个骨骼移动时，与起动运动骨骼相关的其他连接骨骼也会移动。使用反向运动进行动画处理时，只需指定对象的开始位置和结束位置即可。通过反向运动，可以更加轻松地设置自然运动。

2）模型动画的方式

当前模型动画有两种方式，即顶点动画和骨骼动画。在顶点动画中，每帧动画其实就是模型特定姿态的一个“快照”。通过在帧之间插值的方法，引擎可以得到平滑的动画效果。在骨骼动画中，模型具有相互连接的“骨骼”组成的骨架结构，通过改变骨骼的朝向和位置为模型生成动画。

3）骨骼动画的常用术语

骨骼链称为骨架。在父子层次结构中，骨架中的骨骼彼此相连。骨架可以是线性的或分支的。源于同一骨骼的骨架分支称为同级。骨骼之间的连接点称为关节。

2. 骨骼动画的创建

Flash 用于骨架的工具分别是骨骼工具和绑定工具。使用骨骼工具可以向影片剪辑元件、图形元件、按钮元件的实例及矢量图形添加骨骼；使用绑定工具可以调整形状对象的各个骨骼和控制点之间的关系，创建骨骼使用骨骼工具来完成。

（1）在制作骨骼动画之前，先要为图形添加骨骼。在工具箱中选择骨骼工具，在一个对象中单击，向另一个对象拖动鼠标，释放鼠标后就可以创建出两个对象间的连接。此时，两个元件实例间将显示出创建的骨骼。

（2）骨骼创建好后会自动生成“骨骼”图层，只需在骨骼图层中添加帧并在舞台中重新定位骨架即可创建关键帧。骨骼图层中的关键帧称为姿势，每个骨骼图层都会自动充当补间图层。

可以在开始关键帧中制作对象的初始姿势，在后面的关键帧中制作对象不同的姿势，Flash 会根据反向运动学的原理计算出连接点间的位置和角度，创建从初始姿势到下一个姿势转变的动画效果。在完成对象的初始姿势的制作后，在“时间轴”面板中右击动画需要延伸到的帧，选择关联菜单中的“插入姿势”命令。在该帧中选择骨骼，调整骨骼的位置或旋转角度。按【Enter】键即可看到创建的骨骼动画效果。

3. 骨骼的编辑

当骨骼创建完成之后，可以对骨骼进行编辑，包括选择骨骼、删除骨骼、重新定位骨骼等操作。

1）选择骨骼

要对骨骼进行编辑操作时，首先要选择骨骼，即使用选择工具直接单击骨架中的骨骼即可。当骨骼变为绿色时，表示该骨骼已被选择；按住【Shift】键，依次单击所需骨骼，就可以选择多个骨骼；双击骨架中的任意骨骼，即可选择全部骨骼。

2）删除骨骼

若要删除骨架中的骨骼，首先要选择一个或多个骨骼，再按【Delete】键即可。若删除一个骨骼，其子级骨骼也会被删除。

3）重新定位骨骼

在骨骼添加完之后，如果需要调整骨骼关节点的位置，则可以使用任意变形工具（适用于元件)或部分选择工具(适用于散件),然后将鼠标指针移动到需要调整的节点上,当鼠标指针变成时,按住鼠标左键,拖动鼠标即可改变节点的位置,同时骨骼的长度也会发生改变。

4. 绑定

若想重新定义骨骼和形状上的锚点之间的关系,可以使用绑定工具选择骨骼后,按住【Shift】键,然后移动鼠标指针至锚点,当鼠标指针变为时,单击锚点,使锚点变为黄色,则表示该锚点和骨骼已绑定;反之若想解除绑定,则按住【Ctrl】键,然后单击黄色锚点即可。

案例7.2 骑自行车的小女孩

案例目的

微课:7.2 骑自行车的小女孩

通过制作"骑自行车的小女孩"动画,进一步掌握骨骼动画的使用方法和操作技巧。

案例分析

"骑自行车的小女孩"动画主要是利用绘图工具绘制"车轮""大腿"和"小腿"等元件,然后利用骨骼运动完成小女孩骑自行车的动画,如图7-9所示。

图7-9 "骑自行车的小女孩"效果图

实践操作

1. 导入素材

01 创建一个新的Flash文档,类型为ActionScript 3.0,设置舞台大小为780像素×400像素,背景颜色为白色(#FFFFFF)。

02 执行“文件/导入/导入到库”命令，弹出“导入到库”对话框，将素材导入库中。

2. 制作“自行车车身”和“女孩身体”图形元件

01 执行“插入/新建元件”命令，或按快捷键【Ctrl＋F8】，新建一个图形元件，元件“名称”为“自行车车身”，进入图形元件编辑界面。

02 打开“库”面板，将“自行车车身”图片拖入舞台，选中对象，执行“修改/分离”命令，用魔术棒工具选中白色的背景，按【Delete】键，去掉背景，效果如图 7-10 所示。

03 执行“插入/新建元件”命令，或按快捷键【Ctrl＋F8】，新建一个图形元件，元件“名称”为“女孩身体”，进入图形元件编辑界面。

04 打开“库”面板，将“女孩身体”图片拖入舞台，选中对象，执行“修改/分离”命令，用魔术棒工具选中白色的背景，按【Delete】键，去掉背景，效果如图 7-11 所示。

图 7-10 “自行车车身”效果图

图 7-11 “女孩身体”效果图

3. 制作“车轮”影片剪辑元件

01 执行“插入/新建元件”命令，或按快捷键【Ctrl＋F8】，新建一个影片剪辑元件，元件“名称”为“车轮”，进入影片剪辑元件编辑界面。

02 设置笔触颜色为黑色，笔触高度为 3，用椭圆工具绘制正圆作为车轮的外边沿，再用浅灰色正圆作为车轮的内边沿，中间用线条连接，如图 7-12 所示。

03 在第 10 帧处按【F6】键插入关键帧，右击，在弹出的快捷菜单中选择“创建传统补间”命令。

04 执行“窗口/属性”命令，打开帧“属性”面板，设置逆时针旋转一次，如图 7-13 所示。

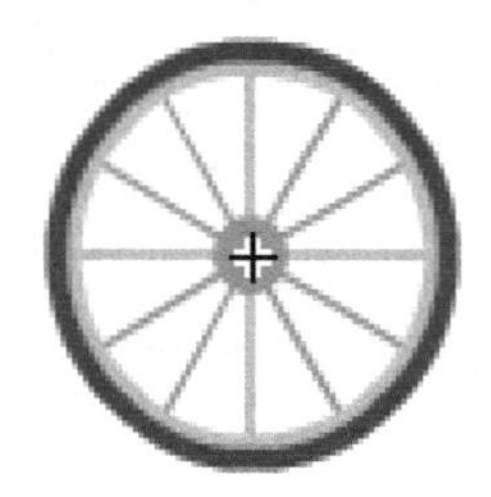

图 7-12 “车轮”效果图

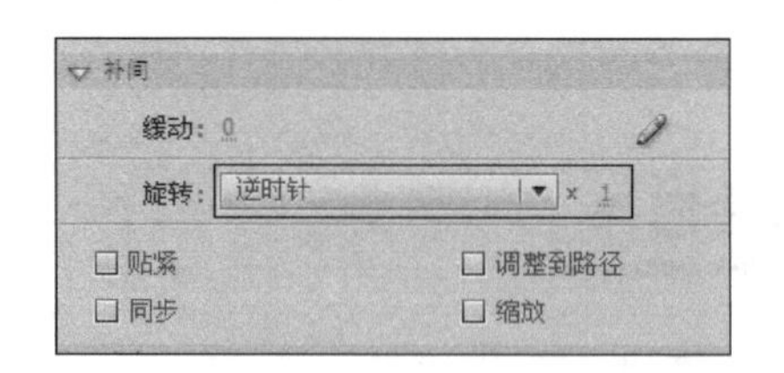

图 7-13 “帧”的属性面板

4. 制作“自行车”影片剪辑元件

图 7-14 “自行车”效果图

01 执行“插入/新建元件”命令，或按快捷键【Ctrl＋F8】，新建一个影片剪辑元件，元件“名称”为“自行车”，进入影片剪辑元件编辑界面。

02 将“自行车车身”和“车轮”元件拖入舞台，调整其位置，选中“车轮”，执行“修改/排列/移至底层”命令，效果如图 7-14 所示。

5. 制作“大腿”和“小腿”图形元件

01 执行“插入/新建元件”命令，或按快捷键【Ctrl＋F8】，新建一个图形元件，元件“名称”为“大腿”，进入图形元件编辑界面。

02 使用钢笔工具绘制“大腿”，填充深蓝色(＃000099)，效果如图 7-15 所示。

03 执行“插入/新建元件”命令，或按快捷键【Ctrl＋F8】，新建一个图形元件，元件“名称”为“小腿”，进入图形元件编辑界面。

04 使用钢笔工具绘制“小腿”和“靴子”，效果如图 7-16 所示。

图 7-15 “大腿”效果图

图 7-16 “小腿”效果图

6. 制作“骑自行车”影片剪辑元件

01 执行“插入/新建元件”命令，或按快捷键【Ctrl＋F8】，新建一个影片剪辑元件，元件“名称”为“骑自行车”，进入影片剪辑元件编辑界面。按快捷键【Ctrl＋L】，打开“库”面板，将“自行车”影片剪辑元件拖入舞台。

图 7-17 骨架的创建

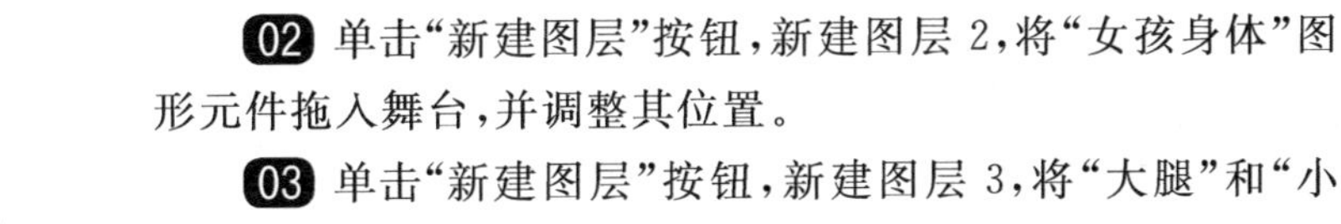

02 单击“新建图层”按钮，新建图层 2，将“女孩身体”图形元件拖入舞台，并调整其位置。

03 单击“新建图层”按钮，新建图层 3，将“大腿”和“小腿”图形元件拖入舞台，调整大腿和小腿之间的位置。

04 选择“工具”面板中的骨骼工具，拖动鼠标指针就可以创建骨架，如图 7-17 所示。骨架创建好之后会自动生成“骨架_1”图层。

05 选择第 5 帧，右击，在弹出的快捷菜单中选择“插入姿势”命令，以此类推，在第 10 帧、第 15 帧处插入姿势。

06 用选择工具调整每个姿势关节的位置，这样就完成了左脚的运动。

07 按同样的方法完成右脚的动画，并调整这两图层的位置，产生两只脚一只在外、一只在内的效果。

08 单击“新建图层”按钮，新建图层 4，用线条工具绘制一条直线，并且该线围绕自行车的圆盘做逆时针运动，时间轴如图 7-18 所示。

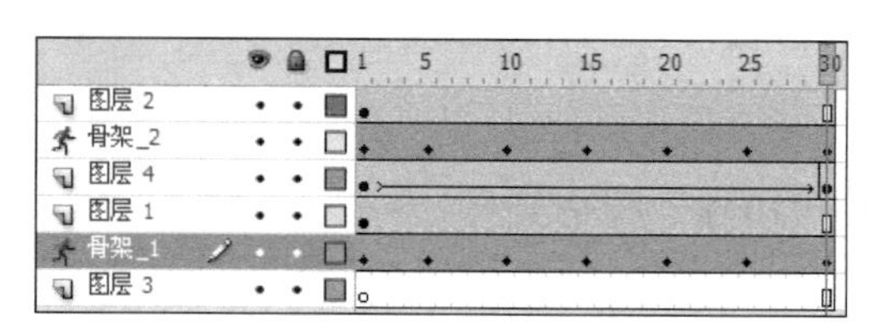

图 7-18 “骑自行车”影片剪辑元件时间轴

7. 搭建舞台，完成动画

01 单击“场景 1”按钮，返回场景，将背景图片拖入舞台，并调整其大小与舞台一致。

02 单击“新建图层”按钮，新建图层 2，将“骑自行车”影片剪辑元件拖入舞台。

03 在第 60 帧处右击，在弹出的快捷菜单中选择“插入关键帧”命令，创建传统补间动画，调整小女孩的位置，完成小女孩骑自行车的动画，时间轴如图 7-19 所示。

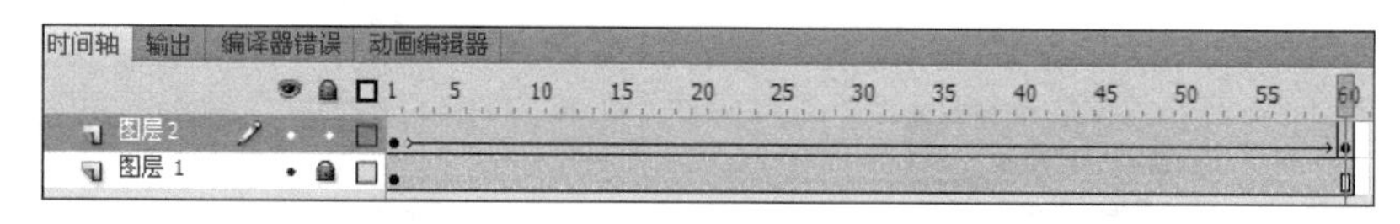

图 7-19 “骑自行车的小女孩”时间轴

8. 测试影片

01 执行“文件/保存”命令，或按快捷键【Ctrl＋S】，以“骑自行车的小女孩.fla”为名保存文件。

02 执行“控制/测试影片/测试”命令，或按快捷键【Ctrl＋Enter】，预览动画效果。

案例 7.3 舞蹈

案例目的

通过制作“舞蹈”动画，进一步掌握骨骼动画的使用方法和操作技巧。

微课：7.3 舞蹈

案例分析

“舞蹈”动画主要是利用骨骼工具完成骨骼的创建，以及人物动画的制作，如图 7-20 所示。

图 7-20 “舞蹈”效果图

实践操作

1. 导入素材

01 创建一个新的 Flash 文档，类型为 ActionScript 3.0，设置舞台大小为 550 像素×550 像素，背景颜色为白色（#FFFFFF）。

02 执行“文件/打开”命令，将“舞蹈.fla”文件打开。

2. 完成人物的动画

01 选择骨骼工具，在人物的腰上按住鼠标左键并向上拖动鼠标指针，当到达合适位置后，释放鼠标左键，此时在鼠标指针所拖动的两点之间将会出现一条直线，这条直线便是骨骼工具创建的一条骨骼，如图 7-21 所示。

02 在第一个骨骼末端的节点，按住鼠标左键并继续拖动到头部，如图 7-22 所示。

03 选中人物胸口附近的节点，按住鼠标左键并向手臂方向拖动，创建分支骨骼，如图 7-23 所示。

04 用同样的方法选择人物腰上的节点，按住鼠标左键并向下拖动鼠标指针，完成人物下肢骨骼的创建，如图 7-24 所示。

05 骨骼创建完之后，会自动生成一个“骨架”图层，每隔 15 帧右击，在弹出的快捷菜单中选择“插入姿势”命令，并用选择工具调整人物骨骼的姿势，各关键帧中人物的姿势如图 7-25 所示。

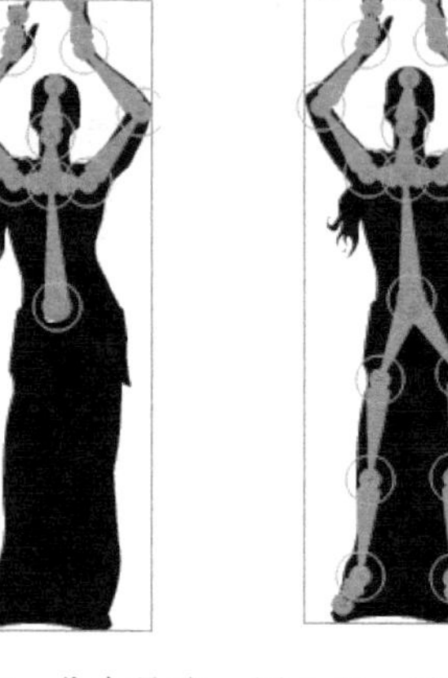

图 7-21　创建一条骨骼　　图 7-22　多节点骨架　　图 7-23　分支骨骼　　图 7-24　最终骨架

图 7-25　各关键帧中人物的姿势

06 当骨架图层创建完之后，原图层变为空，可删除该图层，时间轴如图 7-26 所示。

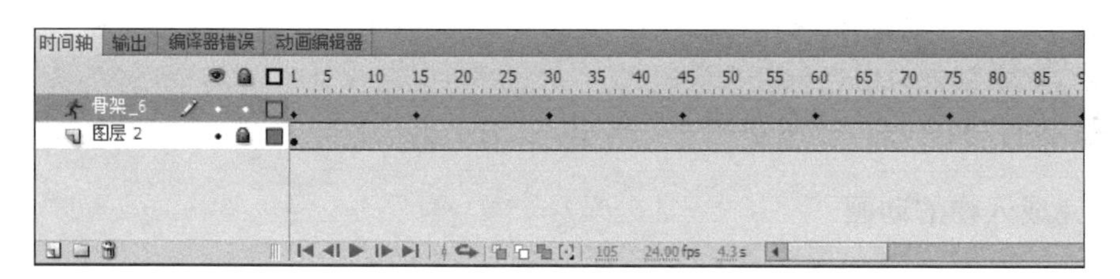

图 7-26　“舞蹈”时间轴

提示

对实例或形状添加骨骼会将实例或形状及关联的骨架移动到时间轴的新图层中，此图层为“骨架”图层，该图层只能包含一个骨架及其关联的实例或形状。

3. 测试影片

01 执行“文件/保存”命令，或按快捷键【Ctrl＋S】，以“舞蹈. fla”为名保存文件。

02 执行“控制/测试影片/测试”命令，或按快捷键【Ctrl＋Enter】，预览动画效果。

案例 7.4 跑步男孩

案例目的

通过制作“跑步男孩”动画，进一步掌握骨骼动画的绘制方法和操作技巧。

微课：7.4 跑步男孩

案例分析

“跑步男孩”动画主要是利用绘图工具绘制“头”“身体”“后手”“前手”“前腿”“后腿”等元件，然后利用骨骼运动完成跑步运动动画，如图 7-27 所示。

图 7-27 “跑步男孩”效果图

实践操作

1. 导入素材

01 创建一个新的 Flash 文档，类型为 ActionScript 3.0，设置舞台大小为 550 像素×400 像素，背景颜色为白色(#FFFFFF)。

02 执行“文件/导入/导入到库”命令，弹出“导入到库”对话框，将素材导入库中。

2. 制作“头”“身体”“后手”“前手”“前腿”“后腿”等图形元件

01 执行“插入/新建元件”命令，或按快捷键【Ctrl+F8】，新建一个图形元件，元件“名称”为“头”，进入图形元件编辑界面。

02 使用钢笔工具、线条工具、选择工具和椭圆工具绘制“头”，如图 7-28 所示。

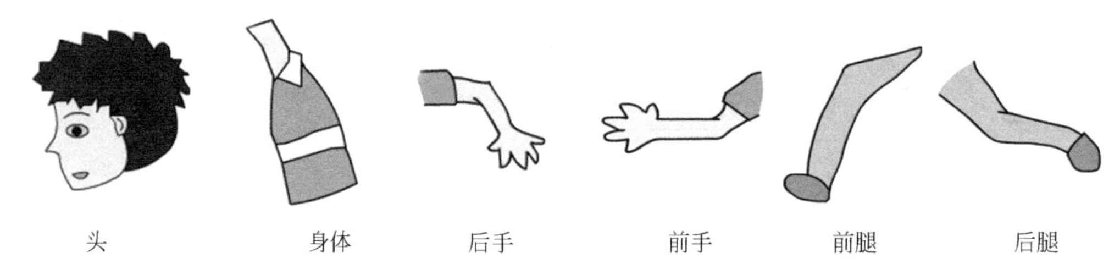

图 7-28 “头”“身体”“后手”“前手”“前腿”“后腿”效果图

03 执行“插入/新建元件”命令，分别新建“头”“身体”“后手”“前手”“前腿”“后腿”等图形元件。

04 使用钢笔工具、线条工具和选择工具分别绘制“头”“身体”“后手”“前手”“前腿”“后腿”，如图 7-28 所示。

3. 制作“跑步男孩”影片剪辑元件

01 执行“插入/新建元件”命令，或按快捷键【Ctrl＋F8】，新建一个影片剪辑元件，元件“名称”为“跑步男孩”，进入影片剪辑元件编辑界面。

02 分别新建“身体”“头”“前手”“后手”“后腿”“前腿”等图层，打开“库”面板，分别将“身体”“头”“前手”“后手”“后腿”“前腿”等图形元件拖至相应图层中。时间轴如图 7-29 所示。

图 7-29 “时间轴”面板

03 单击“新建图层”按钮，新建图层 3，将“大腿”和“小腿”图形元件拖入舞台，调整大腿和小腿之间的位置。

04 选择“工具”面板中的骨骼工具，拖动鼠标指针就可以创建骨架，分别为“后手”“前手”“前腿”“后腿”创建骨架，如图 7-30 所示。骨架创建好之后会自动生成“骨架_1”“骨架_2”“骨架_3”“骨架_4”图层。

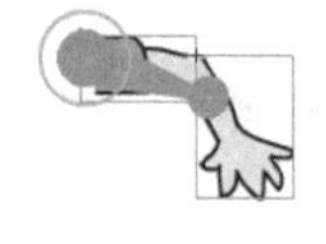

“后手”骨架

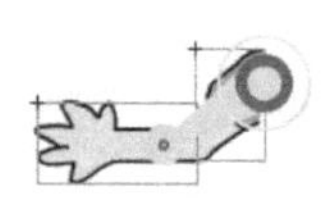

“前手”骨架

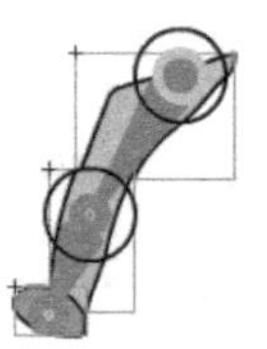

“前腿”骨架

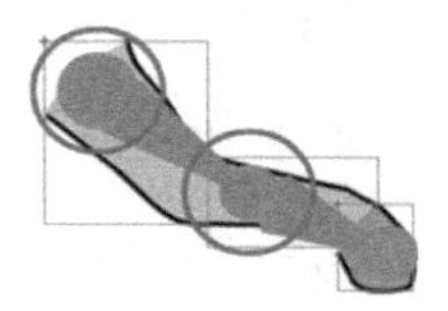

“后腿”骨架

图 7-30 “后手”“前手”“前腿”“后腿”骨架的创建

05 分别为“骨架_1”“骨架_2”“骨架_3”“骨架_4”插入姿势。选择“骨架_1”的第10 帧、第 20 帧右击，在弹出的快捷菜单中选择“插入姿势”命令，以此类推，为“骨架_2”“骨架_3”“骨架_4”的第 10 帧、第 20 帧插入姿势。

06 用选择工具调整每个姿势关节的位置。完成“后手”“前手”“前腿”“后腿”的运动。

4. 搭建舞台，完成动画

01 单击“场景 1”按钮，返回场景，将背景图片拖入舞台，并调整其大小与舞台一致。

02 单击“新建图层”按钮，新建图层 2，将“跑步男孩”影片剪辑元件拖入舞台。

03 在第 60 帧按快捷键【F6】插入关键帧，创建传统补间动画，调整“跑步男孩”的位置，完成“跑步男孩”动画，时间轴如图 7-31 所示。

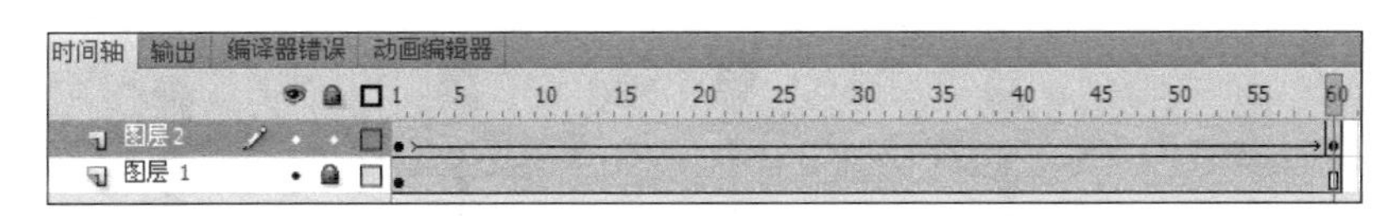

图 7-31 “跑步男孩”时间轴

5. 测试影片

01 执行“文件/保存”命令，或按快捷键【Ctrl+S】，以“跑步男孩.fla”为名保存文件。

02 执行“控制/测试影片/测试”命令，或按快捷键【Ctrl+Enter】，预览动画效果。

单 元 小 结

本单元着重介绍了骨骼动画的原理及骨骼动画的两种方式，学会如何利用骨骼工具创建骨骼动画及编辑骨骼动画，为以后制作复杂的动画打下基础。

自 我 测 评

1. 使用骨骼工具完成文字扭动的效果，如图 7-32 所示。

图 7-32 “扭动的文字”效果图

2. 使用骨骼工具完成卡通猴尾巴的摆动效果，如图 7-33 所示。
3. 使用骨骼工具完成“火柴人跳绳”动画，如图 7-34 示。

图 7-33 “卡通猴”效果图

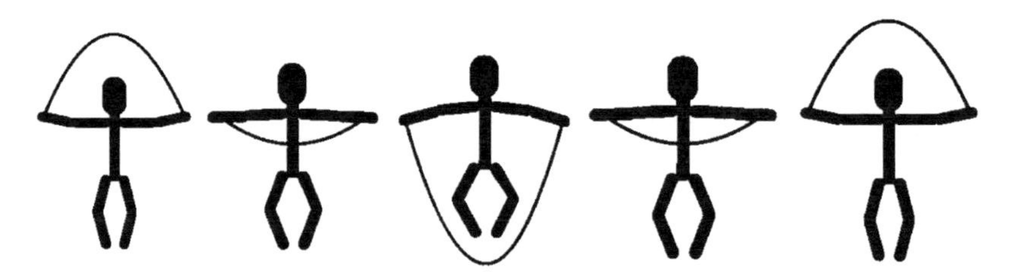

图 7-34 “火柴人跳绳”效果图

单元 8

引导线动画

单元导读

单元 8 课件下载

我们已经学习了利用时间轴上的动画补间来完成两点间的直线运动,但并不是所有的动画做的都是直线运动。如果其做的是弧线或不规则的曲线运动,如随风飘落的树叶、水中游动的小鱼、山坡上行驶的汽车等,这些动画该如何完成呢?

本单元主要介绍通过引导层制作引导线动画的方法和制作技巧。引导线动画是一种专门制作不规则动画效果的动画技术。

学习目标

1. 了解引导线动画的制作原理。
2. 掌握创建引导层的操作方法。
3. 熟练绘制引导线。
4. 掌握将对象吸附到引导线起点和终点的方法。
5. 掌握利用一条引导线引导多个被引导层对象的动画制作方法。

单元任务

1. 绘制“纸飞机”。
2. 绘制“夏日荷塘”。
3. 绘制“星光闪闪”。
4. 绘制“大雪纷纷”。
5. 绘制“宇宙飞船”。

案例8.1 纸飞机

案例目的

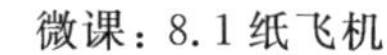
微课：8.1 纸飞机

通过制作“纸飞机”动画，了解引导层的作用，初步掌握通过引导层的建立和使用来制作引导线动画的方法，并熟悉引导线绘制的要求。

案例分析

“纸飞机”动画主要利用绘图工具绘制“纸飞机”图形元件，利用引导线完成纸飞机沿着引导线做运动补间动画，如图 8-1 所示。

图 8-1 “纸飞机”效果图(一)

实践操作

1. 导入素材

01 创建一个新的 Flash 文档，类型为 ActionScript 3.0，设置舞台大小为 800 像素×450 像素。

02 执行“文件/导入/导入到舞台”命令，弹出“导入到库”对话框，在“素材”文件夹中，选中“背景图”图片素材，单击“打开”按钮，将图片导入舞台中，并将“背景图”位图相对舞台居中。

2. 制作“纸飞机”图形元件

01 执行“插入/新建元件”命令，或按快捷键【Ctrl＋F8】，新建一个图形元件，元件“名称”为“纸飞机”，进入图形元件编辑界面，为便于绘制出白色飞机，将舞台选为深灰色(＃CCCCCC)。

02 使用钢笔工具、部分选取工具等绘制纸飞机外形,并使用颜料桶工具填充颜色,如图8-2所示。

图8-2 纸飞机效果图(二)

3. 搭建舞台,完成动画

01 单击"场景1"按钮,返回场景,单击"新建图层"按钮,新建图层2,将"纸飞机"图形元件从库中拖入舞台,并调整到合适的位置。

02 选择图层2,右击,在弹出的快捷菜单中选择"添加传统运动引导层"命令,创建了一个引导层。

03 在引导层上,使用钢笔工具绘制一条曲线作为纸飞机的运动轨迹,如图8-3所示。

图8-3 引导层中的引导线

提示

引导线转折处的线条转弯不宜过急、过多,否则Flash无法准确判定对象的运动路径。

04 在图层2的第1帧将"纸飞机"图形元件移动到引导路径的最右端,元件中心紧贴路径端点,并调整纸飞机的角度与飞翔路径相一致,如图8-4所示。

05 在第60帧处插入关键帧,将"纸飞机"图形元件移动到引导路径的最左端,元件中心紧贴路径端点,并调整纸飞机的角度与路径一致,并且将纸飞机用快捷键【Ctrl+Q】等比例调小,如图8-5所示;单击任意一帧,在弹出的快捷菜单中选择"创建传统补间"命令。

提示

在创建引导线动画时,勾选"调整到路径"复选框可以使动画对象根据路径调整姿势,使动画更逼真。

06 新建图层"文字"层，选择工具 T，输入"放飞梦想"，在文字"属性"面板修改文字的字体、颜色以及大小，如图 8-6 所示。

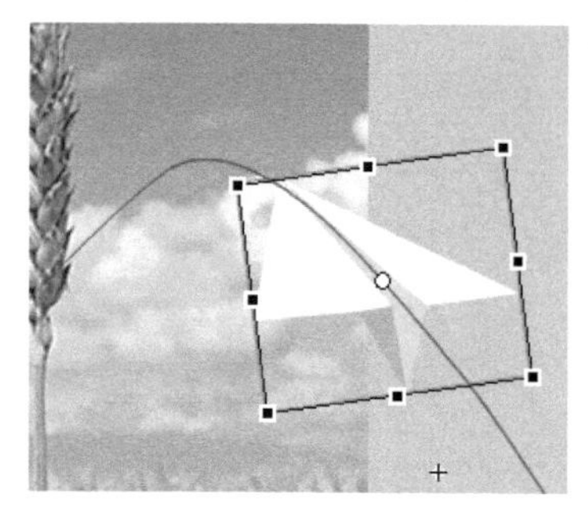
图 8-4　汽车起始位置

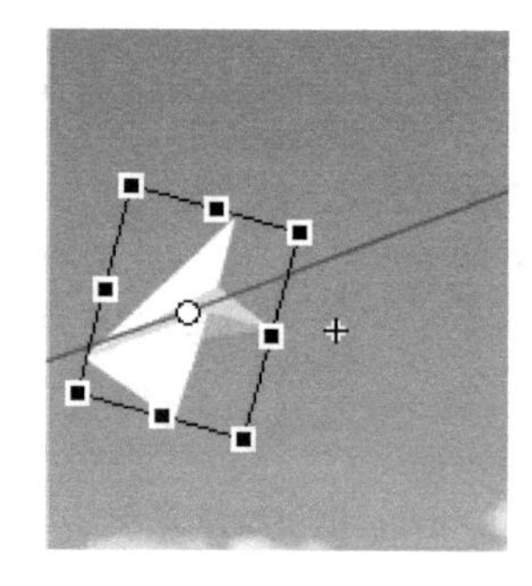
图 8-5　纸飞机终止位置

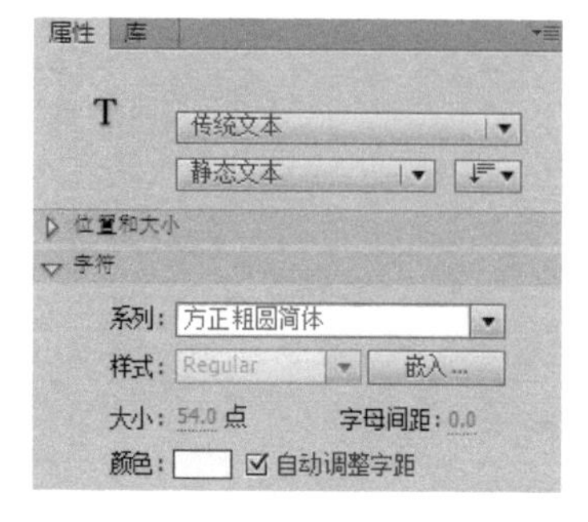

图 8-6　文字设置

4. 测试影片

01 执行"文件/保存"命令，或按快捷键【Ctrl+S】，以文件名"纸飞机.fla"为名保存文件。
02 执行"控制/测试影片/测试"命令，或按快捷键【Ctrl+Enter】，预览动画效果。

相关知识

1. 引导层

引导层也称为引导线图层。引导层分为两种：一种是移动引导层，其作用是引导与其相关联图层中的对象沿移动引导层中的轨迹运动；另一种是普通引导层，其作用是为绘制图形定位。引导层中绘制的运动轨迹只能在舞台工作区内看到，在最终生成的动画中不会出现。

2. 创建引导层

右击图层 1，在弹出的快捷菜单中选择"添加传统运动引导层"命令，在图层 1 上方就会增加一个引导层，这时图层 1 就与引导层产生关联，如图 8-7 所示。右击图层 1，在弹出的快捷菜单中选择"属性"命令，弹出"图层属性"对话框，在该对话框中将图层的属性设置为"一般"，就可以取消两者的关联，如图 8-8 所示。

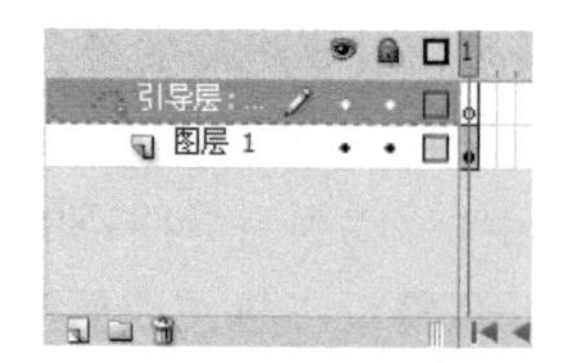

图 8-7　创建移动引导层

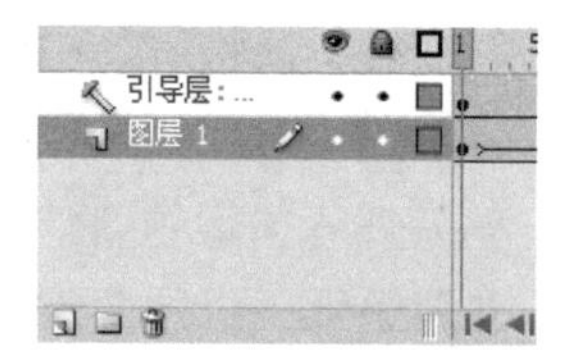

图 8-8　创建普通引导层

3. 引导线动画

在 Flash CS6 中，制作运动引导线动画可以使对象沿着指定的路径进行运动，在一个运动引导层下可以建立一个或多个被引导层。

夏日荷塘

案例目的

微课：8.2 夏日荷塘

通过制作“夏日荷塘”动画，进一步掌握通过引导层的建立和使用完成引导线动画的制作，如图 8-9 所示。

图 8-9 “夏日荷塘”效果图

案例分析

“夏日荷塘”动画是由“蜻蜓”影片剪辑元件沿引导层中的轨迹在池塘里飞舞的动画。在制作时，利用矩形工具、钢笔工具、椭圆工具来绘制天空背景、荷叶、荷花、小草、露珠、蜻蜓，最后在“蜻蜓”图层上添加引导层，设置蜻蜓的运动轨迹，完成蜻蜓在空中飞舞的动画。

实践操作

1. 制作“背景”图形元件

01 创建一个新的 Flash 文档，类型为 ActionScript 3.0，设置舞台大小为 550 像素×400 像素，背景颜色为黑色（＃000000）。

02 执行“插入/新建元件”命令，新建“背景”图形元件。使用矩形工具完成“背景”图形元件的绘制，并使用颜料桶工具填充蓝色（＃4F85D3）～白色（＃FFFFFF）的线性渐变色，效果如图 8-10 所示。

03 单击“新建图层”按钮，新建图层 2，使用椭圆工具绘制一个白色无边框椭圆形，再使用选择工具，按住【Alt】键添加节点，并调整节点的位置及线条的弧度，形成云朵的形状。使用笔刷工具在云朵上涂抹两条浅蓝色(＃BFECFE)曲线，使云朵产生层次感，在时间轴中单击图层 2 的第 1 帧，按快捷键【Ctrl＋G】将云朵和曲线组合，效果如图 8-11 所示。

04 选中上面的组合，使用选择工具，按住【Ctrl】键的同时拖出几个云朵，再利用任意变形工具调整各自的大小，这样就完成了天空背景的制作，效果如图 8-12 所示。

图 8-10　天空背景色

图 8-11　“云朵”效果图

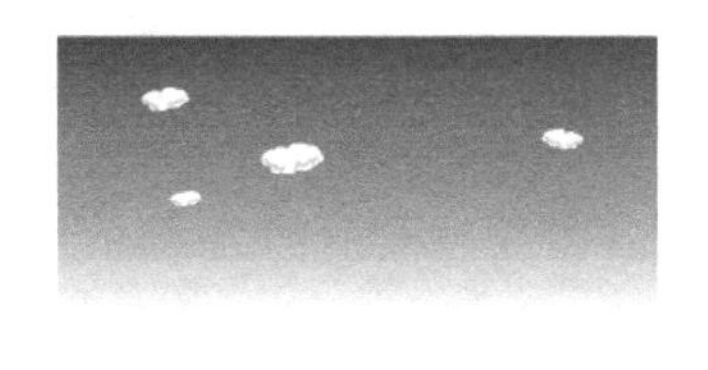

图 8-12　“背景”效果图

2. 制作“荷叶”图形元件

01 执行“插入/新建元件”命令，分别创建三个图形元件，取名为“荷叶 1”“荷叶 2”和“荷叶 3”。

02 进入“荷叶 1”图形元件编辑界面，使用钢笔工具绘制荷叶的边线，使用颜料桶工具填充墨绿色(＃336633)～绿色(＃60EC02)的径向渐变色，再利用渐变变形工具调整填充的中心点和渐变范围，效果如图 8-13 所示。

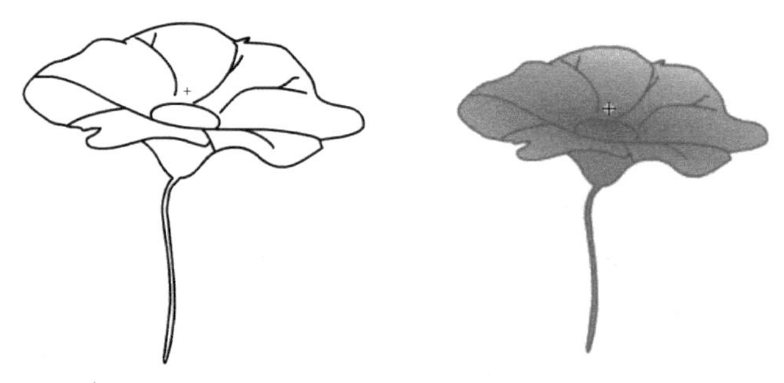

图 8-13　“荷叶 1”图形元件的线条和填充效果图

03 依照以上方法绘制并填充“荷叶 2”和“荷叶 3”图形元件，效果如图 8-14 所示。

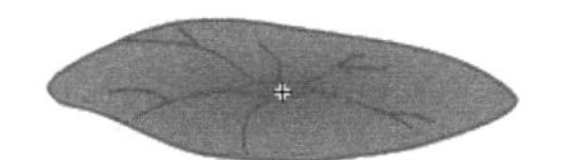

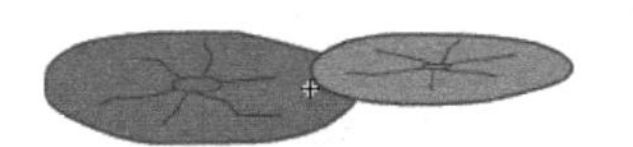

图 8-14　“荷叶 2”和“荷叶 3”图形元件效果图

提示

“荷叶 1”图形元件绘制线条时将荷叶分为了四个部分，在使用颜料桶工具填充渐变效果时需要选择“锁定填充”选项，确保整个荷叶填充时为一个整体。

3. 制作“荷花”图形元件

01 执行“插入/新建元件”命令，或按快捷键【Ctrl＋F8】，新建一个图形元件，元件“名称”为“荷花”，进入图形元件编辑界面。

02 使用椭圆工具绘制一个笔触颜色为深紫色(＃970198)的椭圆形，使用选择工具在椭圆的两端按住【Alt】键增加节点，使用颜料桶工具填充径向渐变色(＃FF00FF～＃FF99FF)，再按快捷键【Ctrl＋G】。按住【Ctrl】键将组合好的荷花花瓣复制出多个，并摆放成荷花的效果，如图 8-15 所示。

4. 制作“石头”图形元件

01 执行“插入/新建元件”命令，或按快捷键【Ctrl＋F8】，新建一个图形元件，元件“名称”为“石头”，进入图形元件编辑界面。

02 使用钢笔工具完成石头轮廓线的绘制，设置笔触颜色为赭色(＃663300)，使用颜料桶工具为石头填充棕色(＃996600)，效果如图 8-16 所示。

图 8-15 “荷花”图形元件效果图

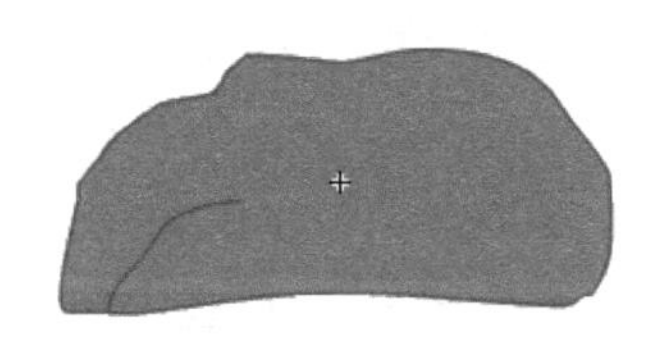

图 8-16 “石头”图形元件效果图

5. 制作“小草”图形元件

01 执行“插入/新建元件”命令，或按快捷键【Ctrl＋F8】，新建一个图形元件，元件“名称”为“小草”，进入图形元件编辑界面。

02 使用钢笔工具绘制小草的轮廓线，再使用部分选取工具调整锚点位置。使用颜料桶工具为小草填充两种效果的渐变色，一种为深绿色(＃006600)～浅绿色(＃33FF66)径向渐变；另一种为绿色(＃006600)～黄色(＃FFFF00)径向渐变。使用渐变变形工具调整填充的中心点和填充范围，如图 8-17 所示。

图 8-17 “小草”图形元件效果图

6. 制作“露珠”图形元件

01 执行“插入/新建元件”命令，或按快捷键【Ctrl＋F8】，新建一个图形元件，元件“名称”为“露珠”，进入图形元件编辑界面。

02 选择椭圆工具，按住【Shift】键绘制一个无边线的圆形，再用颜料桶工具填充不透明白色(Alpha 值为 80％)到透明白色(Alpha 值为 0)的径向渐变，用渐变变形工具调整颜色的范围，这样“露珠”图形元件就制作好了，如图 8-18 所示。

7. 制作“蜻蜓”影片剪辑元件

图 8-18 “露珠”图形元件效果图

01 执行“插入/新建元件”命令，或按快捷键【Ctrl+F8】，新建一个影片剪辑元件，元件“名称”为“蜻蜓”，进入影片剪辑元件编辑界面。

02 使用钢笔工具绘制蜻蜓右侧翅膀的边线，使用颜料桶工具填充线性渐变色（#FF6600～#FFFFCC），再使用渐变变形工具调整填充中心点和填充范围。选中翅膀根部边线，按【Delete】键，删除选中的边线。按【F8】键将右侧翅膀转换为图形元件，命名为“右侧翅膀”，如图 8-19 所示。

03 单击“新建图层”按钮，新建图层 2，使用钢笔工具绘制蜻蜓身体的边线，使用颜料桶工具为蜻蜓眼睛填充径向渐变色（#FF6600～#FFFFCC），使用颜料桶工具为蜻蜓身体填充线性渐变色（#FF0000～#FF6600），再使用渐变变形工具调整填充中心点和填充范围，使填充效果达到最好。选中蜻蜓的眼睛和身体，按【F8】键将其转换为图形元件，命名为“身体”，如图 8-20 所示。

04 单击“新建图层”按钮，新建图层 3，使用钢笔工具绘制蜻蜓左侧翅膀的边线，使用颜料桶工具填充线性渐变色（#FF6600～#FFFFCC），再使用渐变变形工具调整填充中心点和填充范围。选中翅膀根部边线，按【Delete】键，删除选中的边线。按【F8】键将左侧翅膀转换为图形元件，命名为“左侧翅膀”，如图 8-21 所示。

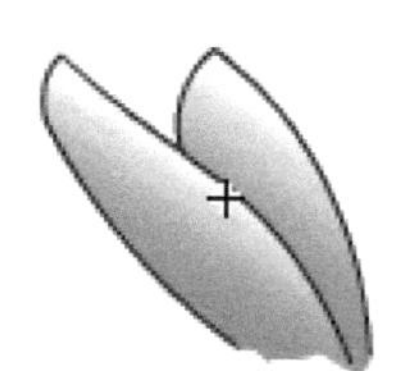

图 8-19 “右侧翅膀”效果图

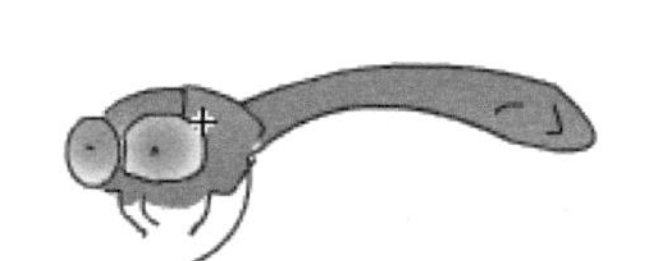

图 8-20 “身体”效果图

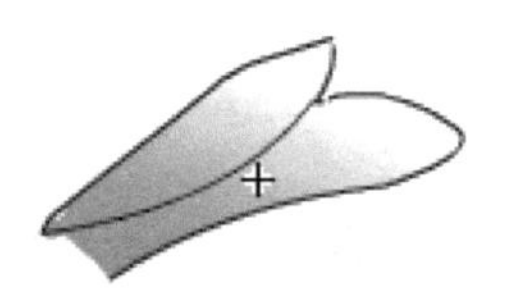

图 8-21 “左侧翅膀”效果图

05 在图层 1 中的第 4 帧和第 7 帧两处分别按【F6】键插入关键帧，使用任意变形工具将第 1 帧、第 4 帧和第 7 帧中“右侧翅膀”图形元件的中心点均移至翅膀的根部，如图 8-22 所示。再利用任意变形工具将第 4 帧中的右侧翅膀绕中心点逆时针旋转到合适的角度，如图 8-23 所示。在第 2 帧和第 5 帧处右击，在弹出的快捷菜单中选择“创建补间动画”命令。

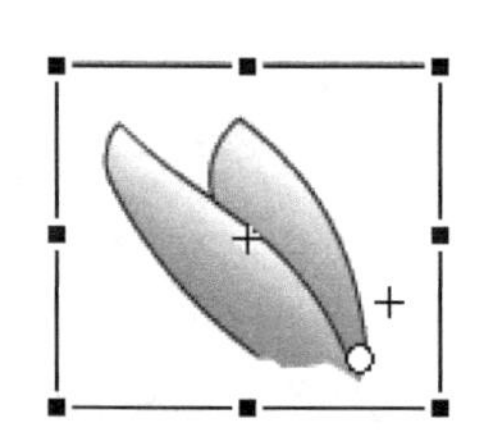

图 8-22 移动“右侧翅膀”图形元件中心点位置

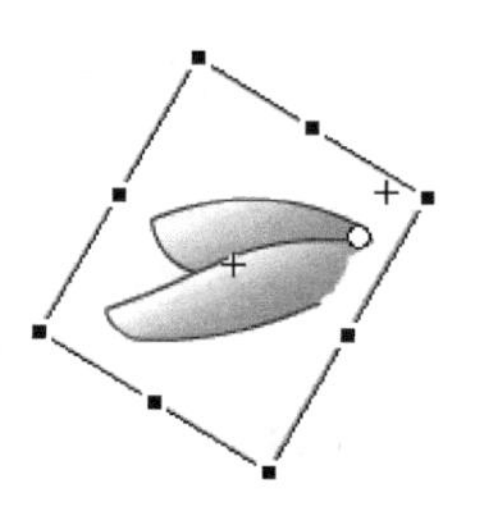

图 8-23 调整第 4 帧处右侧翅膀的角度

提示

创建翅膀扇动效果的重点在于改变三个关键帧中图形元件中心点的位置，使元件围绕固定的轴旋转，否则会发生动作偏移现象。

06 在图层 3 中按照右侧翅膀创建动画的方法，为左侧翅膀创建上下扇动的运动补间动画。

8. 搭建舞台，完成动画

01 单击“场景 1”按钮，返回场景，将“背景”图形元件从库中拖入图层 1 中，使用“对齐”面板或者“属性”面板将产生的实例调整为与舞台同宽同高。

02 单击“新建图层”按钮，新建图层 2，将“荷叶 1”“荷叶 2”及“荷叶 3”图形元件从库中多次拖入图层 2 中产生多个实例，选中实例为其设置不同的大小、摆放位置、角度及色调，产生荷叶生长的层次感，如图 8-24 所示。将“荷花”“小草”“石头”“露珠”四个图形元件从库中拖入图层 2，调整至合适的位置和大小，如图 8-25 所示。

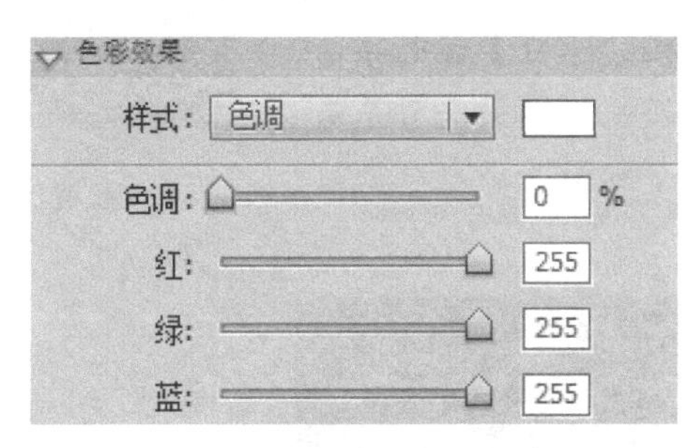

图 8-24 通过“属性”面板设置实例色调

图 8-25 各元件摆放效果图

03 单击“新建图层”按钮，新建图层 3，将绘制好的“蜻蜓”影片剪辑元件从库中拖入场景的右侧。

04 选择图层 3 并右击，在弹出的快捷菜单中选择“添加传统运动引导层”命令，在图层 3 的上边增加一个引导层“引导层：图层 3”；选择运动引导层的第 1 帧，选择铅笔工具 ，设置“铅笔模式”为“平滑”，在“属性”面板中设置“平滑”选项为 50，绘制一条平滑的引导线，作为蜻蜓飞舞的运动轨迹；在引导层的第 60 帧，右击，在弹出的快捷菜单中选择插入帧。

提示

（1）引导线不能是封闭的曲线，要有起点和终点。

（2）起点和终点之间的曲线必须是连续的，可以是任何形状。

05 选择图层 3 的第 1 帧，将“蜻蜓”实例拖动到引导线的右侧端点处，在第 60 帧处插入关键帧，将“蜻蜓”实例拖动到引导线的左侧端点处。

提示

被引导的对象必须准确吸附到引导线上，也就是元件编辑区的中心点必须位于引导线上，否则被引导对象将无法沿引导线运动。确保方法就是使用“选择工具”时开启“贴紧至对象” 属性，再拖动被引导的对象吸附到引导线的起点和终点。

06 右击第 30 帧，在弹出的快捷菜单中选择“创建传统补间”命令，打开“属性”面板，在“属性”面板中勾选“调整到路径”复选框，确保对象沿着路径旋转。

07 在图层 1 和图层 2 的第 60 帧处，右击，在弹出的快捷菜单中选择插入帧。

9. 测试影片

01 执行“文件/保存”命令，或按快捷键【Ctrl+S】，以“夏日荷塘.fla”为名保存文件。

02 执行“控制/测试影片/测试”命令，或按快捷键【Ctrl+Enter】，预览动画效果。

案例 8.3 星光闪闪

案例目的

微课：8.3 星光闪闪

通过制作“星光闪闪”动画，学习多层引导动画的制作，即将多个普通图层关联到一个引导层上，实现一条引导线引导多个被引导层中对象的动画效果，如图 8-26 所示。

图 8-26 “星光闪闪”效果图

案例分析

“星光闪闪”动画主要是多个被引导层中的“星光”图形元件实例按照引导层中的五星运动路径运动。利用椭圆工具绘制“星光”图形元件，并用颜料桶工具和渐变变形工具填充合适的颜色，在引导层中绘制五角星运动路径，使多个被引导层中的“星光”图形元件实例沿路径运动。

实践操作

1. 制作“星光”图形元件

01 创建一个新的 Flash 文档，类型为 ActionScript 3.0，设置舞台大小为 400 像素×

400 像素，背景颜色为黑色(#000000)。

02 执行“插入/新建元件”命令，或按快捷键【Ctrl+F8】，新建一个图形元件，元件“名称”为“星光”，进入图形元件编辑界面。

03 使用椭圆工具绘制星光中心的圆形，填充不透明白色到透明白色的径向渐变，利用渐变变形工具调整渐变的大小，如图 8-27 所示。

04 使用椭圆工具绘制星光的四道光芒，如图 8-28 所示。将图形和光芒组合，完成星光的制作，如图 8-29 所示。

图 8-27　圆形

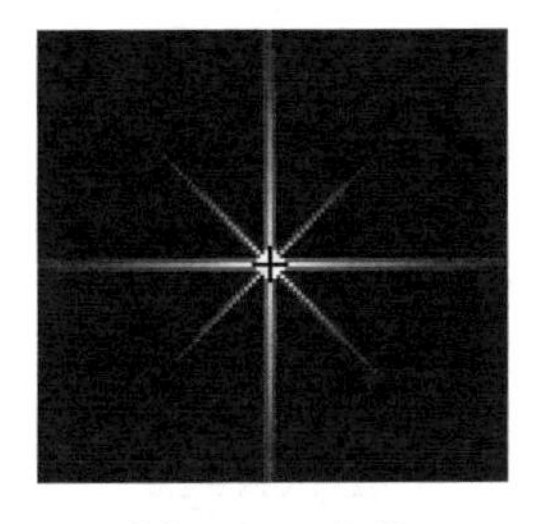

图 8-28　光芒

图 8-29　星光

2. 制作“星光闪闪”影片剪辑元件

01 执行“插入/新建元件”命令，或按快捷键【Ctrl+F8】，新建一个影片剪辑元件，元件“名称”为“星光闪闪”，进入影片剪辑元件编辑界面。将“星光”图形元件从库中拖入图层 1 的第 1 帧中。

02 右击图层 1，在弹出的快捷菜单中选择“添加传统运动引导层”命令，为图层 1 添加引导层。选择多角星形工具，在“属性”面板中单击“工具设置”中的“选项”按钮，弹出“工具设置”对话框，设置“样式”为“星形”；“边数”为 5，“星形顶点大小”为 0.50，如图 8-30 所示；绘制五角星轮廓，如图 8-31 所示；使用选择工具选取左侧部分删除，完成引导线路径的绘制，如图 8-32 所示；在引导层的第 119 帧插入普通帧，并将图层锁定。

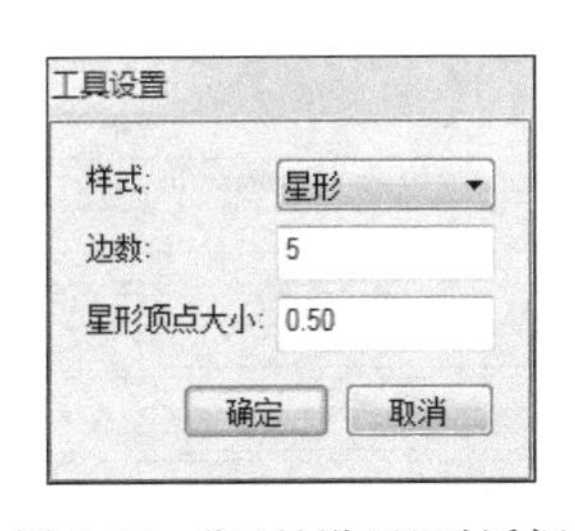

图 8-30　“工具设置”对话框

图 8-31　五角星轮廓

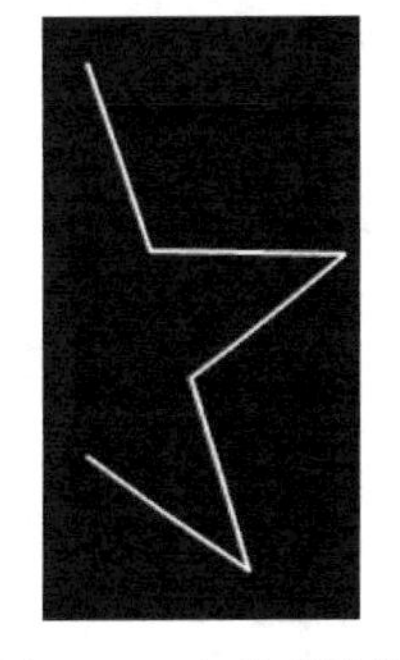

图 8-32　完整引导线

03 选择图层 1 的第 1 帧，将“星光闪闪”影片剪辑元件拖到引导线的上方起点处，如图 8-33 所示。在第 60 帧处插入关键帧，将“星光闪闪”影片剪辑元件拖到引导线的下方终点处，如图 8-34 所示。右击第 30 帧，在弹出的快捷菜单中选择“创建传统补间”命令。

图 8-33　引导线起点位置

图 8-34　引导线终点位置

04 选择图层 1 中的全部帧，右击，在弹出的快捷菜单中选择“复制帧”命令；右击第 63 帧，在弹出的快捷菜单中选择“粘贴帧”命令。

05 在图层 1 的上方新建 12 个被引导层，即图层 3～图层 14，如图 8-35 所示。

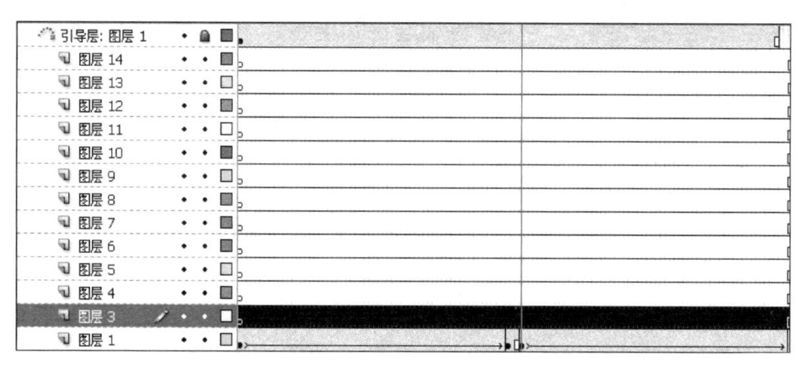

图 8-35　新建 12 个被引导层

06 选择图层 1 中的所有帧，右击，在弹出的快捷菜单中选择“复制帧”命令；右击图层 3 的第 5 帧，在弹出的快捷菜单中选择“粘贴帧”命令，这样就将图层 1 中的所有帧一次性复制到图层 3 的第 5 帧处。

07 同上一步，将图层 1 中的所有帧复制到图层 4～图层 14 的第 10 帧、第 15 帧、第 20 帧、第 25 帧、第 30 帧、第 35 帧、第 40 帧、第 45 帧、第 50 帧、第 55 帧和第 60 帧处，如图 8-36 所示。

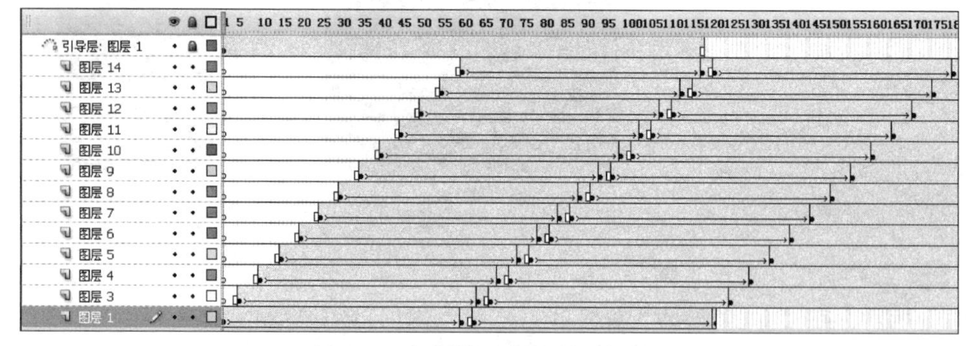

图 8-36　复制帧后“时间轴”效果图

08 在图层1～图层14这14个被引导层的第119帧和第120帧按【F6】键，插入关键帧。

09 选择图层1的第120～122帧(包括这两个关键帧在内的所有帧)，当出现一个虚框时，按住鼠标左键将其移动到图层3的第1帧处，释放鼠标左键，这样就将第120～122帧之间的所有帧拖到了图层3中的第1～3帧处，如图8-37所示。

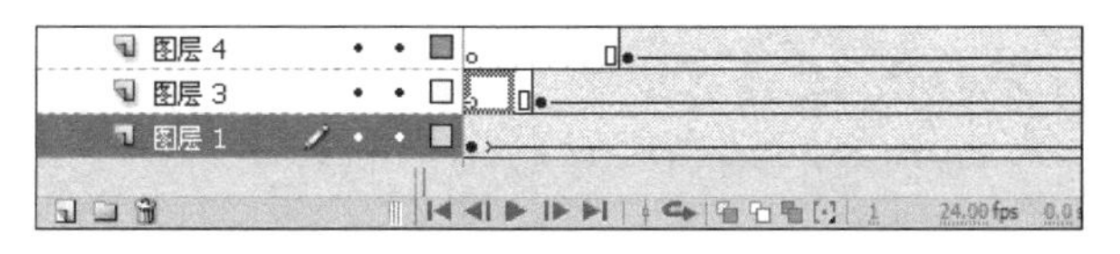

图8-37 拖动帧后"时间轴"效果图

10 同上一步，选择图层3～图层13的第120帧与其之后的关键帧之间的所有帧，在第120帧处按住鼠标左键，将其拖到上一个被引导层的第1帧处，释放鼠标左键。

11 选择所有被引导层的第120帧之后的帧(包括第120帧)，右击，在弹出的快捷菜单中选择"删除帧"命令，将所有的帧删除，这样"星光闪闪"影片剪辑元件就制作完成了。

3. 搭建舞台，完成动画

01 单击"场景1"按钮，返回场景。

02 选择图层1的第1帧，把"星光闪闪"影片剪辑元件拖入场景中，再复制一个，选中其中的一个，执行"修改/变形/水平翻转"命令，调整两个元件实例的位置，摆成五角星的形状，如图8-38所示。

图8-38 "五角星"效果图

4. 测试影片

01 执行"文件/保存"命令，或按快捷键【Ctrl+S】，以"星光闪闪.fla"为名保存文件。

02 执行"控制/测试影片/测试"命令，或按快捷键【Ctrl+Enter】，预览动画效果。

相关知识

多层引导动画，是利用一个引导层同时引导多个被引导层中的对象，也就是多个被引导层中的对象共用引导层中的一条引导线。

一般情况下，创建引导层后，引导层只与其下的一个图层建立关联。如果要使引导层能够引导多个图层，有以下两个方法。

(1) 将普通图层拖动到引导层下方，可以将普通图层与引导层建立关联。

(2) 在引导层的下方，单击“新建图层”按钮，就可以实现一个引导层引导多个图层，如图 8-39 所示。

如果要取消图层之间的关联，在关联图层上右击，在弹出的快捷菜单中选择“属性”命令，在弹出的“图层属性”对话框中将图层“类型”从“引导层”改为“一般”，单击“确定”按钮即可，如图 8-40 所示。

图 8-39　两个图层与引导层关联

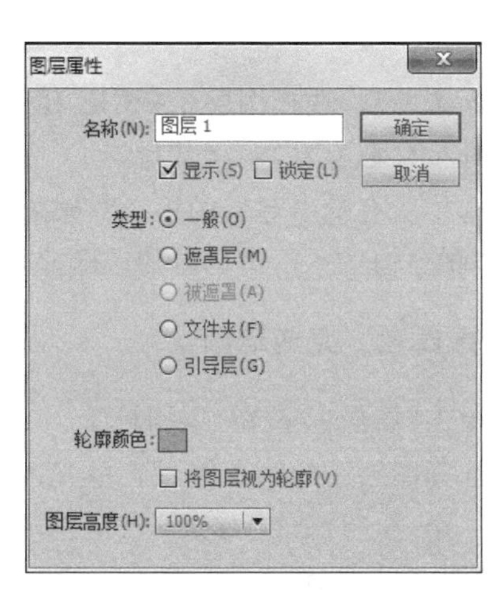

图 8-40　“图层属性”对话框设置

案例 8.4　大雪纷纷

案例目的

微课：8.4 大雪纷纷

通过制作“大雪纷纷”动画，进一步熟悉引导线动画的制作，掌握引导线动画的制作技巧。

案例分析

“大雪纷纷”动画中除去房子、月亮、雪地背景的绘制之外，主要是雪花飘落动画的制作。雪花飘落动画由引导线动画完成，不同大小和透明度的雪花沿着不同的运动轨迹从天上飘落下来，如图 8-41 所示。

图 8-41 “大雪纷纷”效果图

实践操作

1. 制作“房子”图形元件

01 创建一个新的 Flash 文档，类型为 ActionScript 3.0，设置舞台大小为 550 像素×400 像素，背景颜色为黑色(＃000000)。

02 执行“插入/新建元件”命令，或按快捷键【Ctrl＋F8】，新建一个图形元件，元件“名称”为“房子”，进入图形元件编辑界面。

03 选择钢笔工具，设置笔触颜色为白色，笔触高度为 5，绘制出房子的轮廓，如图 8-42 所示；使用颜料桶工具为房子填充深蓝色(＃010243)；使用选择工具选中房子左、下、右方向的边线，按【Delete】键将其删除，保留上部的边线；选择矩形工具，设置笔触颜色为“无”，填充颜色为黄色(＃FFFF00)，绘制出房子的窗户；选择选择工具，按住【Ctrl】键，复制多个窗户，并将其放到恰当的位置，完成“房子”图形元件的绘制，如图 8-43 所示。

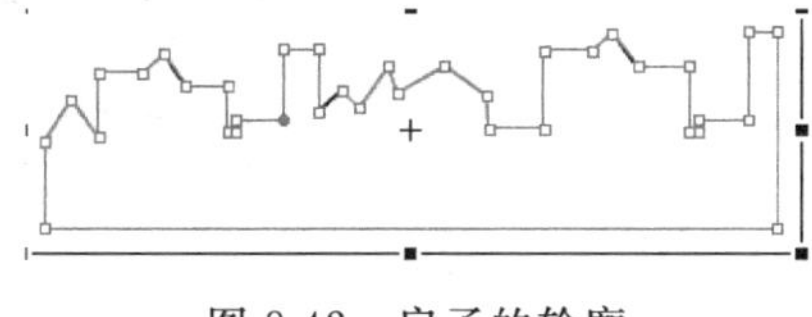

图 8-42 房子的轮廓

图 8-43 “房子”效果图

2. 制作“月亮”图形元件

01 执行“插入/新建元件”命令，或按快捷键【Ctrl＋F8】，新建一个图形元件，元件“名称”为“月亮”，进入图形元件编辑界面。

02 选择椭圆工具，绘制一个无边线的圆形，再用颜料桶工具填充不透明白色到透明白色的径向渐变，用渐变变形工具调整颜色的范围，这样“月亮”图形元件就制作完成了。

3. 制作“雪地”图形元件

01 执行“插入/新建元件”命令，或按快捷键【Ctrl＋F8】，新建一个图形元件，元件“名称”为“雪地”，进入图形元件编辑界面。

02 选择矩形工具，绘制一个无边线的白色矩形，调整矩形右上角的位置，改变上边沿的形状为弧形，如图 8-44 所示。

4. 制作“雪花”图形元件

01 执行“插入/新建元件”命令，或按快捷键【Ctrl＋F8】，新建一个图形元件，元件“名称”为“雪花”，进入图形元件编辑界面。

02 选择椭圆工具，绘制一个无边线的圆形，再用颜料桶工具填充不透明白色到透明白色的径向渐变，用渐变变形工具调整颜色的范围，这样“雪花”图形元件就制作完成了，如图 8-45 所示。

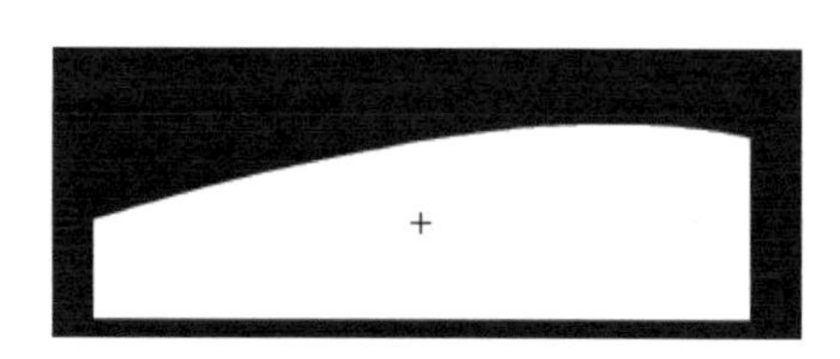

图 8-44 “雪地”图形元件

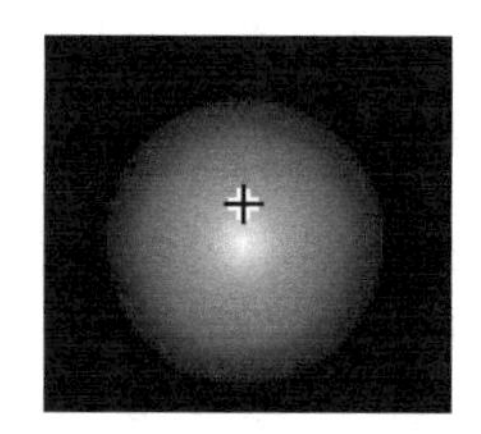

图 8-45 “雪花”图形元件

5. 制作“下雪”影片剪辑元件

01 执行“插入/新建元件”命令，或按快捷键【Ctrl＋F8】，新建一个影片剪辑元件，元件“名称”为“下雪”，进入影片剪辑元件编辑界面。

02 将“雪花”图形元件从库中拖入图层 1 的舞台中；右击图层 1，在弹出的快捷菜单中选择“添加传统运动引导层”命令，插入引导层，选择铅笔工具，在引导层中绘制一条平滑的曲线作为雪花飘落的路径，在引导层第 50 帧处按【F5】键，插入普通帧。

03 在图层 1 的第 1 帧将“雪花”图形元件的中心对准引导线上端起始点，再在第 50 帧处按【F6】键，插入关键帧，将“雪花”图形元件中心的位置移到引导线下端结束点，最后在第 30 帧处右击，在弹出的快捷菜单中选择“创建补间动画”命令，这样雪花飘落效果就制作完成了，如图 8-46 所示。

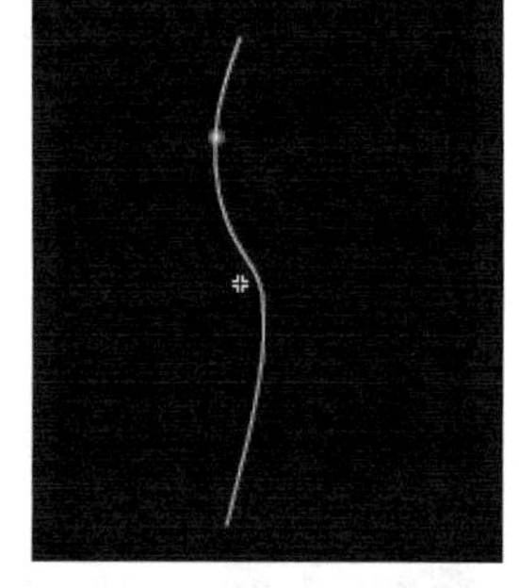

图 8-46 雪花沿引导线飘落

04 用同样的方法再创建几个雪花的影片剪辑，在不同的影片剪辑中所用的引导线要不同，雪花也要适当调整大小。

6. 搭建舞台，完成动画

01 单击“场景 1”按钮，返回主场景中，选择矩形工具，绘制一个矩形，大小比舞台大即可，再用颜料桶工具填充深蓝(＃010265)～浅蓝(＃7E98F8)的线性渐变，用渐变变形工具调整颜色的范围，这样背景天空就制作好了。

02 单击“新建图层”按钮，新建图层 2，将“雪地”图形元件从库中拖入第 1 帧中，放置在舞台的底部，并调整到合适的大小。

03 单击“新建图层”按钮，新建图层 3，将“房子”图形元件从库中拖入第 1 帧中，放置在图层 2“雪地”的上方，并调整到合适的大小；然后将“月亮”图形元件从库中拖入舞台中，放置在合适的位置。

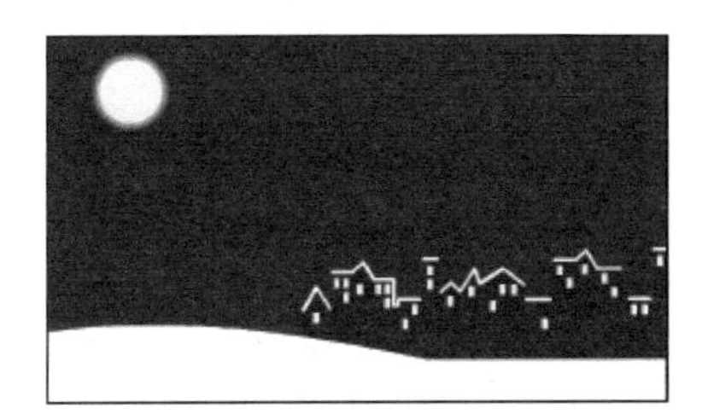

图 8-47 “大雪纷纷”背景

04 选中图层 2 中的“雪地”图形元件，按快捷键【Ctrl+C】复制；单击“新建图层”按钮，新建图层 4，按快捷键【Ctrl+V】粘贴，执行“修改/变形/水平翻转”命令，将雪地调整到合适的大小和位置，此时动画的背景图像就全做好了，如图 8-47 所示。

05 单击“新建图层”按钮，新建图层 5，将做好的多个“下雪”影片剪辑元件拖入舞台，可以根据自己的喜欢选择拖入数量，如图 8-48 所示。

图 8-48 从库中拖入“下雪”影片剪辑元件

> **提示**
>
> 为了放置多个雪花飘落的运动轨迹，可以选择多个实例，执行“修改/变形/水平翻转”命令，这样产生的雪花飘落效果不会太单一。

7. 测试影片

01 执行“文件/保存”命令，或按快捷键【Ctrl+S】，以“大雪纷纷.fla”为名保存文件。

02 执行“控制/测试影片/测试”命令，或按快捷键【Ctrl+Enter】，预览动画效果。

案例8.5 宇宙飞船

案例目的

通过制作“宇宙飞船”动画，进一步掌握引导线动画的制作技巧。

微课：8.5 宇宙飞船

案例分析

“宇宙飞船”动画主要是飞船围绕地球轨道运动。动画由引导线动画完成，飞船运行到地球背面被地球遮挡的效果由图层效果完成，如图8-49所示。

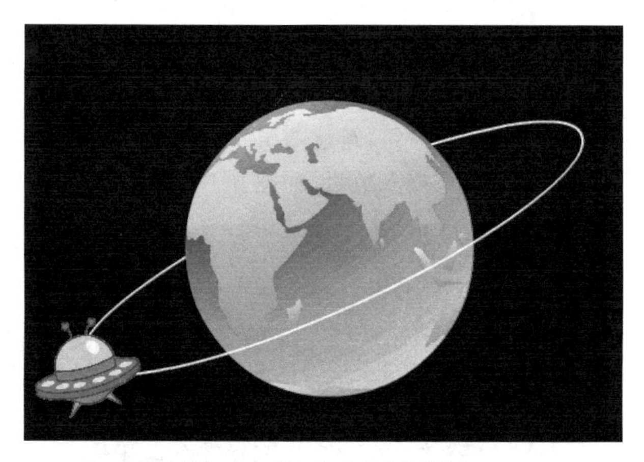

图8-49 “宇宙飞船”效果图

实践操作

1. 导入素材

01 创建一个新的Flash文档，类型为ActionScript 3.0，设置舞台大小为550像素×400像素，背景颜色为黑色(＃000000)。

02 执行“文件/导入/导入到舞台”命令，将地球素材图片导入舞台中，调整宽、高均为240像素，按快捷键【Ctrl＋B】将图形打散。

03 选择套索工具，单击“魔术棒设置”按钮，在弹出的“魔术棒设置”对话框中设置“阈值”为10，“平滑指数”为“平滑”，用魔术棒单击图形中的白背景后按【Delete】键，将背景删除。

2. 制作“飞船”图形元件

01 执行“插入/新建元件”命令，或按快捷键【Ctrl＋F8】，新建一个图形元件，元件“名称”为“飞船”，进入图形元件编辑界面。

02 执行“文件/导入/导入到舞台”命令，将飞船素材图片导入舞台中，调整到合适大小，按快捷键【Ctrl＋B】将图形打散。

03 选择套索工具，单击“魔术棒设置”按钮，在弹出的“魔术棒设置”对话框中设置“阈值”为 10，“平滑指数”为“平滑”，用魔术棒单击图形中的白背景后按【Delete】键，将背景删除，如图 8-50 所示。

3. 绘制飞船运动轨道线

01 单击“场景 1”按钮，返回场景。

02 在图层区单击“新建图层”按钮，新建图层 2，选择椭圆工具绘制一个笔触颜色为白色，填充颜色为无的椭圆。

03 选中绘制的椭圆，使用“变形”面板将其旋转－25°，如图 8-51 所示。

图 8-50 “飞船”效果图

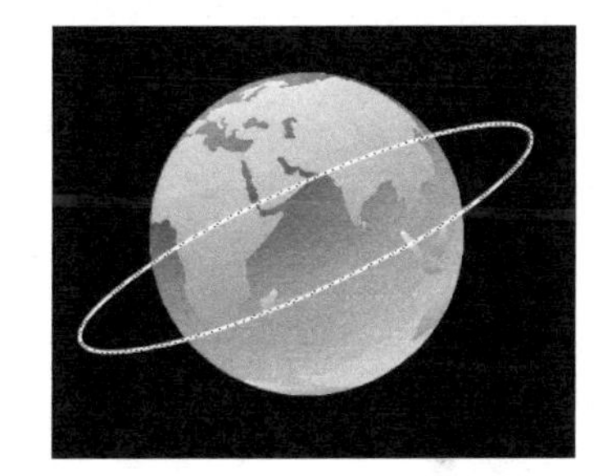

图 8-51 飞船运动轨道线

4. 搭建舞台，完成动画

01 在图层区单击“新建图层”按钮，新建图层 3，将“飞船”图形元件从库中拖入图层 3 的舞台中；右击图层 3，在弹出的快捷菜单中选择“添加传统运动引导层”命令，为图层 3 插入引导层；选中图层 2 中飞船运动轨道按快捷键【Ctrl＋C】复制，在引导层中按快捷键【Ctrl＋Shift＋V】进行原位粘贴，再选择橡皮擦工具，将椭圆擦出一个小缺口，这样飞船运行的轨道就制作完成了，如图 8-52 所示。

02 在引导层的第 100 帧处按【F5】键，插入普通帧；在图层操作中将图层 2 设置为隐藏；在图层 3 的第 1 帧处将“飞船”图形元件的中心对准引导线的起始点，再在第 100 帧处按快捷键【F6】，插入关键帧，将“飞船”图形元件的中心位置移到引导线的结束点；最后在第 50 帧处右击，在弹出的快捷菜单中选择“创建传统补间”命令，这样飞船运动的效果就制作完成了。

03 选中图层 1，然后选择套索工具，根据飞船运动轨道将地球图形的上半部分选中，按快捷键【Ctrl＋C】复制。

04 在图层区单击“新建图层”按钮，在引导层的上方新建图层 5，按快捷键【Ctrl＋Shift＋V】进行原位粘贴。地球上半部分将遮挡后面的飞船运动轨道，使飞船产生在地球背面运动的效果，如图 8-53 所示。

图 8-52 “飞船运动轨道”效果图

图 8-53 “飞船运动轨道遮挡”效果图

05 在图层 1 和图层 2 的第 100 帧处按【F5】键，插入普通帧，时间轴如图 8-54 所示。

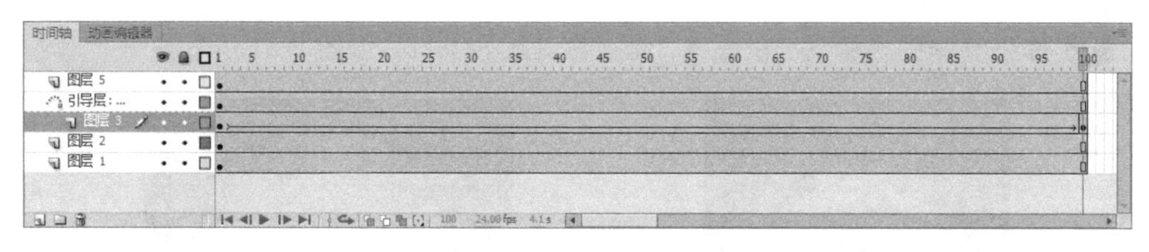

图 8-54 “宇宙飞船”时间轴

5. 测试影片

01 执行“文件/保存”命令，或按快捷键【Ctrl＋S】，以“宇宙飞船.fla”为名保存文件。

02 执行“控制/测试影片/测试”命令，或按快捷键【Ctrl＋Enter】，预览动画效果。

提示

上述方法将使椭圆轨道的上半部分被遮挡，如果想使椭圆轨道的下半部分被遮挡，就需要在图层 5 中粘贴地球下半部分的图像。

单 元 小 结

本单元着重介绍引导层的含义、引导层的创建及引导线动画的制作方法和使用技巧，为以后制作轨迹动画打下基础。

自 我 测 评

1. 制作“蝴蝶飞舞”动画：该动画中蝴蝶在天空中自由飞舞，如图 8-55 所示。

2. 运用引导线制作“爱心动画”：该动画中爱心沿着心形引导线运动，如图 8-56 所示。

图 8-55 “蝴蝶飞舞”效果图

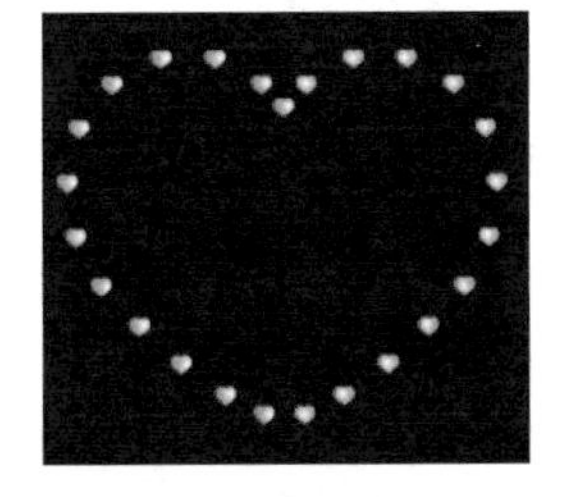

图 8-56 “爱心动画”效果图

3. 制作“山路骑行”动画：该动画中一个人骑着自行车在崎岖不平的山路上前行，如图 8-57 所示。

图 8-57 “山路骑行”效果图

4. 制作“落叶纷纷”动画：该动画中落叶纷纷从树梢飘落下来，如图 8-58 所示。

图 8-58 “落叶纷纷”效果图

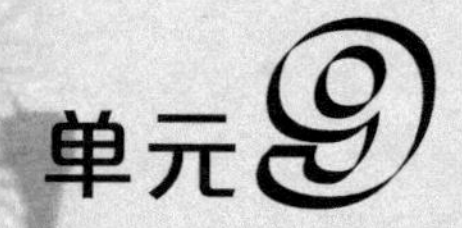

单元9

遮罩动画

单元9课件下载

单元导读

遮罩效果是Flash中最常见、应用最多的一种动画效果。简单地讲，就是上方图层(遮罩层)在有效形状范围内显示下方图层(被遮罩层)的内容。

本单元主要介绍Flash中遮罩动画的制作原理、制作方法和操作技巧。

学习目标

1. 了解遮罩动画的制作原理。
2. 理解遮罩与被遮罩的关系。
3. 掌握遮罩层和被遮罩层的编辑方法。
4. 掌握遮罩动画的制作方法和操作技巧。

单元任务

1. 绘制“百叶窗”。
2. 绘制“红旗飘扬”。
3. 绘制“卷轴画”。
4. 绘制“自转透明地球”。
5. 绘制“除夕夜”。

案例 9.1 百叶窗

案例目的

通过制作“百叶窗”动画，了解遮罩动画的制作原理，理解遮罩层与被遮罩层的关系，掌握遮罩动画的制作方法。

微课：9.1 百叶窗

案例分析

“百叶窗”动画主要由图片和矩形条图形元件构成。在制作时，导入外部图片、制作矩形条形状动画，最后创建遮罩层完成两幅图片以百叶窗形式切换的动画效果，如图 9-1 所示。

图 9-1 “百叶窗”效果图

实践操作

1. 导入素材

01 创建一个新的 Flash 文档，类型为 ActionScript 3.0，默认舞台大小，背景颜色为白色（#FFFFFF）。

02 执行“文件/导入/导入到库”命令，弹出“导入到库”对话框，将两幅素材图片导入库中，按快捷键【Ctrl＋L】，打开“库”面板，将两幅图片分别拖入场景的图层 1 和图层 2 中，单击舞台空白处，在“文档”属性面板中单击“编辑文档属性”按钮，在弹出的“文档设置”对话框中，将“匹配”选项设置为“内容”，单击“确定”按钮，如图 9-2 所示。然后将图层 1 和图层 2 中的百叶窗素材图片相对于舞台水平、垂直方向上均居中对齐。

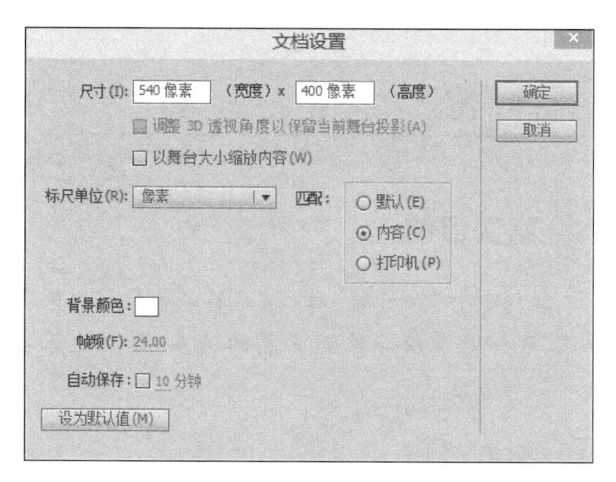

图 9-2 “文档设置”对话框

2. 制作“矩形条”影片剪辑元件

01 执行“插入/新建元件”命令，或按快捷键【Ctrl+F8】，新建一个影片剪辑元件，元件“名称”为“矩形条”，进入影片剪辑元件编辑界面。

02 选择矩形工具，设置笔触颜色为“无”，填充颜色为黑色，在第1帧中心绘制一个矩形条，通过“属性”面板设置矩形宽为60、高为400。

03 在第30帧和第60帧处插入一个关键帧，选中第15帧中的矩形条，将其高度通过“变形”面板设置为原有宽度的0，选择第1帧，右击，在弹出的快捷菜单中选择“创建补间形状”命令，再选择第15帧，右击，在弹出的快捷菜单中选择“创建补间形状”命令，从而创建矩形条从宽变窄再从窄变宽的两个形状补间动画，如图9-3所示。

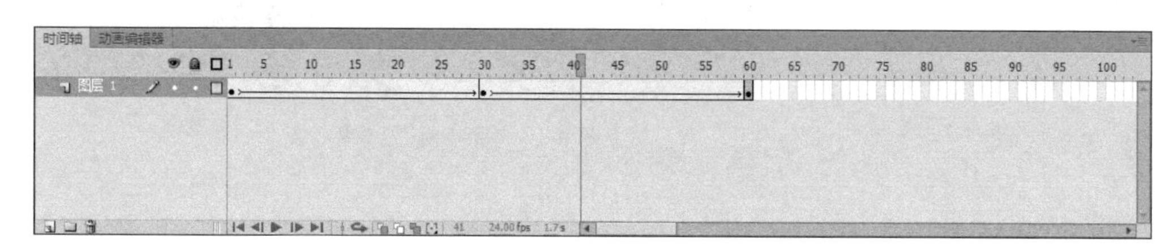

图 9-3 “矩形条”影片剪辑元件“时间轴”面板

> **提示**
>
> 在将矩形条的高度通过“变形”面板设置为原有高度的0时，并不是真正的0(0的高度即不存在)，而是将高度调整为一条线。

3. 制作“元件1”影片剪辑元件

01 执行“插入/新建元件”命令，或按快捷键【Ctrl+F8】，新建一个影片剪辑元件，元件“名称”为“元件1”，进入影片剪辑元件编辑界面。

02 将“矩形条”影片剪辑元件从库中拖入舞台中产生实例，选中实例，按快捷键【Ctrl+

C】复制，再按八次快捷键【Ctrl＋Shift＋V】进行原位粘贴，依次选中粘贴的八个实例，按向右的方向键，将这九个实例水平方向中心对齐并相互连接，如图 9-4 所示。

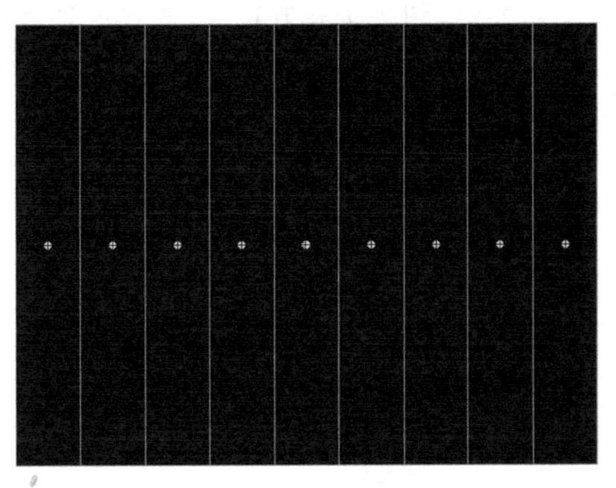

图 9-4　矩形条顺序摆放

4. 返回主场景，完成动画

01 单击“场景 1”按钮，返回场景，在图层 2 上方插入图层 3，将元件 1 从库中拖到舞台中，使用“对齐”面板使元件 1 相对于舞台水平、垂直方向均居中对齐；在图层区右击图层 3，在弹出的快捷菜单中选择“遮罩层”命令。

02 在图层 3 上方单击“新建图层”按钮，新建图层 4，执行“文件/导入/导入到舞台”命令，弹出“导入到舞台”对话框，将画框图片素材导入舞台中，使用“对齐”面板使画框图片素材相对于舞台“匹配宽度和高度”，并水平、垂直方向均居中对齐；使用快捷键【Ctrl＋B】，将图片打散，选择套索工具，单击“魔术棒设置”按钮，在弹出的“魔术棒设置”对话框中设置“阈值”为 10，“平滑指数”为“平滑”，用魔术棒单击图形中画框中白色部分，按【Delete】键，将画框中的白色部分删除。

5. 测试影片

01 执行“文件/保存”命令，或按快捷键【Ctrl＋S】，以“百叶窗.fla”为名保存文件。

02 执行“控制/测试影片/测试”命令，或按快捷键【Ctrl＋Enter】，预览动画效果。

相关知识

1. 遮罩层的作用

在遮罩层上绘制图形，相当于在遮罩层中挖掉了相应形状的洞，形成透明区域。透过遮罩层内的这些透明区域可以看到其下面图层的内容，而遮罩层内无图形区域则看不到其下面图层的内容。遮罩层下面的图层称为“被遮罩层”。利用遮罩层这一特殊特性可以制作一些特殊效果的遮罩动画。

2. 遮罩层的创建

在 Flash 中没有一个专门的按钮来创建遮罩层，遮罩层是通过普通层转化而来的。在某一图层的名称处右击，在弹出的快捷菜单中选择“遮罩层”命令，如图 9-5 所示，即可将一个普通层转化为遮罩层，图层图标也从普通层图标转化为遮罩层图标，并且系统自动将遮罩层下面的一个图层关联为“被遮罩层”，在缩进的同时图标变为。如果想让多个图层关联为“被遮罩层”，只要将这些图层拖到被遮罩层下面即可，如图 9-6 所示。

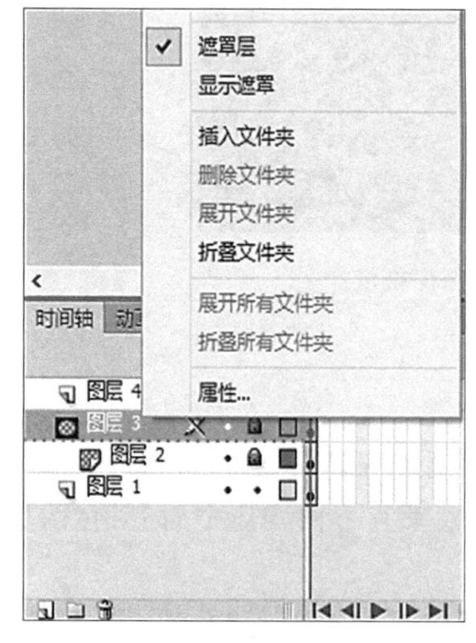

图 9-5　创建遮罩层

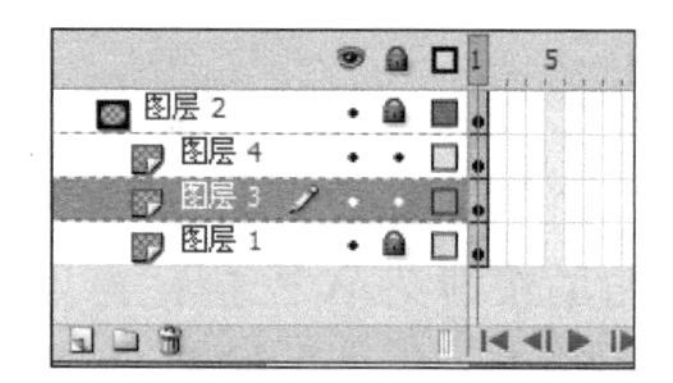

图 9-6　多个被遮罩层效果图

案例 9.2　红旗飘扬

案例目的

通过制作“红旗飘扬”动画，掌握遮罩动画的制作方法，能够灵活运用所学的遮罩动画的制作技巧，创作动画效果。

微课：9.2 红旗飘扬

案例分析

“红旗飘扬”动画主要由“天空背景”“云朵”和“旗帜”等图形元件组成。天空背景和旗帜通过矩形工具、椭圆形工具绘制完成，飘扬的红旗是在被遮罩层中做运动补间动画实现的动画效果。旗帜中的带状元件利用矩形工具和“变形”面板绘制出来，并用颜料桶工具和渐变变形工具填充合适的颜色，最后通过带状元件在被遮罩层中的运动完成红旗飘扬的动画，如图 9-7 所示。

图 9-7 “红旗飘扬”效果图

实践操作

1. 制作天空背景

01 创建一个新的 Flash 文档，类型为 ActionScript 3.0，设置舞台大小为 550 像素×400 像素，背景颜色为黑色(#000000)。

02 使用矩形工具绘制一个与舞台同高同宽的矩形，用颜料桶工具填充蓝色(#3366FF)～浅蓝色(#BCF1FE)的线性渐变，并使用渐变变形工具调整颜色的方向。

03 执行“插入/新建元件”命令，或按快捷键【Ctrl+F8】，新建一个图形元件，元件“名称”为“云朵”，进入图形元件编辑界面。使用椭圆工具绘制多个椭圆并将其组合成云朵，如图 9-8 所示。

04 将“云朵”图形元件从库中拖动出多个，调整其位置和大小，并在其“属性”面板的“颜色”列表框中设置“Alpha”值为 60%，完成天空背景的制作，如图 9-9 所示。

图 9-8 “云朵”图形元件

图 9-9 “天空背景”效果图

2. 制作“旗帜”图形元件和“红旗飘扬”影片剪辑元件

01 执行“插入/新建元件”命令，或按快捷键【Ctrl+F8】，新建一个图形元件，元件“名称”为“旗帜”，进入图形元件编辑界面。

02 使用矩形工具绘制以任意颜色填充且没有笔触颜色的矩形，使其宽度略大于高度。使用选择工具调整矩形上下边成弧形，选中该变形后的形状，按快捷键【Ctrl+

D】实现形状的复制并粘贴。选中复制后的形状，执行“修改/变形/垂直翻转”命令后，使用方向键将其和原始形状连接在一起，如图 9-10 所示。

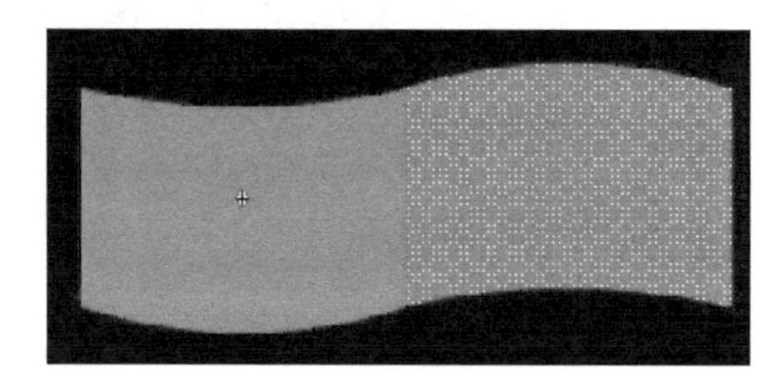

图 9-10　两个形状连接

03 选中连接后的形状，按快捷键【Ctrl＋D】进行复制并粘贴，并将新的形状与前面的形状水平对齐后连接在一起，形成丝带的形状，如图 9-11 所示。

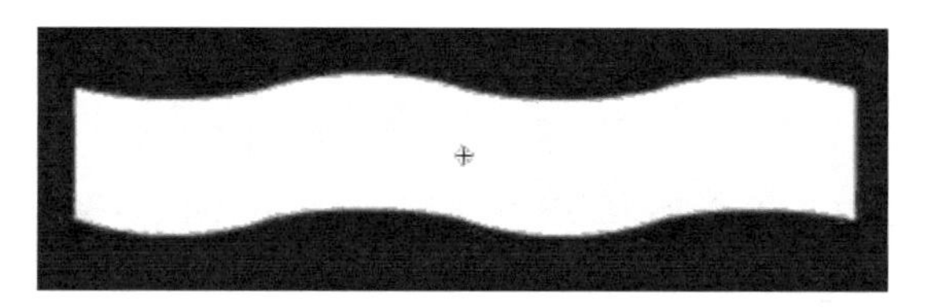

图 9-11　丝带形状效果图

04 使用颜料桶工具 为丝带形状填充红色与深红色间隔出现的线性渐变（＃FF0033～＃980120～＃FF0033～＃980120～＃FF0033），并使用渐变变形工具 调整颜色的方向，使其凹陷部分具有较深的颜色，如图 9-12 所示。

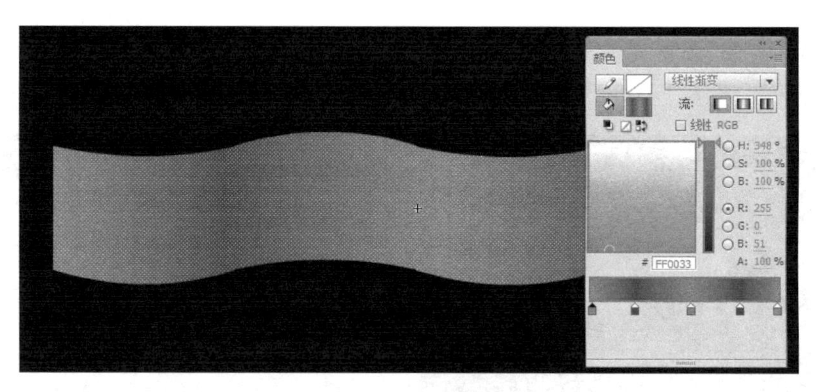

图 9-12　填充线性渐变色

05 执行“插入/新建元件”命令，或按快捷键【Ctrl＋F8】，新建一个影片剪辑元件，元件“名称”为“红旗飘扬”，进入影片剪辑元件编辑界面。

06 将“旗帜”图形元件从库中拖到图层 1 中产生一个实例，调整实例位置。在“旗帜”层上面单击“新建图层”按钮，新建图层 2，使用矩形工具 绘制绿色矩形，使其能够覆盖丝带的一段，并调整其左右边缘为弧形。在第 20 帧处为图层 2 插入一个普通帧，为图层 1 插入一个关键帧，并将“旗帜”图形元件左移，创建运动补间动画，如图 9-13 所示。

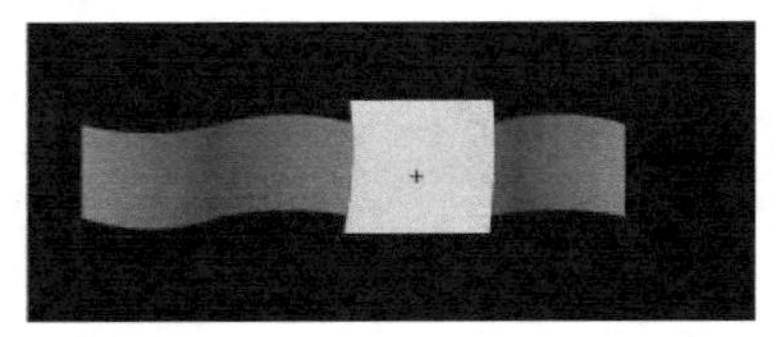

图 9-13 绿色矩形块的位置变化

07 右击图层，在弹出的快捷菜单中选择“遮罩层”命令，将图层 2 变为遮罩层，时间轴如图 9-14 所示。

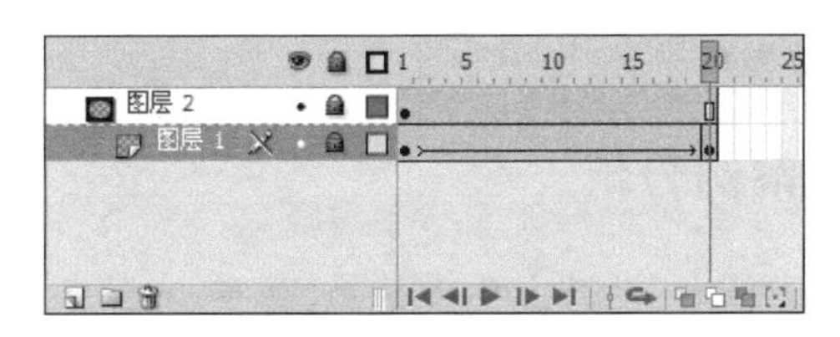

图 9-14 遮罩层时间轴

> **提示**
>
> 此动画为循环动画，为了使红旗在飘扬过程中不会出现跳动现象，放置绿色矩形块时应尽量使矩形块相对于丝带处于同一弧度。

08 在图层 2 上方单击“新建图层”按钮，新建图层 3，使用椭圆工具绘制圆形，用颜料桶工具填充白色（#FFFFFF）～黄色（#FFFF00）的线性渐变，并使用渐变变形工具调整颜色的方向。使用矩形工具绘制一个细长的矩形，用颜料桶工具填充灰色（#999999）～白色（#FFFFFF）～灰色（#999999）的线性渐变，并使用渐变变形工具调整颜色的方向。调整圆形与细长的矩形的位置，将其组合成旗杆。这样“红旗飘扬”影片剪辑元件就制作好了，效果如图 9-15 所示。

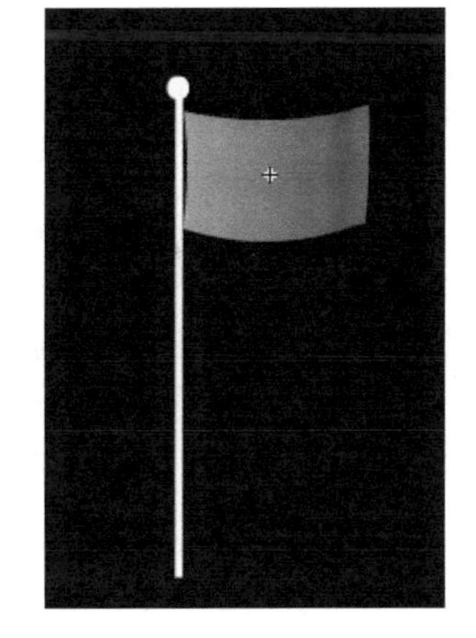

图 9-15 “红旗飘扬”影片剪辑元件效果图

3. 返回主场景，完成动画

01 单击“场景 1”按钮，返回场景。

02 单击“新建图层”按钮，新建图层 2，将“红旗飘扬”影片剪辑元件从库中拖到图层 2 中产生三个实例，调整三个实例的位置和大小，并排列成远影形成最终效果。

4. 测试影片

01 执行“文件/保存”命令，或按快捷键【Ctrl＋S】，以“红旗飘扬.fla”为名保存文件。

02 执行“控制/测试影片/测试”命令，或按快捷键【Ctrl＋Enter】，预览动画效果。

案例9.3 卷轴画

案例目的

微课：9.3 卷轴画

通过制作“卷轴画”动画，掌握遮罩动画的制作方法，能够灵活运用所学的遮罩动画的制作技巧，创作动画效果。

案例分析

“卷轴画”动画主要由背景、画布、画轴几部分组成，通过遮罩制作出山水画展开的效果，配合左侧卷轴的运动动画，实现带有画轴的山水画被慢慢展开的效果，如图 9-16 所示。

图 9-16 “卷轴画”效果图

实践操作

1. 创建画布

01 创建一个新的 Flash 文档，类型为 ActionScript 3.0，设置舞台大小为 760 像素×500 像素，背景颜色为白色（#FFFFFF）。

02 执行“文件/导入/导入到舞台”命令，将“背景”图片导入图层 1 中，利用“对齐”面板将其相对于舞台水平、垂直方向上均居中对齐。

03 单击“新建图层”按钮，新建图层 2，执行“文件/导入/导入到舞台”命令，将“画布”图片导入图层 2 中，利用“对齐”面板将其相对于舞台水平、垂直方向上均居中对齐，按快捷键【Ctrl＋B】将画布打散。

04 使用文本工具 T ，在其属性面板中将其“文字方向”设置为“垂直”，“系列”设置为“华文行楷”，“大小”设置为 26，“行距”设置为 20，输入古诗，并按快捷键【Ctrl＋B】将文字打散，效果如图 9-17 所示。

图 9-17 画布部分

2. 制作“画轴”图形元件

01 执行“插入/新建元件”命令，或按快捷键【Ctrl＋F8】，新建一个图形元件，元件“名称”为“画轴”，进入图形元件编辑界面。

02 用矩形工具绘制两个不同大小、不带边框的矩形，用颜料桶工具填充深灰色～浅灰色的线性渐变（＃36362A～＃A5A3A5～＃36362A），用渐变变形工具调整颜色的方向。

03 选中两个矩形，执行“修改/形状/柔化填充边缘”命令，在弹出的“柔化填充边缘”对话框中设置相应参数，如图 9-18 所示；再将两个矩形在水平方向中心对齐，垂直方向上连接在一起，按快捷键【Ctrl＋G】将两个矩形组合，形成画轴顶部如图 9-19 所示。

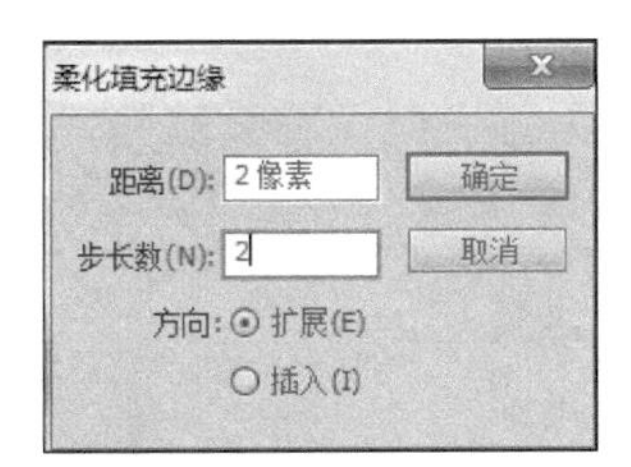

图 9-18 “柔化填充边缘”对话框参数设置

图 9-19 画轴顶部

04 单击“新建图层”按钮，新建图层 2，执行“文件/导入/导入到舞台”命令，将“轴心”图片导入图层 2 中，利用“对齐”面板将其相对于舞台水平方向居中对齐，如图 9-20 所示。

05 选中图层 1 中的画轴顶部组合，复制并粘贴，执行“修改/变形/垂直翻转”命令，然后将这三部分水平方向上中心对齐，垂直方向上连接起来，这样“画轴”图形元件就制作完成了，如图 9-21 所示。

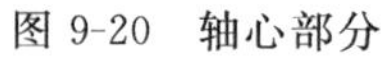

图 9-20　轴心部分

图 9-21　画轴整体

3. 返回主场景，制作遮罩

01 单击“场景 1”按钮，返回主场景。

02 单击“新建图层”按钮，新建图层 3，在第 1 帧处使用矩形工具在画布右边缘处绘制一个窄竖长方形，通过“属性”面板设置“宽”为 8，“高”为 320。

03 在图层 1、图层 2 的第 80 帧处插入普通帧，在图层 3 的第 80 帧处插入关键帧，调整图层 3 中的长方形“宽”为 530，高不变，保证长方形盖住图层 2 中的画布。

04 在第 30 帧处右击，在弹出的快捷菜单中选择“创建补间形状”命令；在图层 3 上右击，在弹出的快捷菜单中选择“遮罩层”命令。

4. 制作轴动画

01 在图层 3 上新建图层 4 和图层 5，将“画轴”图形元件从库中拖到图层 4 中，并将实例移到画布的最右侧。

02 将“画轴”元件从库中拖到图层 5 中，并将该实例位置移动到图层 4 中实例的左侧，高度相同，实现两个画轴并排的效果，如图 9-22 所示。

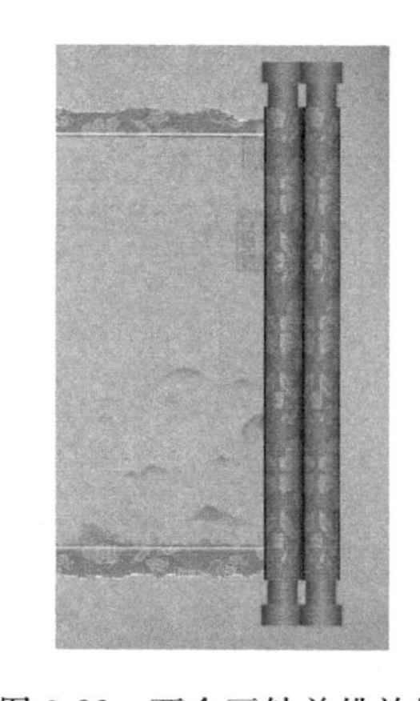

图 9-22　两个画轴并排效果

03 在图层 5 的第 80 帧处插入关键帧，并将画轴实例移至画布的最左侧；在第 30 帧处右击，在弹出的快捷菜单中选择“创建传统补间”命令，时间轴效果如图 9-23 所示。

04 选择图层 1～图层 5 的第 120 帧，插入普通帧。

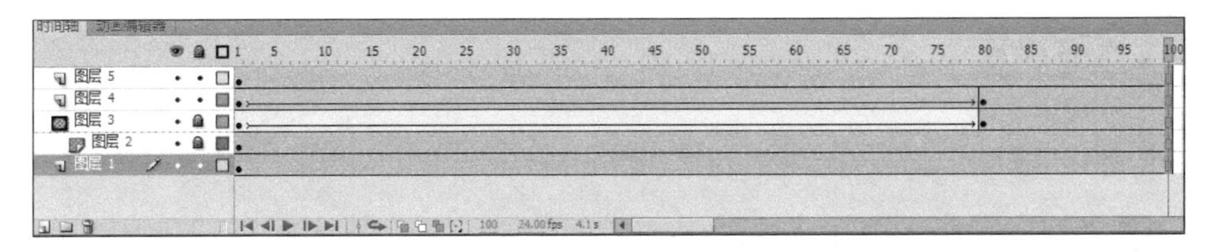

图 9-23 “卷轴画”时间轴

5. 测试影片

01 执行“文件/保存”命令，或按快捷键【Ctrl+S】，以“卷轴画.fla”为名保存文件。

02 执行“控制/测试影片/测试”命令，或按快捷键【Ctrl+Enter】，预览动画效果。

案例9.4 自转透明地球

案例目的

微课：9.4 自转透明地球

通过制作三维旋转的地球效果，进一步掌握遮罩动画的制作方法，掌握利用Alpha来控制图像的不透明度以及遮罩层的使用。

案例分析

“自转透明地球”动画主要由背景图像和“自转透明地球”影片剪辑元件两部分组成，通过遮罩动画实现地球旋转的效果，如图9-24所示。

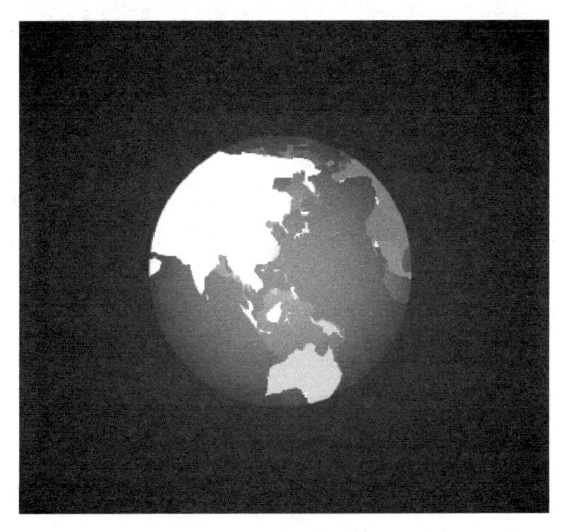

图 9-24 “自转透明地球”效果图

实践操作

1. 制作背景

01 创建一个新的 Flash 文档，类型为 ActionScript 3.0，设置舞台大小为 400 像素×400 像素，绘制一个和舞台一样大小的正方形，色彩填充为深蓝色到黑色的径向渐变。

02 按快捷键【Ctrl+K】，打开“对齐”面板，将正方形相对于舞台水平方向上左对齐，垂直方向上居中对齐。

2. 制作“自动透明地球”影片剪辑元件

01 按快捷键【Ctrl+F8】，创建“自转透明地球”影片剪辑元件。进入影片剪辑元件编辑界面，将图层 1 改名为“向右”，在此图层导入素材“地图”，将“地图”执行“修改/转换为元件”命令，或按【F8】键，将位图转换为图形元件，选中该图形元件。

02 在“向右”图层的第 80 帧处按【F6】键插入关键帧，并向右水平移动地图位置，在中间任意一帧右击，在弹出的快捷菜单中选择“创建传统补间”命令。

03 在“向右”图层上创建一个新的图层 2 并右击，在弹出的快捷菜单中选择“遮罩层”命令，并在新的图层上绘制一个正圆，时间轴如图 9-25 所示。

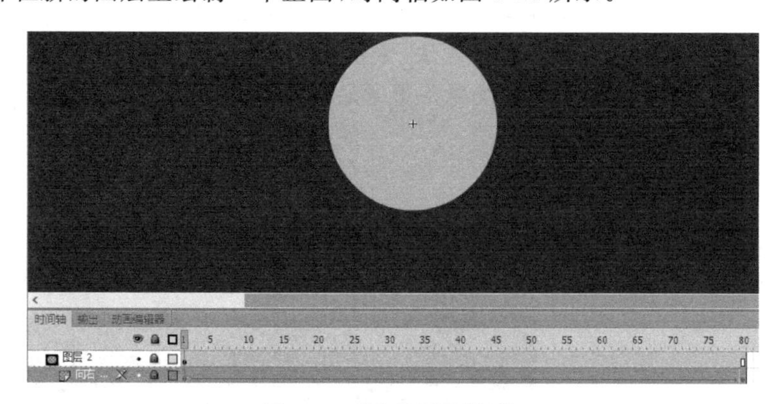

图 9-25 “遮罩层”时间轴

04 在“向右”图层上右击，在弹出的快捷菜单中选择“复制图层”命令，出现新的图层，改名为“向左”，选中所有帧，右击，在弹出的快捷菜单中选择“翻转帧”命令，如图 9-26 所示。

05 在“向右”图层上右击，在弹出的快捷菜单中选择“创建图层”命令，产生新的被遮罩层图层 3。

06 选中遮罩层图层 2 上的第一帧，按快捷键【Ctrl+C】，进行复制，在图层 3 中按快捷键【Ctrl+Shift+V】进行原位粘贴。

07 选中图层 3 上的圆，修改颜色，填充色彩为 0 Alpha 的白色(#FFFFFF)到 70% Alpha 的蓝色(#004AD0)的径向渐变。

08 图层 3 必须在“向右”和“向左”图层的中间。

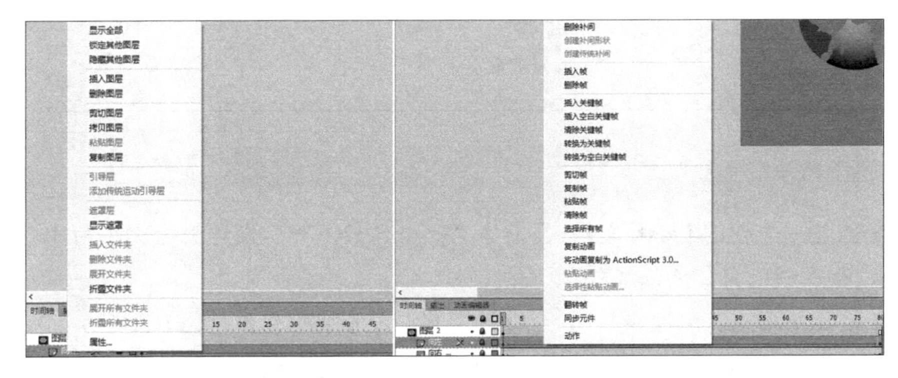

图 9-26　复制图层、翻转帧快捷菜单

09 回到场景 1，将地球自转影片剪辑元件放置在舞台中间。

3. 测试影片

01 执行“文件/保存”命令，或按快捷键【Ctrl＋S】，以“自转透明地球. fla”为名保存文件。

02 执行“控制/测试影片/测试”命令，或按快捷键【Ctrl＋Enter】，预览动画效果。

案例9.5 除夕夜

案例目的

微课：9.5 除夕夜

通过制作“除夕夜”动画，将关于遮罩动画的知识加以综合，以更好地掌握遮罩动画的制作方法和操作技巧。

案例分析

“除夕夜”动画主要由背景、大门、院墙、灯笼、大树、对联、烟花和烟火几部分构成。其中，烟花和对联两部分为通过遮罩层制作出的遮罩动画，其他部分由绘图工具完成，如图 9-27 所示。

图 9-27　“除夕夜”效果图

实践操作

1. 制作背景

01 创建一个新的 Flash 文档,类型为 ActionScript 3.0,设置舞台大小为 800 像素×600 像素,背景颜色为灰色(＃CCCCCC)。

02 使用矩形工具绘制一个无边框矩形,填充深洋紫色(＃6D4D6B)～板岩蓝色(＃757099)的线性渐变,利用渐变变形工具调整渐变的大小,完成背景色的制作。

2. 制作“大门”图形元件

01 执行“插入/新建元件”命令,或按快捷键【Ctrl＋F8】,新建一个图形元件,元件“名称”为“大门”,进入图形元件编辑界面。

02 在图层 1 中使用矩形工具绘制一个无边框的矩形,填充棕色(＃6C582D),利用选择工具按住【Alt】键增加节点,调整其形状成为房顶,如图 9-28 所示。

03 选中房顶,右击,在弹出的快捷菜单中选择“复制”命令,单击“新建图层”按钮,新建图层 2,在图层 2 中执行“编辑/粘贴到当前位置”命令,或按快捷键【Ctrl＋Shift＋V】使房顶粘贴到原有位置。选中图层 2 中的房顶,使用颜料桶工具将其颜色改为巧克力色(＃97733E),利用任意变形工具或者“变形”面板将其大小调整为原来的 90%,再利用选择工具调整节点的位置,效果如图 9-29 所示。

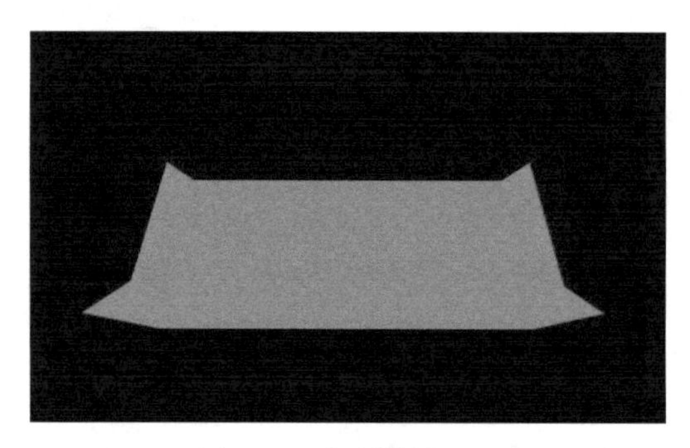

图 9-28　房顶效果(一)

图 9-29　房顶效果(二)

04 单击“新建图层”按钮,新建图层 3,使用线条工具绘制多条笔触高度为 1 的黑色实线,并在“对齐”面板中将这些实线设置为“底对齐”和“水平平均间隔”。使用任意变形工具或者“变形”面板将左、右两侧的几条实线进行小角度倾斜,再利用选择工具对调整角度的实线增加节点并调整节点的位置,达到如图 9-30 所示的瓦片效果。

05 在图层 1 下方单击“新建图层”按钮,新建图层 4,使用矩形工具绘制一个无边框的矩形,填充黑色(＃000000)。利用选择工具按住【Alt】键增加节点,调整其形状成为房檐,完成房顶的最终效果,如图 9-31 所示。

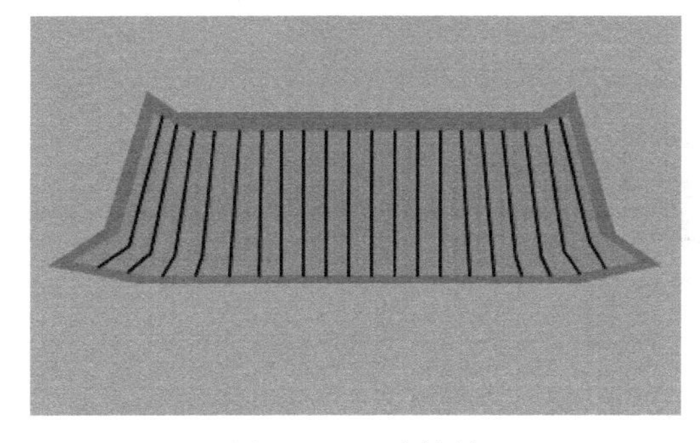

图 9-30 瓦片效果

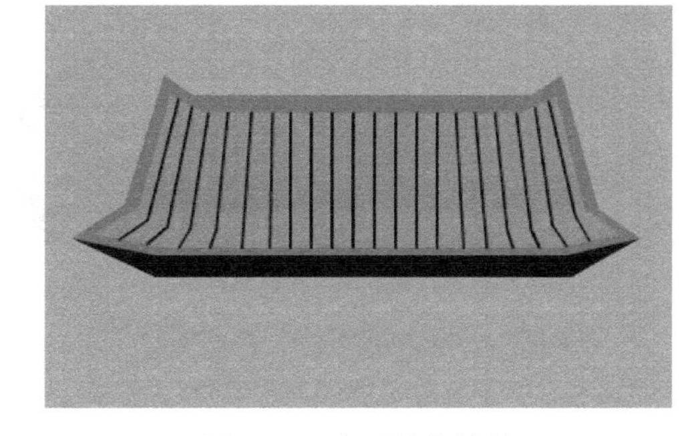

图 9-31 房顶最终效果

06 在图层 3 上方单击“新建图层”按钮，新建图层 5，使用矩形工具绘制一个与房檐下边缘同宽的无边框的矩形，填充棕色(#6C582D)，生成墙。再使用矩形工具在墙中间绘制一个无边框的矩形，填充暗红色(#400000)，生成大门。

07 单击“新建图层”按钮，新建图层 6，使用矩形工具绘制一个与墙下边缘同宽的两个无边框细长矩形条，分别填充浅灰色(#C8C8C8)和灰色(#8C8C8C)。再利用选择工具改变节点的位置，调整其形状成为台阶，效果如图 9-32 所示。

08 单击“新建图层”按钮，新建图层 7，使用矩形工具绘制两个无边框的矩形条，分别填充暗红色(#400000)和深红色(#510000)。再利用选择工具改变节点的位置，调整其形状成为门柱，效果如图 9-33 所示。选中两者，按快捷键【Ctrl+G】使其成为一个组合。选中组合后的门柱，按快捷键【Ctrl+D】复制并粘贴，将两个门柱底部对齐，并摆放在房檐下左右两侧。

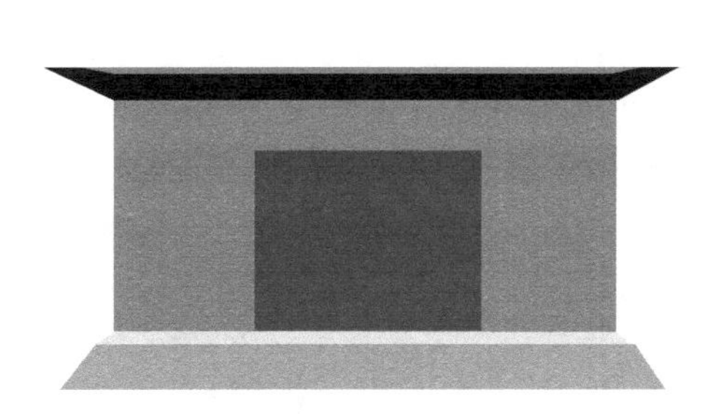

图 9-32 “台阶”效果图

图 9-33 “大门”效果图

3. 制作“院墙”图形元件

01 执行“插入/新建元件”命令，或按快捷键【Ctrl+F8】，新建一个图形元件，元件“名称”为“院墙”，进入图形元件编辑界面。

02 在图层 1 中使用矩形工具绘制三个无边框的矩形，分别填充灰色(#666666)、深灰色(#8C8C8C)和暗灰色(#808080)，将三个矩形框摆放好，形成院墙。

03 使用线条工具绘制出深灰色(#4D4D4D)墙砖效果，如图 9-34 所示。

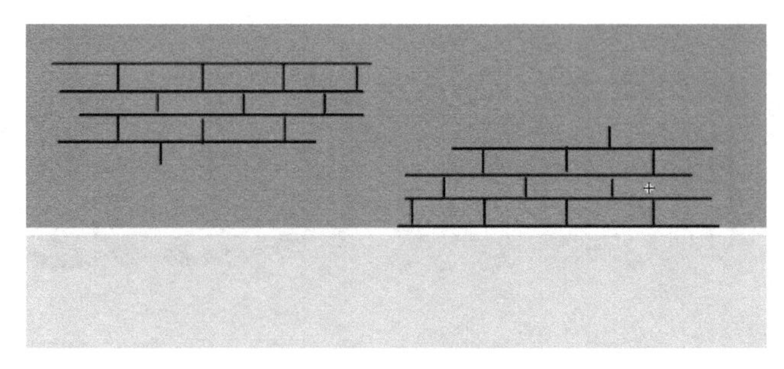

图 9-34 “院墙”效果图

4. 制作“灯笼”图形元件

01 执行“插入/新建元件”命令，或按快捷键【Ctrl＋F8】，新建一个图形元件，元件“名称”为“灯笼”，进入图形元件编辑界面。

02 使用椭圆工具绘制一个椭圆，填充金色(＃F5D145)～秋色(＃95291E)～深秋色(＃721616)的径向渐变，然后使用渐变变形工具调整颜色的方向。使用椭圆工具绘制一个椭圆，填充金色到白色透明的径向渐变，达到灯笼主题发光的效果，如图 9-35 所示。

03 使用矩形工具绘制两个无边框的矩形，填充金色(＃F1B938)，再利用选择工具改变上下边的弧度，使用线条工具绘制多条金色(＃F1B938)的丝线，最终完成整个灯笼的绘制，如图 9-36 所示。

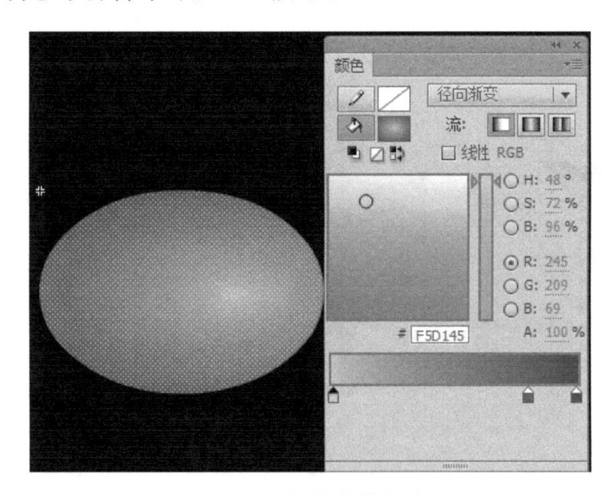

图 9-35 灯笼主体颜色

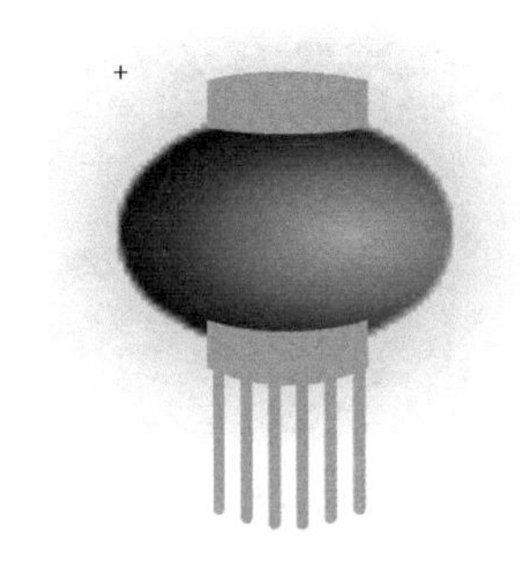

图 9-36 “灯笼”整体效果图

5. 制作“大树”图形元件

01 执行“插入/新建元件”命令，或按快捷键【Ctrl＋F8】，新建一个图形元件，元件“名称”为“大树”，进入图形元件编辑界面。

02 使用钢笔工具绘制部分树冠形状，再用部分选取工具调整部分锚点的位置，调整到满意为止，再填充深绿褐色(＃7E7E01)，按快捷键【Ctrl＋G】将其组合，如图 9-37

所示。

03 再复制出几个树冠，改变其填充色（＃666600、＃3C3C00），使用任意变形工具改变其大小和角度。

04 将几个树冠合理地摆放，形成大树的最终效果，如图 9-38 所示。

图 9-37 一个树冠效果

图 9-38 “大树”最终效果图

6. 制作“对联”图形元件

01 执行“插入/新建元件”命令，或按快捷键【Ctrl＋F8】，新建一个图形元件，元件“名称”为“对联”，进入图形元件编辑界面。

02 执行“文件/导入/导入到舞台”命令，将对联的素材图片导入，选中图片按快捷键【Ctrl＋B】将图片分离，再使用选择工具将对联以外的多余部分选中后删除。

03 单击“新建图层”按钮，新建图层 2，使用文本工具 T 输入对联内容，调整好位置和大小后按两次快捷键【Ctrl＋B】将文字打散。

04 依照以上方法创建图形元件“下联”和“横批”，效果如 9-39 所示。

图 9-39 对联效果

提示

将文字打散后，文字将以图形形式存在，这样将避免出现用户没有安装设定的文字字体而造成的不能正常显示文字的问题。

7. 制作“烟花”图形元件

01 执行“插入/新建元件”命令，或按快捷键【Ctrl+F8】，新建一个图形元件，元件“名称”为“烟花”，进入图形元件编辑界面。

02 使用椭圆工具绘制一个圆形，填充透明白色(#FFFFFF)～暗红色(#770000)～红色(#F3743F)～黄色(#F2E048)的径向渐变，利用渐变变形工具调整渐变大小，如图 9-40 所示。

03 执行“插入/新建元件”命令，弹出“创建新元件”对话框，在该对话框中设置元件“名称”为“烟花”，元件“类型”为“图形”，单击“确定”按钮，进入图形元件编辑界面。

04 使用钢笔工具绘制烟花形状，再用部分选取工具选择所有锚点，拖动控制柄，调整曲线的弧度(或用转换锚点工具可调整曲线的弧度)，调整到满意为止，如图 9-41 所示。

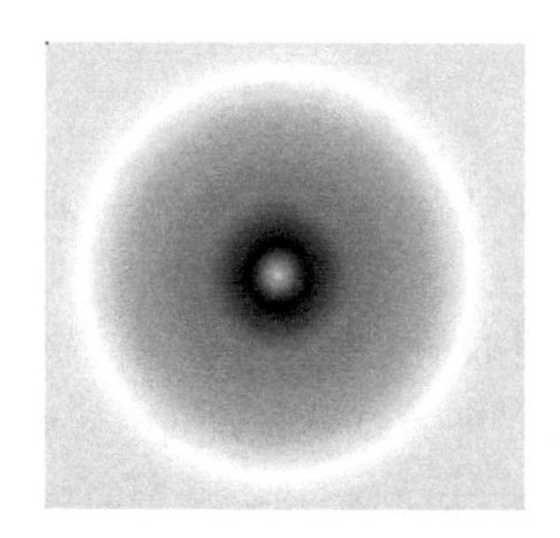

图 9-40 “渐变”图形元件填充效果

图 9-41 烟花形状路径

8. 制作“烟火”影片剪辑元件

01 执行“插入/新建元件”命令，或按快捷键【Ctrl+F8】，新建一个影片剪辑元件，元件“名称”为“烟火”，进入影片剪辑元件编辑界面。

02 单击“新建图层”按钮，新建图层 2，将“渐变”和“烟花”两个图形元件分别拖到图层 1 和图层 2 的第 1 帧；右击图层 2，在弹出的快捷菜单中选择“遮罩层”命令，这样就看到五彩烟花的效果，如图 9-42 所示。

03 将图层 1 和图层 2 两个图层第 1 帧中的“渐变”和“烟花”图形元件缩小，且“渐变”图形元件应比“烟花”图形元件更小，如图 9-43 所示；在两个图层的第 15 帧处插入关键帧，将两个元件放大到 300%，“渐变”图形元件至少要大于“烟花”图形元件，如图 9-44 所示；在两个图层的第 15 帧处插入关键帧，将两个图形元件缩小到 125%，“渐变”图形元件的透明度减弱到 0，先后选择两图层的第 10 帧和第 20 帧，右击，在弹出的快捷菜单中选择“创建补间动画”命令，这时将两图层锁定，烟花绽放的效果就完成了。

图 9-42 “烟火”效果图

图 9-43　第 1 帧效果

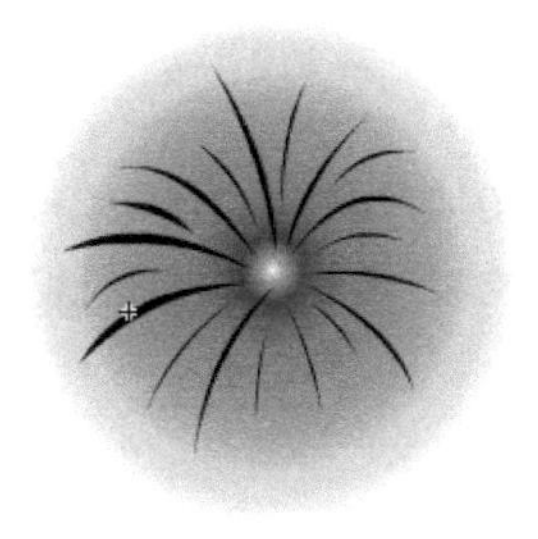
图 9-44　第 15 帧效果

9. 搭建舞台，完成动画

01 单击“场景 1”按钮，返回场景，单击“新建图层”按钮，新建图层 2，将“大门”“灯笼”“大树”“院墙”图形元件从库中拖入舞台中，调整四者的位置，并在图层 1 和图层 2 第 70 帧处插入普通帧。

02 在图层 1 的上方单击“新建图层”按钮，新建图层 3，在第 1 帧处将“烟火”影片剪辑元件从库中拖到舞台中天空的位置，生成三个实例；再在第 15 帧处插入空白关键帧，将“烟火”影片剪辑元件从库中拖到舞台中天空的位置，生成两个实例；依次在第 45 帧和第 60 帧处插入空白关键帧，将多个“烟花”影片剪辑元件拖入舞台中的合适位置。

03 单击“新建图层”按钮，新建图层 4，将“上联”和“下联”两个图形元件从库中拖到舞台大门的左右两侧；新建图层 5，将“横批”图形元件从库中拖到舞台大门的上方。

04 在图层 4 上方单击“新建图层”按钮，新建图层 6，在第 1 帧处用矩形工具绘制一个细长矩形，大小以盖住“上联”和“下联”两个图形元件的上侧一小部分为准；在第 25 帧处插入关键帧，用任意变形工具调整长方形的大小，保证长方形盖住图层 4 中的两个对联；在第 15 帧处右击，在弹出的快捷菜单中选择“创建补间形状”命令；在图层 6 上右击，在弹出的快捷菜单中选择“遮罩层”命令。

05 在图层 5 上方单击“新建图层”按钮，新建图层 7，在第 35 帧处用矩形工具绘制竖窄矩形，大小以盖住“横批”图形元件的左侧一小部分为准；在第 60 帧处插入关键帧，用任意变形工具调整长方形的大小，保证长方形盖住图层 5 中的横批；在第 50 帧处右击，在弹出的快捷菜单中选择“创建补间形状”命令；在图层 7 上右击，在弹出的快捷菜单中选择“遮罩层”命令。

06 在所有图层的第 70 帧处按【F5】键，插入普通帧，用来延长动画播放时间，时间轴如图 9-45 所示。

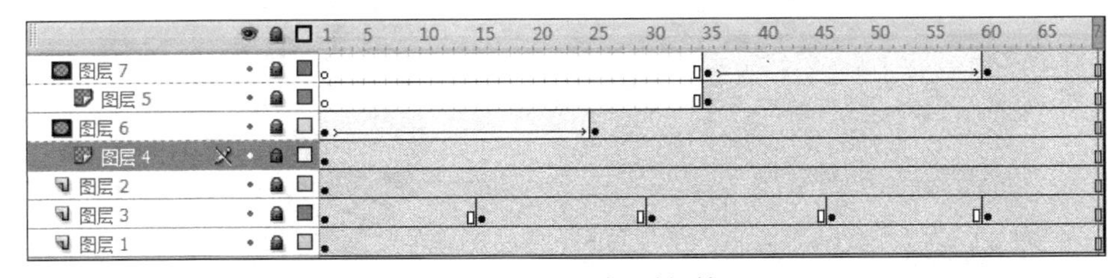

图 9-45　“除夕夜”时间轴

10. 测试影片

01 执行“文件/保存”命令，或按快捷键【Ctrl＋S】，以“除夕夜. fla”为名保存文件。

02 执行“控制/测试影片/测试”命令，或按快捷键【Ctrl＋Enter】，预览动画效果。

单 元 小 结

本单元介绍了遮罩层的创建和编辑，并着重介绍了利用遮罩层制作遮罩动画的方法和使用技巧，为以后制作复杂的遮罩动画打下基础。

自 我 测 评

1. 制作“放大镜”动画：该动画中一个放大镜在一排文字上移动，放大镜中显示出放大后的文字，如图 9-46 所示。

2. 制作“水波纹”动画：该动画中水波荡漾，鱼儿游动，古人的诗句在动画中间固定部分以滚动的方式显示出来，如图 9-47 所示。

图 9-46 “放大镜”效果图

图 9-47 “水波纹”效果图

3. 制作“雪花飘落”动画：该动画中“雪花”元件在文字雪花中渐渐飘落，如图 9-48 所示。

4. 制作“万花筒”动画：该动画中一个圆形被分为八个小扇形，每一部分实现图片的旋转显示，达到万花筒的效果，如图 9-49 所示。

图 9-48 “雪花飘落”效果图

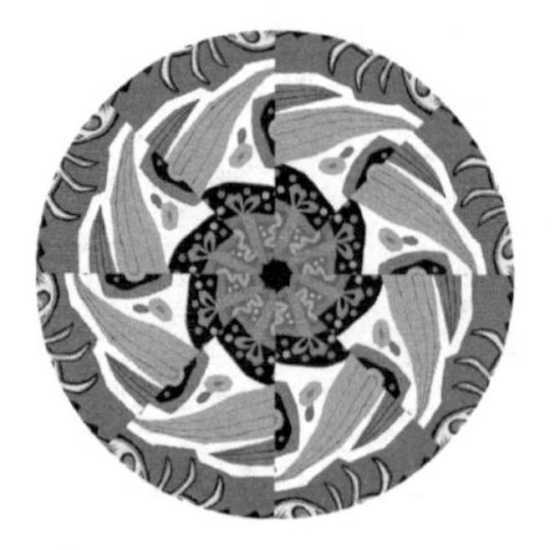

图 9-49 “万花筒”效果图

单元10

声音和视频动画

单元导读

在Flash动画中运用声音、视频元素,可以对Flash本身起到很大的烘托作用,使得Flash动画效果更加丰富、更具感染力。

本单元主要介绍声音和视频文件的类型,并介绍导入声音和视频的方法。

单元10课件下载

学习目标

1. 了解Flash支持的音频和视频文件格式。
2. 掌握音频和视频文件的导入。
3. 学会声音的编辑。

单元任务

1. 绘制“诗歌——《咏鹅》”。
2. 绘制“开心农场”。
3. 绘制“闹钟”。
4. 绘制“添加视频——电视”。

案例10.1 诗歌——《咏鹅》

案例目的

微课：10.1 诗歌——《咏鹅》

通过制作“诗歌——《咏鹅》”动画，了解Flash支持的声音文件格式，学习在场景中添加背景音乐和编辑声音的方法。

案例分析

“诗歌——《咏鹅》”动画是在案例8.2 “夏日荷塘”动画的基础上，添加引吭高歌的白鹅，利用遮罩动画制作逐渐展开诗文的动画效果，最后为场景添加鹅的叫声及诗歌朗诵的音乐，如图10-1所示。

图10-1 “诗歌——《咏鹅》”效果图

实践操作

1. 制作“鹅”影片剪辑元件

01 打开案例8.2中的文件“夏日荷塘.fla”，执行“文件/另存为”命令，在弹出的“另存为”对话框中输入文件名为“咏鹅.fla”。

02 执行“插入/新建元件”命令，或按快捷键【Ctrl＋F8】，新建“白鹅”图形元件，进入图形元件编辑界面。使用钢笔工具绘制白鹅的身体边线，并利用颜料桶工具为白鹅身体填充白色，为嘴巴填充红色。

03 执行“窗口/库”命令，或按快捷键【Ctrl＋L】，打开“库”面板，右击“白鹅”图形元件，在弹出的快捷菜单中选择“直接复制”命令，复制四个副本“白鹅2”“白鹅3”“白鹅4”和“白鹅5”。使用钢笔工具、部分选取工具和选择工具对白鹅的身体进行简单的调整，完成白鹅的四个不同动作，如图 10-2 所示。

图 10-2 白鹅身体的五种动作效果图

04 执行“插入/新建元件”命令，或按快捷键【Ctrl+F8】，新建“鹅眼”影片剪辑元件，进入影片剪辑元件编辑界面。在第 1 帧使用线条工具和椭圆工具绘制白鹅的眼睛，在第 60 帧处插入普通帧。

05 单击“新建图层”按钮，新建图层 2，在第 40 帧处使用线条工具绘制白鹅的眼睑，并利用颜料桶工具填充橙色（#FF9900），如图 10-3 所示；在第 45 帧处右击，在弹出的快捷菜单中选择“转换为关键帧”命令；在第 42 帧处右击，在弹出的快捷菜单中选择“转换为空白关键帧”命令；选择第 47 帧以后的帧，右击，在弹出的快捷菜单中选择“删除帧”命令。

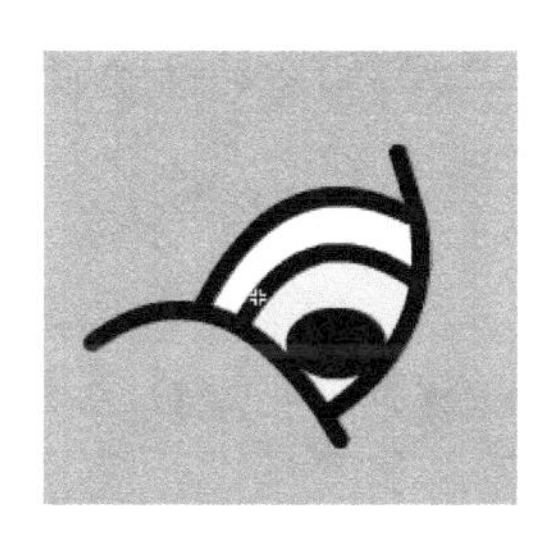
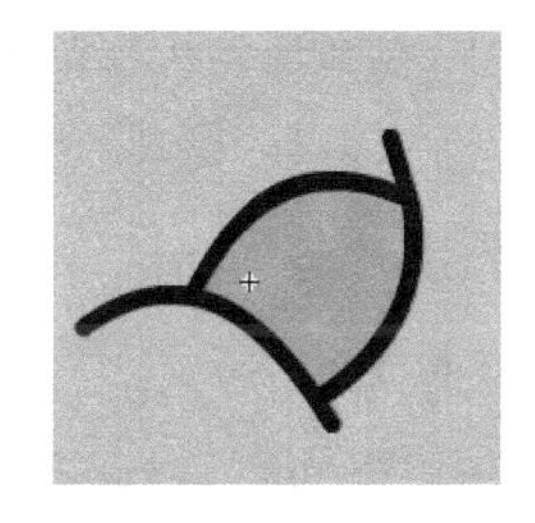

图 10-3 鹅眼睛的两种状态

06 执行“插入/新建元件”命令，或按快捷键【Ctrl+F8】，新建“鹅掌”图形元件，进入图形元件编辑界面。使用钢笔工具绘制白鹅的脚掌边线，利用颜料桶工具为白鹅身体填充白色（#FFFFFF），为鹅掌填充橘红色（#FF6600），如图 10-4 所示。

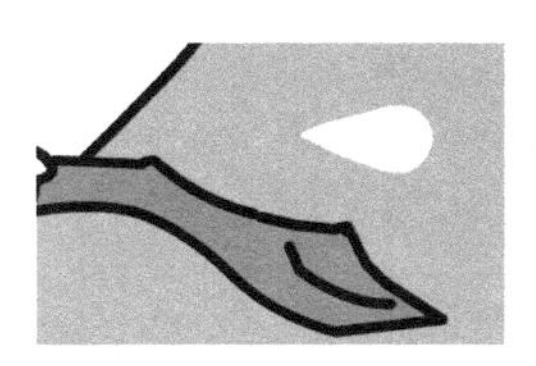
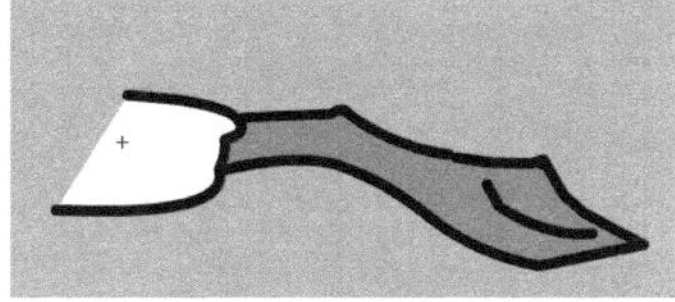
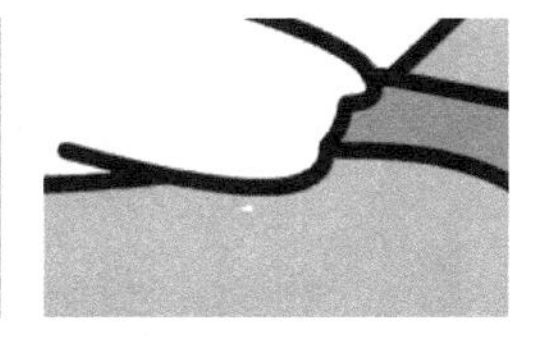

图 10-4 “鹅掌”效果图

07 执行“插入/新建元件”命令，或按快捷键【Ctrl+F8】，新建“鹅”影片剪辑元件，进入影片剪辑元件编辑界面，在库中将“白鹅 1”图形元件拖到舞台中，分别在第 4 帧、第 6 帧、第 10 帧、第 15 帧、第 20 帧、第 28 帧、第 32 帧、第 35 帧和第 39 帧处右击，在弹出的快捷菜单中选择“插入关键帧”命令。在第 4 帧选中“白鹅 1”图形元件，在“属性”面板中单击“交换”按钮，在弹出的“交换元件”对话框中选择“白鹅 2”图形元件，这样使“白鹅 2”替换掉“白鹅 1”。按照此方法，将第 10 帧、第 20 帧和第 39 帧中的“白鹅 1”替换成“白鹅 2”，将第 28 帧中的“白鹅 1”替换成“白鹅 3”，将第 32 帧中的“白鹅 1”替换成“白鹅 4”，将第

35 帧中的“白鹅 1”替换成“白鹅 5”。这样一个白鹅伸展的逐帧动画就制作完成了。

08 单击“新建图层”按钮，新建图层 2，在库中将“鹅眼”影片剪辑元件拖到舞台中，并调整其与鹅身体的位置。

09 新建图层 3，在库中将“鹅掌”图形元件拖到舞台中，调整与鹅身体的位置。使用任意变形工具调整其中心点到腿的根部，在第 10 帧、第 15 帧、第 25 帧和第 39 帧处分别插入关键帧。在第 10 帧和第 25 帧中使用任意变形工具将“鹅掌”实例围绕腿根部中心点沿逆时针方向稍微向上旋转。分别在第 5 帧、第 12 帧、第 20 帧和第 30 帧处右击，在弹出的快捷菜单中选择“创建补间动画”命令，完成鹅掌上下拨水的动作。

2. 制作“水花”影片剪辑元件

01 执行“插入/新建元件”命令，或按【Ctrl+F8】键，新建“水花”影片剪辑元件，进入影片剪辑元件编辑界面。

02 使用椭圆工具和选择工具制作一颗白色水滴，按【F8】键将其转换为图形元件“水滴”。使用任意变形工具或者“变形”面板将“水滴”图形元件大小变为 10%。在第 7 帧处插入关键帧，使用任意变形工具或者“变形”面板将“水滴”图形元件大小变为 150%。在第 5 帧处右击，在弹出的快捷菜单中选择“创建补间动画”命令。在第 8 帧处插入普通帧，在第 9 帧处插入空白关键帧，在第 10 帧处插入普通帧。

3. 制作“水波纹”影片剪辑元件

01 执行“插入/新建元件”命令，或按快捷键【Ctrl+F8】，新建“水波纹”影片剪辑元件，进入影片剪辑元件编辑界面。

02 使用钢笔工具制作一个浅蓝色(#CCFFFF)、透明度为 30%的水波纹。在第 8 帧处插入关键帧，使用钢笔工具和部分选取工具调整水波纹形状，如图 10-5 所示。右击第 5 帧，在弹出的快捷菜单中选择“创建补间形状”命令。

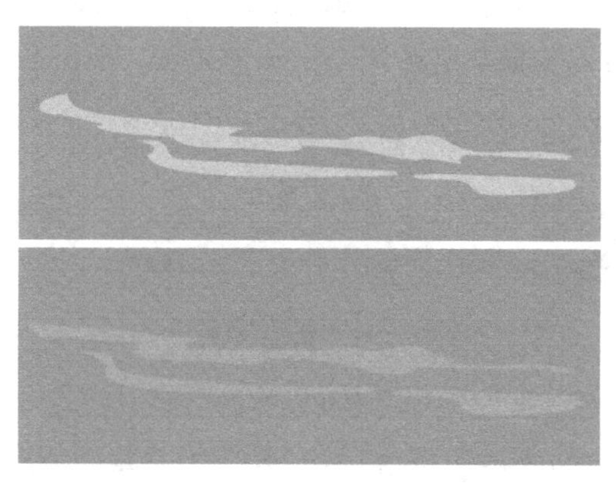

图 10-5　两种形状“水波纹”效果图

4. 创建“古诗”图形元件

01 执行“插入/新建元件”命令，或按快捷键【Ctrl+F8】，新建“古诗” 图形元件，进入图形元件编辑界面。

02 在舞台中央绘制一个白色、透明度为50%的矩形。

03 单击“新建图层”按钮，新建图层4，使用文本工具 T 在舞台中输入古诗内容，并利用文本“属性”面板调整字母间距。按两次快捷键【Ctrl+B】，将文字分离。

04 调整矩形和古诗内容两者的位置，使其相对居中对齐。

5. 搭建舞台，创建动画

01 单击“场景1”按钮，返回主场景。新建三个图层，分别将“鹅”“水花”和“水波纹”三个影片剪辑元件从库中拖到相应的图层中，并调整三者的位置。

02 单击“新建图层”按钮，新建图层5，在第45帧中插入关键帧，将“古诗”图形文件从库中拖入舞台左上部。

在该图层上方单击“新建图层”按钮，新建图层6，在第45帧中使用矩形工具绘制一个细长矩形条，宽度大于“古诗”实例的宽度，并摆放到“古诗”实例的上方。在第85帧处插入关键帧，使用任意变形工具将矩形条的高度调大，使其正好遮住下方的“古诗”实例。右击第60帧，在弹出的快捷菜单中选择“创建补间形状”命令，创建形状补间动画。

6. 导入音乐

01 执行“文件/导入/导入到库”命令，将“鹅”和“朗读”两个声音文件导入库中。

02 单击“新建图层”按钮，新建图层7，将“鹅”声音文件从库中拖到舞台。

03 单击“新建图层”按钮，新建图层8，在第85帧处右击，在弹出的快捷菜单中选择“插入关键帧”命令，将“朗读”声音文件从库中拖入舞台。

04 所有的图层在第310帧处添加普通帧。

7. 测试影片

01 执行“文件/保存”命令，或按快捷键【Ctrl+S】，以“咏鹅.fla”为名保存文件。

02 执行“控制/测试影片/测试”命令，或按快捷键【Ctrl+Enter】，预览动画效果。

相关知识

1. Flash支持导入的音频文件格式

在Flash中可以通过导入命令，将各种类型的声音文件导入库中，表10-1列出了Flash支持导入的音频文件格式。

表10-1 Flash支持导入的音频文件格式

文件格式	适用环境
WAV	Windows
MP3	Windows或Macintosh

续表

文件格式	适用环境
AIFF	Windows 或 Macintosh
SOUND Designer Ⅱ	Macintosh
QuickTime	Windows 或 Macintosh
Sun AU	Windows 或 Macintosh
System 7	Macintosh

由于音频文件本身比较大，会占用较大的磁盘空间和内存，因此在制作动画时尽量选择效果相对较好、文件较小的声音文件。MP3 声音数据是经过压缩处理的，所以比 WAV 或 AIFF 文件小。如果使用 WAV 或 AIFF 文件，要使用 16 位 22kHz 单声，如果要向 Flash 中添加声音效果，最好导入 16 位声音。如果内存有限，就尽可能地使用小的声音文件或用 8 位声音文件。

2. 导入声音

执行"文件/导入/导入到库"命令，弹出"导入到库"对话框，选择要导入的声音文件，单击"打开"按钮，导入的声音会存放在"库"面板中。

3. 编辑声音

将声音从库中拖到舞台后，时间轴的当前帧单元中内会出现声音的波形。打开声音的"属性"面板，如图 10-6 所示，利用该面板可以对声音进行编辑。

1）选择声音

"声音"选项组的"名称"下拉列表框提供了"库"面板中所有声音文件的名字，选择其中一个名字后，面板下侧就会显示该文件的采样频率、声道、位数、播放时间等。

2）选择声音效果

"效果"下拉列表框提供了各种播放声音的效果，如图 10-7 所示。

图 10-6　声音的"属性"面板

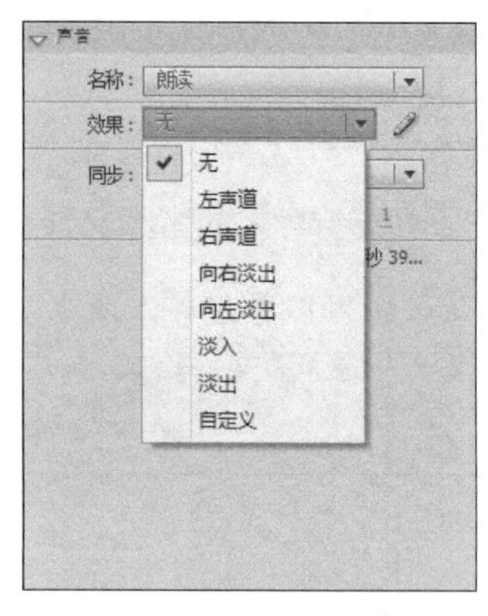

图 10-7　声音效果的选项

3）编辑声音

单击“编辑”按钮，弹出“编辑封套”对话框，如图 10-8 所示，在该对话框中可以编辑声音。用鼠标拖动上下声音波形之间刻度栏内两边的灰色控制条，可截取声音片段。为了使得声音和影片在播放时能够达成一致，可以在其“属性”面板中选择不同的同步类型，如图 10-9 所示。

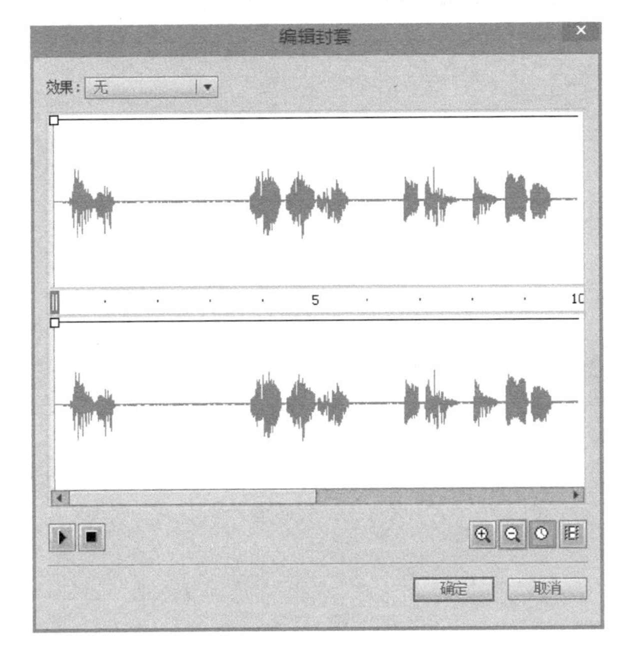

图 10-8 “编辑封套”对话框

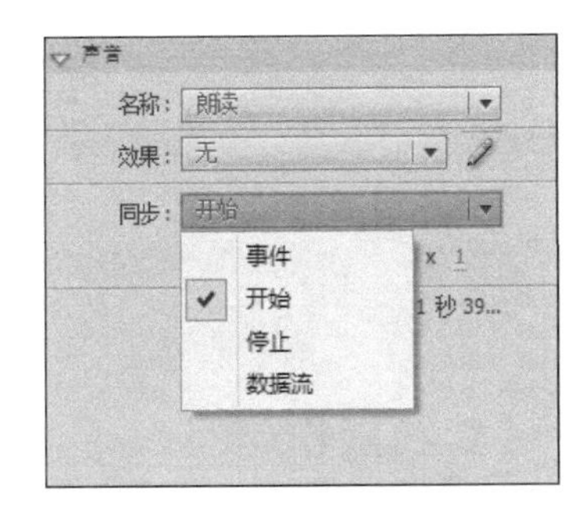

图 10-9 声音的四种同步类型

（1）事件：将声音和一个事件的发生过程同步播放。当动画播放到引入声音的帧时，开始播放声音，而不受时间轴的限制，直到声音播放完毕。如果在“循环”文本框内输入了播放次数，则将按给出的次数循环播放。

（2）开始：与“事件”很接近，针对相同的声音在不同开始帧的情况，只会播放先开始的声音文件。

（3）停止：将指定的声音设置为静音。

（4）数据流：这种形式是将声音做同步处理，用于互联网播放。音频随着时间轴动画播放而开始，随着时间轴动画停止而停止。

案例 10.2 开心农场

案例目的

通过制作“开心农场”动画，巩固前面所学的按钮元件的制作方法，并学习如何为按钮添加声音。

微课：10.2 开心农场

案例分析

“开心农场”动画将动物图片导入按钮中，当鼠标指针经过按钮时发出动物的叫声，单击时出现提示动物文字，如图 10-10 所示。

图 10-10 “开心农场”效果图

实践操作

1. 制作按钮元件

01 创建一个新的 Flash 文档，类型为 ActionScript 3.0，设置舞台大小为 550 像素×400 像素，背景颜色为白色(#FFFFFF)。

02 执行“插入/新建元件”命令，或按快捷键【Ctrl+F8】，弹出“创建新元件”对话框，在该对话框中设置元件“名称”为“牛”，元件“类型”为“按钮”，单击“确定”按钮，进入按钮元件编辑界面。

03 执行“文件/导入/导入到舞台”命令，弹出“导入”对话框，将“牛.jpg”图片导入舞台中。右击图片，在弹出的快捷菜单中选择“分离”命令，或按快捷键【Ctrl+B】将图片进行打散。在“工具”面板中选择套索工具，使用选项区域中的魔术棒将图片白色背景逐一选中，按【Delete】键将背景删除，只保留动物。在“点击”帧按【F5】键，插入普通帧。

04 单击“新建图层”按钮，新建图层 2，更名为“声音”。在“指针经过”帧按【F7】键，插入空白关键帧。执行“文件/导入/导入到舞台”命令，将“牛.mp3”声音导入舞台中。将“按下”和“点击”两帧删除。

05 单击“新建图层”按钮，新建图层 3，更名为“提示文字”。在“按下”帧按【F7】键，插入空白关键帧。使用矩形工具、选择工具、文本工具 T 制作出提示文字，将“点击”帧删除，如图 10-11 所示，“牛”按钮时间轴如图 10-12 所示。

图 10-11 “牛”按钮“弹起”帧和“按下”帧的效果

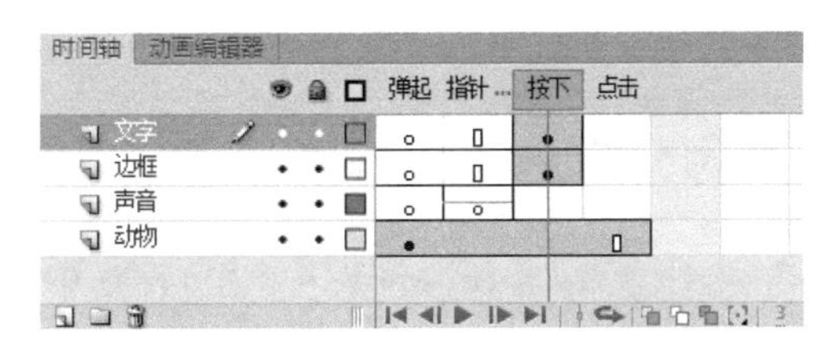

图 10-12 “牛”按钮时间轴

提示

当单击按钮时，会显示动物的提示文字，加载的声音要放在“声音”图层的“按下”帧上。

06 按同样的方法制作“羊”“鸡”“猪”按钮，如图 10-13 所示。

图 10-13 “羊”“鸡”“猪”三个按钮“按下”帧的效果

2. 搭建舞台，完成动画

01 单击“场景 1”按钮，返回主场景，执行“文件/导入/导入到舞台”命令，将“背景.jpg”图片导入舞台中。

02 执行“窗口/对齐”命令，或按快捷键【Ctrl+K】，打开“对齐”面板，设置背景图片和舞台大小一致并设置居中对齐。

03 单击“新建图层”按钮，新建图层 4，将四个按钮元件拖入舞台，调整好其位置。

3. 测试影片

01 执行“文件/保存”命令，或按快捷键【Ctrl+S】，以“开心农场.fla”为名保存文件。

02 执行“控制/测试影片/测试”命令，或按快捷键【Ctrl+Enter】，预览动画效果。

案例10.3 闹钟

案例目的

通过添加声音的操作，了解Flash支持的音频文件格式，学习如何导入音频。

微课：10.3 闹钟

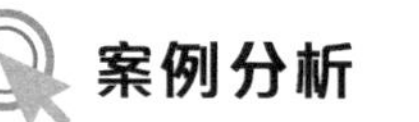

案例分析

将“闹钟音效”音频文件导入库中，再将库中文件拖入舞台，完成音频的添加，如图10-14所示。

图10-14 “闹钟”效果图

实践操作

1. 制作“表盘”图形元件

01 执行“文件/新建”命令，弹出“新建文档”对话框，新建一个400像素×400像素的空白文档，背景颜色为浅天蓝色(＃B5E8EB)。

02 按快捷键【Ctrl+F8】新建一个图形元件，取名为“表盘”。选择椭圆工具，设笔触为黑色，填充颜色为红色(＃E65950)，按住【Shift】键画出一个正圆。

03 再画一个小一点的正圆，将填充颜色改为白色(＃FFFFFF)。用选择工具选中两个圆，执行“菜单/修改/对齐/垂直中齐和水平中齐”命令，效果如图10-15所示。

04 新建一个图层，命名为“表帽”，放在“图层”面板最下层。用椭圆工具和矩形工具绘制出表帽，按【Q】键进行旋转，放置在合适位置，按【Alt】键复制一个放在另一边，执行“修改/变形/水平翻转”命令，效果如图 10-16 所示。

05 新建一个图层，命名为“表腿”，放在“图层”面板最下层。用矩形工具绘制出表腿，按【Q】键进行旋转，放置在合适位置，按【Alt】键复制一个放在另一边，执行“修改/变形/水平翻转”命令，效果如图 10-17 所示。

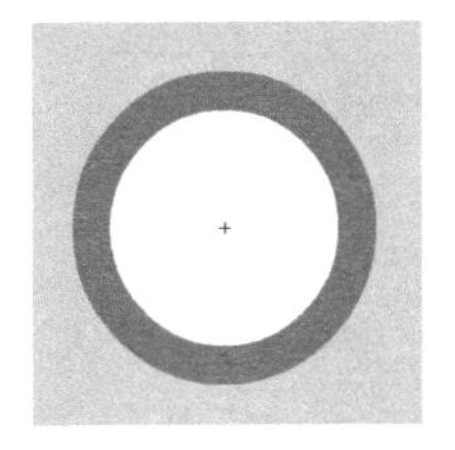

图 10-15　绘制两个正圆

图 10-16　添加“表帽”

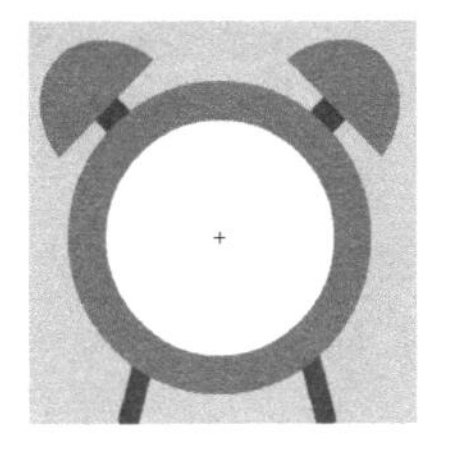

图 10-17　添加“表腿”

06 新建一个图层，命名为“时间刻度”，放在“图层”面板最上层。用直线工具画一条任意长度的直线，如图 10-18 所示。

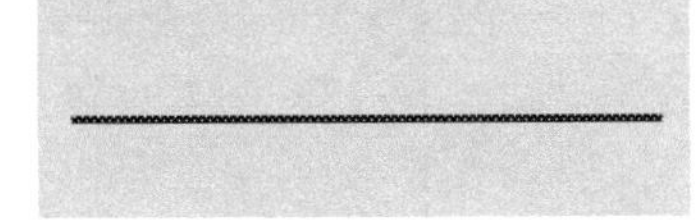

图 10-18　绘制一条直线

07 选中这条直线，按快捷键【Ctrl＋T】调出“变形”面板，将“旋转”的角度设为 15。单击右下角的“复制并应用变形”按钮，就能复制出另外一条，继续单击此按钮，直到复制出一整圈直线，如图 10-19 所示。

08 选中所有的直线，按快捷键【Ctrl＋G】将其群组。选择椭圆工具按住【Shift】键画出以下正圆。选中直线和椭圆，执行“菜单/修改/对齐/垂直中齐和水平中齐”命令，效果如图 10-20 所示。

09 按快捷键【Ctrl＋B】将它们全部打散后删掉多余的线条，只留下椭圆外面的这一圈直线就形成了一个刻度盘。按快捷键【Ctrl＋G】将其群组，效果如图 10-21 所示。

10 用任意变形工具将时间刻度调整到合适的大小，放在时钟上如图 10-22 所示位置即可。

图 10-19　“整圈直线”效果

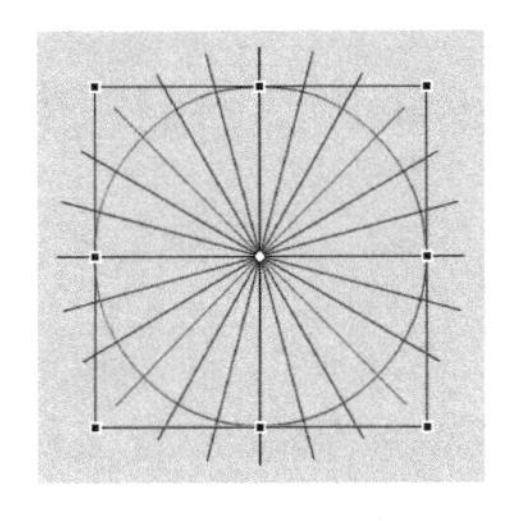

图 10-20　绘制“时间刻度盘”

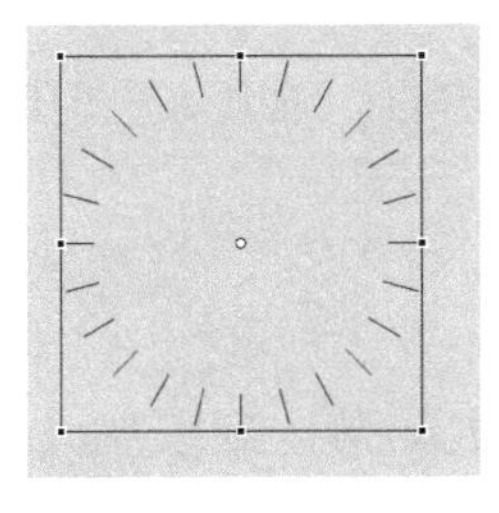

图 10-21　绘制“时间刻度盘”

图 10-22　“闹钟”效果图

2. 制作“针”影片剪辑元件

01 按快捷键【Ctrl＋F8】新建一个影片剪辑元件，命名为“针 1”，用矩形工具画出如图 10-23 所示矩形，填充颜色为灰色，按【F8】键转换为图形元件 1，选择任意变形工具，将中心点拖到舞台中心点。

02 在第 30 帧处按【F6】键插入关键帧，创建传统补间，选中第 1 帧，在“属性”面板中设置“旋转”为“顺时针 1 次”即可，这样指针每 30 帧会旋转一周，如图 10-23 所示。

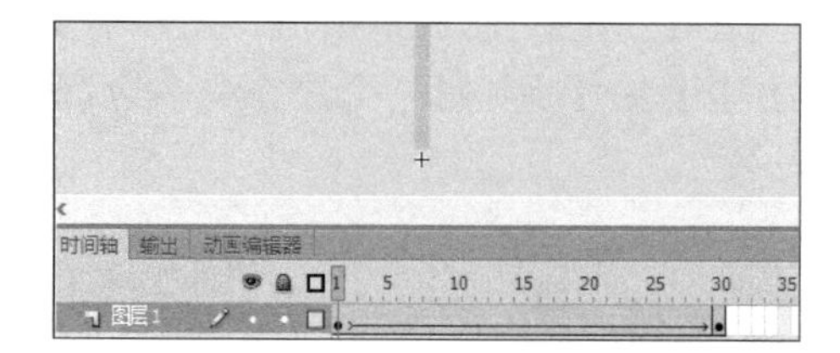

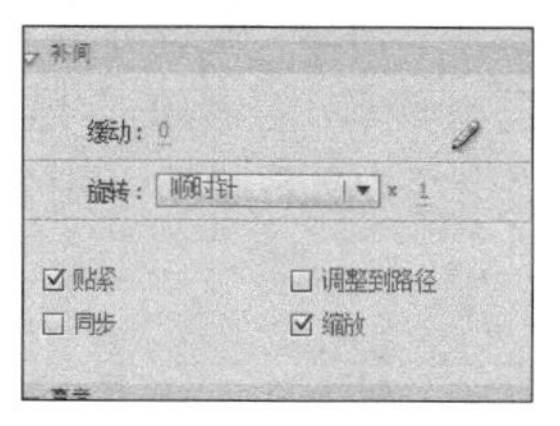

图 10-23 针 1 时间轴和帧属性设置

03 利用同样的方法创建“针 2”影片剪辑元件，在第 12 帧处按【F6】键插入关键帧，创建传统补间，选中第 1 帧，在“属性”面板中设置“旋转”为“顺时针 1 次”即可，这样指针每 12 帧会旋转一周，如图 10-24 所示。

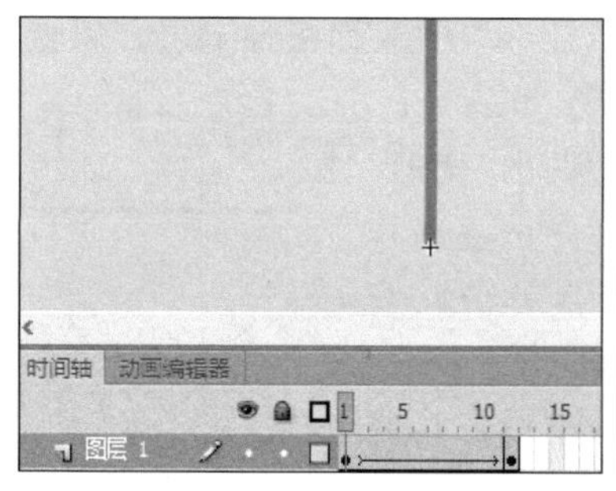

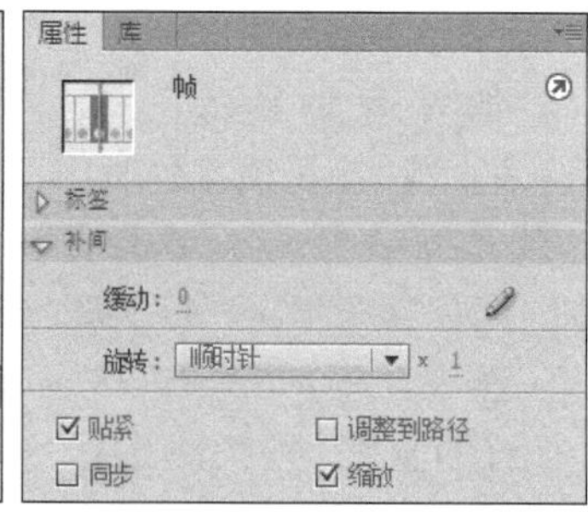

图 10-24 针 2 时间轴和帧属性设置

3. 绘制场景动画

01 回到场景 1，将表盘、针 1、针 2 拖到舞台上，放在不同图层，将中心点对齐。

02 在表盘的第 5 帧、第 10 帧插入关键帧，并用任意变形工具调整表的角度，创建传统补间。

03 新建一个图层“圆”，放置在“图层”面板最上层，绘制一个正圆放在表的中心点，如图 10-25 所示。

4. 导入音乐

01 执行“文件/导入/导入到库”命令，将“闹钟音效”声音文件导入库中。

02 新建图层，将“闹钟”声音文件从库中拖到舞台。

03 在第 10 帧处添加普通帧，如图 10-26 所示。

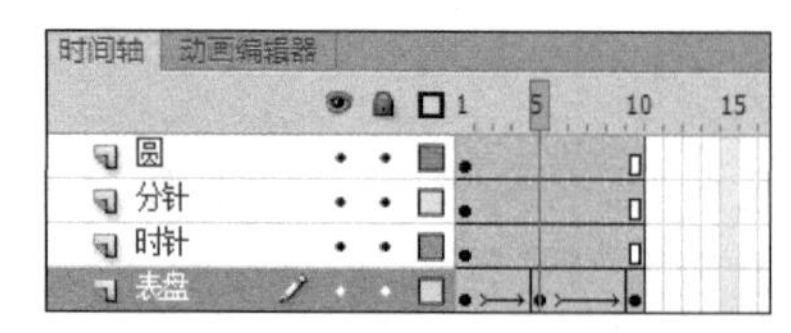

图 10-25 场景时间轴设置(一)

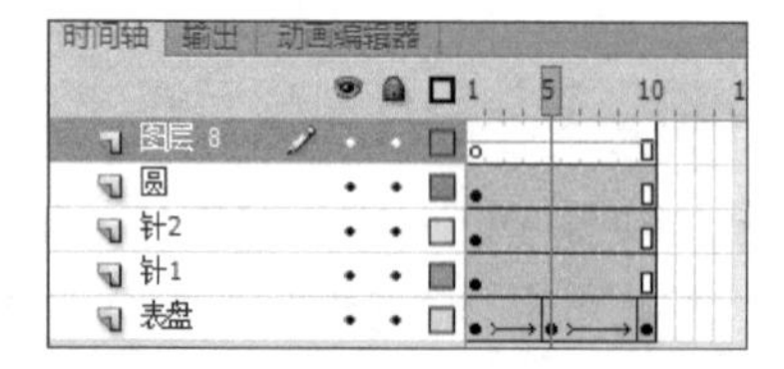

图 10-26 场景时间轴设置(二)

5. 测试影片

01 执行“文件/保存”命令，或按快捷键【Ctrl+S】，以“闹钟.fla”为名保存文件。

02 执行“控制/测试影片/测试”命令，或按快捷键【Ctrl+Enter】，预览动画效果。

案例 10.4 添加视频——电视

案例目的

通过添加视频的操作，了解 Flash 支持的视频文件格式，学习如何导入视频。

微课：10.4 添加视频——电视

案例分析

将“儿歌”视频文件导入库中，再将库中文件拖入舞台，完成视频的添加，如图 10-27 所示。

图 10-27 “电视机”效果图

实践操作

01 执行“文件/新建”命令，弹出“新建文档”对话框，新建一个 650 像素×482 像素的空白文档。

02 执行“文件/导入/导入视频”命令，弹出“导入视频”对话框，如图 10-28 所示。

03 单击“浏览”按钮，在弹出的“打开”对话框中选择需要导入的视频文件。

04 单击“打开”按钮，返回“导入视频”对话框，在该对话框中选择视频文件的路径，

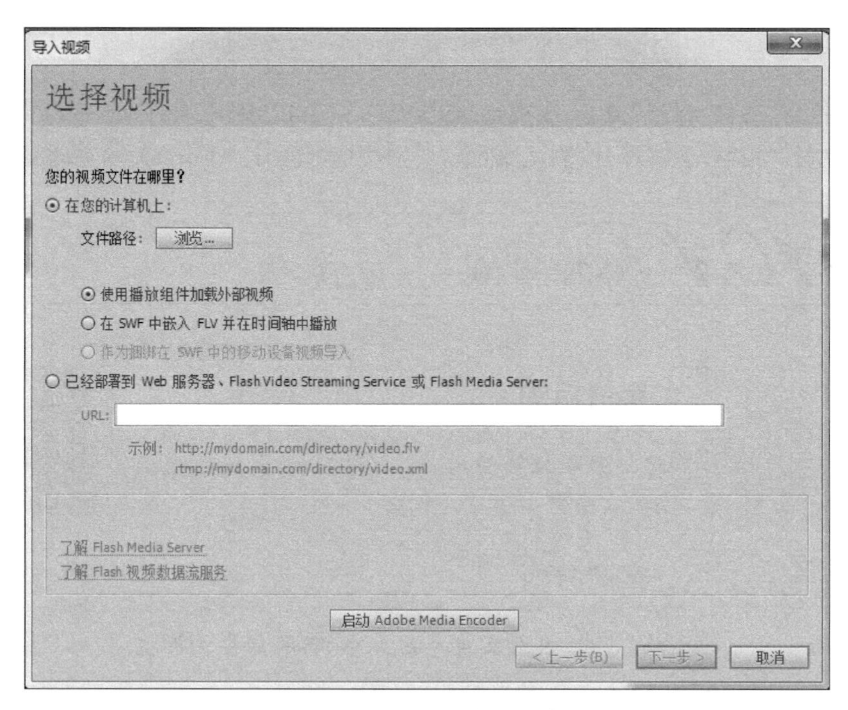

图 10-28 “导入视频”对话框

如图 10-29 所示。

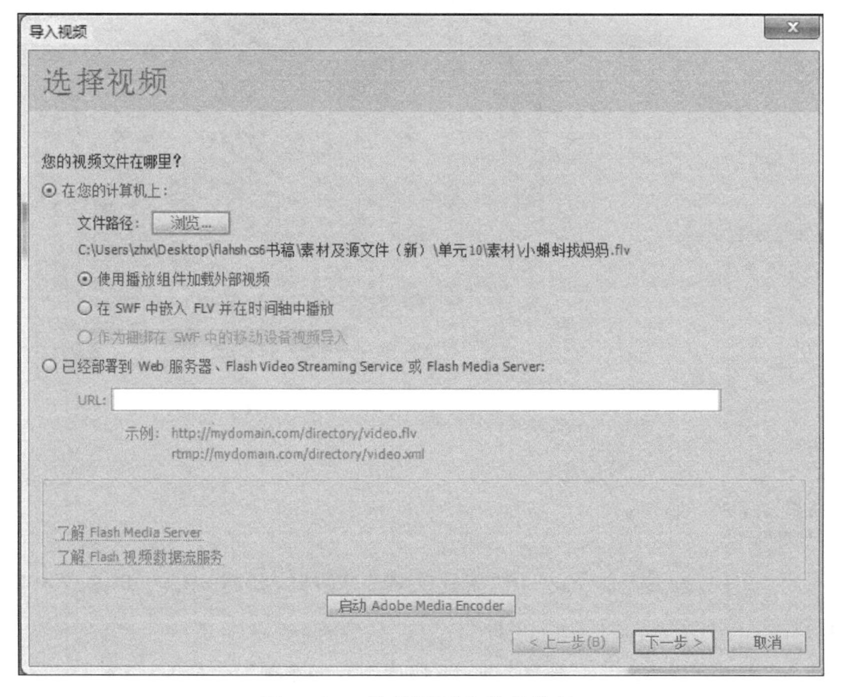

图 10-29 选择视频文件的路径

05 单击“下一步”按钮，进入“设定外观”界面，如图 10-30 所示。

图 10-30 “设定外观”界面

06 单击“下一步”按钮，进入“完成视频导入”界面，如图 10-31 所示。

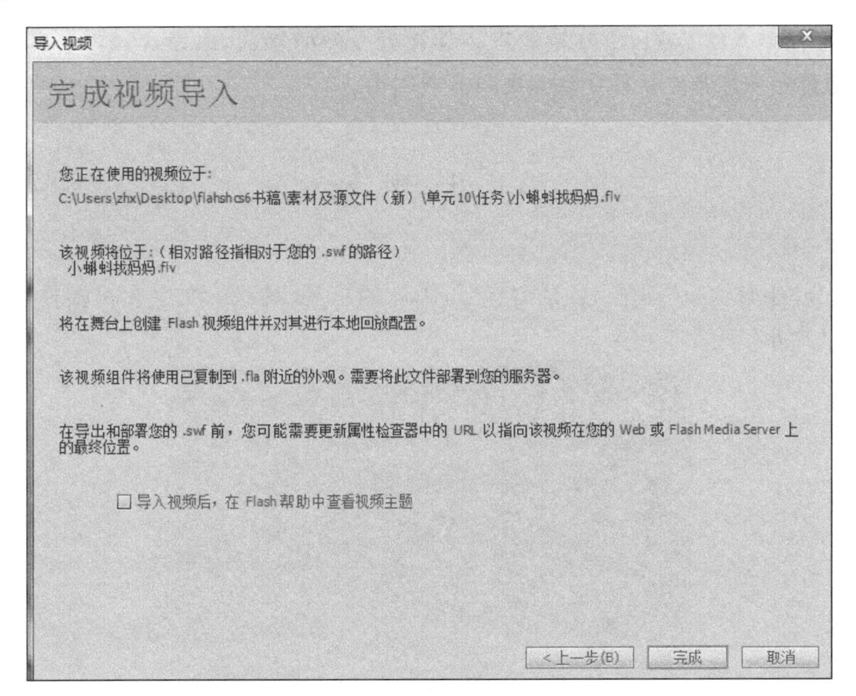

图 10-31 “完成视频导入”界面

07 单击“新建图层”按钮，新建图层 2，执行“文件/导入/导入到舞台”命令，弹出“导入”对话框，将“电视. jpg”图片导入舞台中；使用快捷键【Ctrl+B】将图片打散；选择套索工具，单击“魔术棒设置”按钮，在弹出的“魔术棒设置”对话框中设置“阈值”为 10，“平滑指数”为“平滑”，用魔术棒单击电视图形中的白色部分，按【Delete】键，将电视屏幕上的白色部分删除；调整电视大小与位置，确保图层 1 中的视频与电视屏幕的位置、大小相适应。

08 执行“文件/保存”命令，或按快捷键【Ctrl+S】，以“电视. fla”为名保存文件。

09 执行“控制/测试影片/测试”命令，或按快捷键【Ctrl+Enter】，预览动画效果。

相关知识

Flash 中可以支持的视频文件格式如下。

(1) 如果系统安装了 QuickTime 7，则导入嵌入视频时支持的视频文件格式包括 AVI、MPG、MPEG、MOV。

(2) 如果系统安装了 DirectX 9 或更高版本(仅限 Windows)，则在导入嵌入视频时支持的视频文件格式包括 AVI、MPG、MPEG、WMV、ASF。

单元小结

本单元简单介绍了 Flash 支持的声音和视频文件的格式，以及导入声音和视频文件的方法，通过导入声音和视频使动画更具有吸引力。

自我测评

1. 制作“生日快乐”动画：伴随着音乐，闪烁的星星、跳跃的文字在祝福你生日快乐，如图 10-32 所示。

图 10-32 “生日快乐”效果图

2. 制作“青春狂想曲”动画：伴随着跳跃的音符，青春与歌声一起舞动，如图 10-33 所示。

图 10-33 “青春狂想曲”效果图

单元 11

ActionScript 3.0 语法基础

单元 11 课件下载

单元导读

对于动画设计和游戏开发而言，ActionScript 3.0 是非常棒的语言。其能创建各种不同的应用特效，实现丰富多彩的动画效果，使 Flash 创建的动画更加人性化、更具有弹性效果。本单元主要介绍 ActionScript 3.0 的基本语法和函数，通过几个简单的编程案例，使读者对 ActionScript 3.0 语法有一个初步的了解。

学习目标

1. 熟悉"动作"面板，了解动作脚本的写入方法。
2. 了解变量的声明方法、数据的基本类型及变量的运算。
3. 掌握条件语句 if...else 的句型。
4. 掌握循环语句的句型。
5. 掌握函数的定义和调用方法。

单元任务

1. 创建简单的 ActionScript 3.0 程序。
2. 了解简单的变量运算。
3. 掌握条件语句的应用。
4. 掌握循环语句的应用。
5. 掌握函数的定义和调用。
6. 制作"标准体重测试"动画。

 创建简单的 ActionScript 3.0 程序

案例目的

微课：11.1 创建简单的 ActionScript 3.0 程序

通过制作显示“Hello World”的程序实例，了解通过“动作”面板编写 ActionScript 3.0 代码的方法及 trace() 函数的用法。

案例分析

当介绍一门新的编程语言时，一般是从编写输出面板中显示出字符与数字开始的。本案例要求编写显示“Hello World”的程序，这种程序只能在软件的“输出”面板中显示出“Hello World”字符，而不带其他功能。

实践操作

01 新建一个 ActionScript 3.0 的 Flash 文档。

02 选择时间线中的空白关键帧，右击，在弹出的快捷菜单中选择“动作”命令，可以打开“动作-帧”面板。在“动作-帧”面板中输入代码 trace(“Hello World”)，如图 11-1 所示。

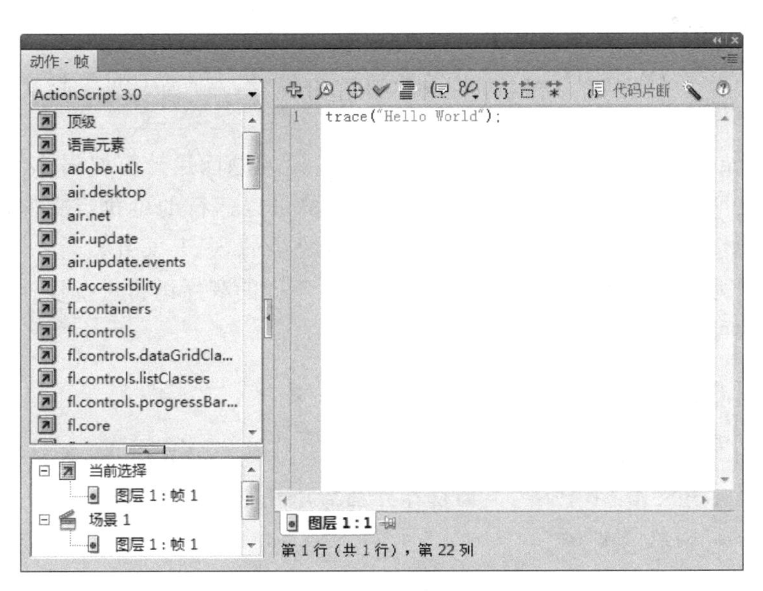

图 11-1　在“动作-帧”面板中输入代码

03 要测试该代码，可以执行“控制/测试影片/测试”命令，或按快捷键【Ctrl＋Enter】。这时，在“输出”面板中就会显示测试结果，如图11-2所示。

图11-2 在“输出”面板中显示“Hello World”

相关知识

1. 认识ActionScript 3.0

ActionScript 3.0是一种基于Flash、Flex等多种开发环境、面向对象编程的脚本语言。其主要用于控制Flash影片播放、为Flash影片添加各种特效、实现用户与影片的交互和开发各种网络应用的动画程序等。

最初在Flash中引入ActionScript，目的是实现对Flash影片播放的控制。然而ActionScript发展到今天，其已经广泛应用到了多个领域，能够实现丰富的应用功能。ActionScript 3.0能够与创作工具Adobe Flash CS5结合，创建各种不同的应用特效，实现丰富多彩的动画效果，使Flash创建的动画更加人性化，更具有弹性效果。

2. 面向对象程序

面向对象编程(Object Oriented Programming，OOP)，即面向对象程序设计，是一种计算机编程架构。

程序(Program)是为实现特定目标或者解决特定问题而用计算机语言编写的命令序列的集合。它可以是一些高级程序语言开发出来的可以运行的可执行文件，也可以是一些应用软件制作出来的可执行文件，如Flash编译之后的SWF文件。

编程是指为了实现某种目的或需求，使用各种不同的程序语言进行设计，编写能够实现这些需求的可执行文件。

3. ActionScript 3.0代码的写入方法

Adobe Flash CS5中有两种写入ActionScript 3.0代码的方法：一种是在时间轴的关键帧中加入ActionScript代码；另一种是在外部写出几个单独的ActionScript类文件，然后绑定或者导入FLA文件中。

4. 使用“动作-帧”面板

“动作-帧”面板是用于编辑ActionScript代码的工作环境，可以将脚本代码直接嵌入

FLA 文件中。“动作-帧”面板由三个窗格构成：“动作”工具箱(按类别对 ActionScript 元素进行分组)、脚本导航器(快速地在 Flash 文档中的脚本间导航)和“脚本”窗格(可以在其中输入 ActionScript 代码)，如图 11-3 所示。

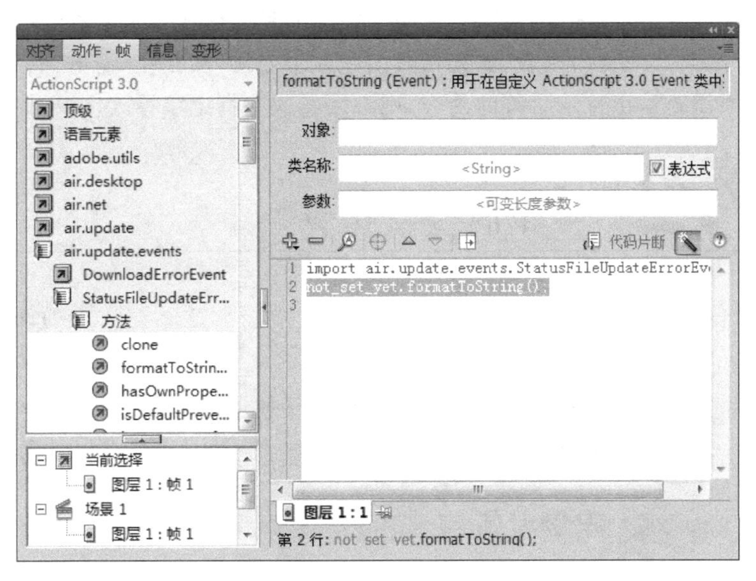

图 11-3 “动作-帧”面板

在“动作-帧”面板的“脚本”窗格中输入脚本代码后，则执行“调试/调试影片/测试”命令，弹出 Flash Player 播放器，在“编译器错误”面板中显示错误报告，如图 11-4 所示。

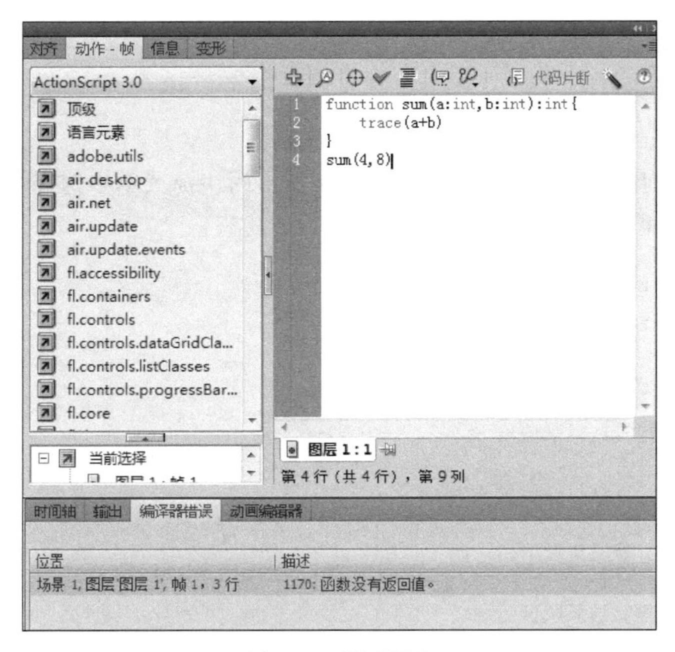

图 11-4 测试影片

5. trace ( ) 函数

(1) 格式：trace()。

(2) 功能：可以在 Flash 的“输出”面板中输出变量的值或特定字符的内容。

(3) 说明：对于 trace()函数，如果括号内是一个变量，那么在“输出”面板中输出的是变量的值；如果需要输出特定字符的内容，则必须将这些特定字符放在双引号中。

案例11.2 简单的变量运算

案例目的

微课：11.2 简单的变量运算

通过编写一段简单的代码，了解变量的声明方法、数据的基本类型及变量的运算。

案例分析

在日常生活中，经常需要对数据进行加、减、乘、除等简单的数学运算。在本案例中，通过编写一段简单的代码，对声明的变量进行常用的数学运算，并且运算结果可以在软件的“输出”面板中显示。

实践操作

01 新建一个 ActionScript 3.0 的 Flash 文档。

02 选择时间线中的空白关键帧，右击，在弹出的快捷菜单中选择“动作”命令，可以打开“动作-帧”面板。在“动作-帧”面板中输入以下代码：

```
var a:int=4,b:int=2;
//声明变量 a,b 为 int(整型)变量,并且赋值为 3 和 4
var c1,c2,c3,c4;
//声明变量 c1,c2,c3,c4
c1=a+b;
//将 a 加 b 的运算结果赋值给 c1
c2=a-b;
//将 a 减 b 的运算结果赋值给 c2
c3=a*b;
//将 a 乘 b 的运算结果赋值给 c3
c4=a/b;
//将 a 除 b 的运算结果赋值给 c4
trace(c1);
trace(c2);
trace(c3);
trace(c4);
```

//分别输出 c1,c2,c3,c4 的值

此时,“动作-帧”面板如图 11-5 所示。

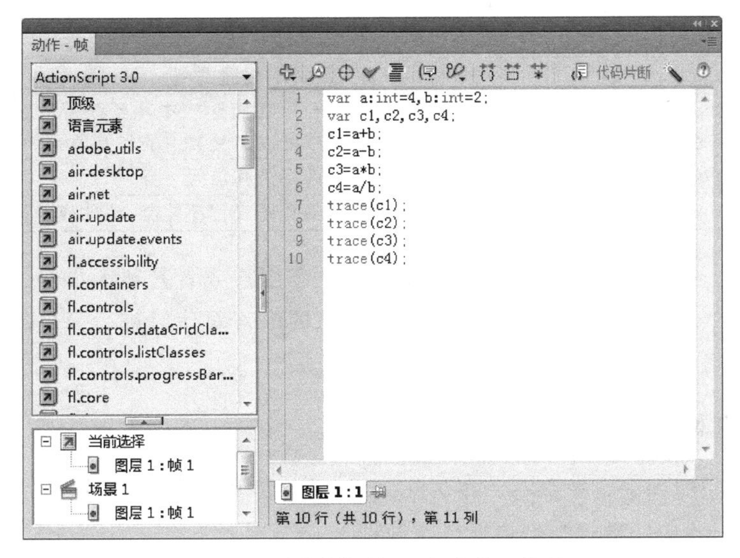

图 11-5　在“动作-帧”面板中输入代码

03 要测试该代码,可以执行“控制/测试影片/测试”命令,或按快捷键【Ctrl+Enter】。这时,在“输出”面板中就会显示测试结果,如图 11-6 所示。

图 11-6　在“输出”面板中显示测试结果

相关知识

1. 常用编辑元素

(1) 点运算符。在 ActionScript 代码中,可以看到许多语句中使用点运算符。点(.)运算符用来访问对象的属性和方法,主要用于以下三个方面:第一,可以采用对象后面点运算符的属性名称或者方法名称,用来引用对象的属性或者方法;第二,可以使用点运算符表示路径;第三,可以使用点运算符描述所显示对象的路径。

(2) 其他标点符号的含义。除了点运算符以外,在 ActionScript 代码中还会常见到分号(;)、逗号(,)、冒号(:)、小括号(())、中括号([ ])和大括号({ }),这些标点符号的含义见表 11-1。

表 11-1 ActionScript 代码中标点符号的含义

名 称	含 义
分号	在 ActionScript 语句中,可以用分号(;)表示语句的结束
逗号	在 ActionScript 语句中,主要用逗号(,)分割参数,如函数的参数、方法的参数等
冒号	在 ActionScript 语句中,主要用冒号(:)为变量指定数据类型
小括号	在 ActionScript 语句中,小括号有三种用法:第一,在表达式中用于改变优先运算;第二,在关键字后面,表示函数、方法等;第三,在数组中,可以定义数组的初始值
中括号	在 ActionScript 语句中,中括号([ ])用于数组的定义和访问
大括号	在 ActionScript 语句中,大括号({ })主要用于编程语言程序控制、函数或者类

(3) 注释。在编写 ActionScript 时,通常为便于用户或者其他人员阅读代码,可以在代码行之间插入注释。注释是使用一些简单易懂的语言对代码进行简单的解释的方法。注释语句在编译过程中,并不会进行求值运算。

2. 数据的本质及其重要性质

数据是一切编程语言的基石。在 ActionScript 3.0 中,所有的数据可以视为对象。

ActionScript 中的数据类型包括以下两种。

(1) 基元数据类型,如 Boolean——标示真假;int、Number、uint——处理数字;String——处理文字。

(2) 复杂数据类型,如 Array、Data、Error、Function、RegExp、XML、XMLList 等以及自己定义的类型。

3. 变量的声明和使用

变量(Variable)是用来存放数据的,可以将数字、字符串等数据存放在变量中。在需要的时候,通过变量来访问存储在其中的数据。可以通过赋值改变变量的值,变量与变量之间也可以通过赋值传递数据。

变量在使用前需要声明,说明变量的名称和类型。声明变量的基本语法如下:

```
varvariableName:variableDataType=data
```

其中,var 是 ActionScript 中的关键字,用于说明目前正在进行变量声明。var 关键字后面是变量的名称。在变量名后使用冒号跟随变量的数据类型,表示变量只可以存放指定类型的数据。在声明变量时,可以直接使用赋值符号"="对变量进行赋值。

例如:

```
varIdClass:int=100
```

以上代码声明一个名称为 IdClass 的整型(int)变量,并且赋值为 100。

```
varTeaName:String="龙井茶"
```

以上代码声明一个名称为 TeaName 的字符串类型的变量,并且赋值为"龙井茶"。

如果需要连续声明多个变量,可以用逗号将每个变量隔开。例如:

```
varCatNumber:int,CatKind:int=5,CatName:String
```

提示

变量名的首字符需要使用下划线或英文字母，不用数字开头。例如，_dga、AgeCount 这样的变量名是符合语法的，而 5dga、3AgeCount 这样的变量名是不符合语法的。

4. 常量的声明与使用

如果需要声明的是一个常量，则需要用到关键字 const，声明常量的语法如下：

```
const variableName:variableDataType=data
```

例如：

```
constClassNumber:int=54
```

以上代码声明一个名称为 ClassNumber 的整型常量，并且赋值为 54。

5. 基础数据类型

1）布尔(Boolean)型

表示逻辑的真假，其值为 true 和 false，如果声明一个布尔型变量时没有赋值，则默认值为 false。例如：

```
varFitball:Boolean=true
trace(Fitball)
```

此时显示返回的值为 true。

```
varfooy:Boolean
trace(fooy)
```

此时显示返回的值为 false。

2）数值型(int，uint，Number)

(1) int：有符号的 32 位整数型，数值范围为 $-2^{31}\sim+(2^{31}-1)$。

(2) uint：没有符号的 32 位整数型，数值范围为 $0\sim2^{32}-1$。

(3) Number：64 位浮点值，数值范围为 1.79769313486231E+308～4.960656458412467E-324。

提示

使用 int、uint、Number 数据类型时应当注意的事项如下。

(1) 能用整数值时优先使用 int 和 uint。

(2) 整数值有正负之分时，使用 int。

(3) 只处理正整数，优先使用 uint。

(4) 处理和颜色相关的数值时，使用 uint。

(5) 碰到或可能碰到小数点时，使用 Number。

(6) 整数数值运算涉及除法，建议使用浮点值 Number。

3）字符串型(String)

表示一个 16 位字符的序列。字符串在数据的内部存储为 Unicode 字符，并使用 UTF-16 格式。

4）null

一种特殊的数据类型，其值只有一个，即 null，表示空值。null 值为字符串类型和所有类型的默认值，且不能作为类型修饰符。

5）void

变量也只有一个值，即 undefined，其表示无类型的变量。void 型变量仅可用作函数的返回类型。无类型的变量是指缺乏类型注释或者使用星号(*)作为类型注释的变量。

6. 运算符、表达式及运用

要有运算对象才可以进行运算，运算对象和运算符的组合称为表达式。

最常用的运算符是赋值运算符(=)，其将等号右边的值(右值)复制给等号左边的变量。等号左边必须是一个变量，不能是基元数据类型，也不能是没有声明的对象的引用。

常见合法的形式如下：

```
var a : int=15
var b:String
b="old"
a=7-4+8
var  c:Object=new Object()
var d:Object=c
```

其他一些常见的运算符如下。

(1) 算术运算符：+、-、*、/、%。

(2) 算术赋值运算符：+=、-=、*=、/=、%=。

(3) 关系运算符(判断相等关系)：==、!=、===、!==。

(4) 关系运算符(判断大小关系)：>=、<=、>、<。

(5) 逻辑运算符：&&、||、!。

(6) 三元 if...else 运算符：?、:、。

(7) typeof(用字符串形式返回对象的类型)。

(8) is(判断一个对象是否属于一种类型，返回布尔值)。

(9) as(如果一个对象属于一种类型，则返回这个对象，否则返回 null)。

(10) 优先级顺序：使用括号代替记忆。

案例11.3 条件语句的应用

案例目的

通过编写一段简单的代码，了解条件语句 if...else 的使用方法。

案例分析

微课：11.3 条件语句的应用

在学校中，教师经常需要对学生的学科成绩进行分类，如 90 分以上为优秀，80～89 分为良好，60～79 分为及格，60 分以下为不及格。在本案例中，我们通过编写一段简单的代码，对变量的数值进行逻辑的判断，并且判断的结果可以在软件的“输出”面板中显示。

实践操作

01 新建一个 ActionScript 3.0 的 Flash 文档。

02 选择时间线中的空白关键帧，右击，在弹出的快捷菜单中选择“动作”命令，可以打开“动作-帧”面板。在“动作-帧”面板中输入以下代码：

```
var student_sorce:int=85;
//声明 student_sorce 为整型变量,并且赋值为 85
if(student_sorce>=90){
    trace("优秀")
}
//判断:若 student_sorce 大于等于 90,则输出"优秀"
else if(student_sorce>=80 && student_sorce<=89){
    trace("良好")
}
//判断:若 student_sorce 大于等于 80 并且小于等于 89,则输出"良好"
else if(student_sorce>=60 && student_sorce<=79){
    trace("及格")
}
//判断:若 student_sorce 大于等于 60 并且小于等于 79,则输出"及格"
else{
    trace("不及格")
}
//判断:若其他情况,则输出"不及格"
```

此时，“动作-帧”面板如图 11-7 所示。

03 要测试该代码，可以执行“控制/测试影片/测试”命令，或按快捷键【Ctrl＋Enter】。这时，在“输出”面板中就会显示测试结果，如图 11-8 所示。

相关知识

条件语句在程序中主要用于实现对条件的判断，并根据判断结果，控制整个程序中代码语句的执行顺序。

1. if 语句

if 语句是最简单的条件语句，通过计算一个表达式的 Boolean 值，并根据该值决定是

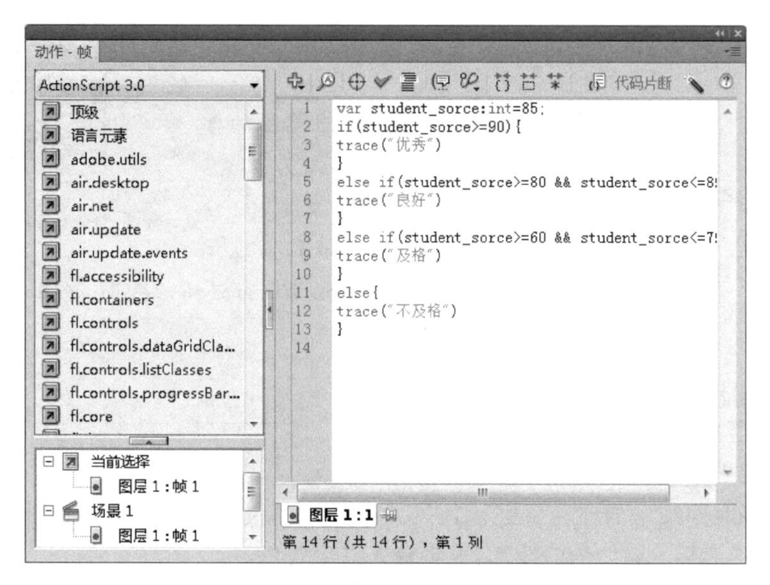

图 11-7 在“动作-帧”面板中输入代码

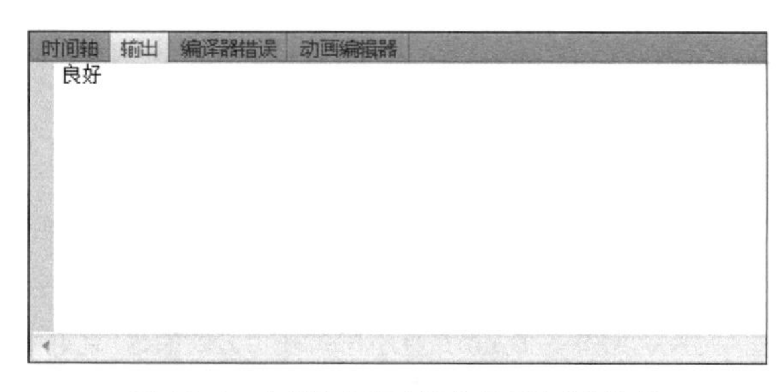

图 11-8 在“输出”面板中显示测试结果

否执行指定的程序代码。格式如下：

```
if(条件表达式){
  流程
}
```

例如：

```
var a:int=10,b:int=5
  if(a>b){
    trace("正确")
  }
```

上面的代码首先声明两个整型即变量 a、b 并且赋值，在 if 语句中判断条件为 a>b，由于 a 为 10，b 为 5，因此 a>b 的条件为真，执行 if 语句中的代码，即输出“正确”两个字符。

2. if...else 语句

简单的 if 语句只有当判断条件为真时，执行其包含的程序。如果想要在条件为假时，执行另一段程序，则需要使用 if...else 语句。格式如下：

```
if(条件表达式){
    流程 a
}
    else{
    流程 b
}
```

if...else 语句中，如果条件表达式为真，执行流程 a；如果条件表达式为假，执行流程 b。

例如：

```
var c:int=50
  if(c>0){
    trace("c 为正数")
}
  else if(c<0){
    trace("c 为负数")
}
  else{
    trace("c 为 0")
}
```

上面的代码首先声明变量 c 为整型并且赋值为 50，在条件判断中满足 c>0 的条件，即执行的命令是输出“c 为正数”的字符。

案例 11.4 循环语句的应用

案例目的

通过编写一段简单的代码，掌握循环语句的使用方法，并且通过相关知识部分，了解如何跳转出循环体。

微课：11.4 循环语句的应用

案例分析

某生物体细胞每个小时都进行一次有丝分裂，即一个细胞分裂成两个细胞。假设该生物体从一个细胞开始，经过了 10 个小时，此时一共有多少个细胞？在本案例中，我们通过编写一段简单的代码，对变量的数值进行循环计算并且赋值，计算的结果可以在软件的“输出”面板中显示。

实践操作

01 新建一个 ActionScript 3.0 的 Flash 文档。

02 选择时间线中的空白关键帧，右击，在弹出的快捷菜单中选择“动作”命令，可以打开“动作-帧”面板。在“动作-帧”面板中输入以下代码：

```
var cell_number:int=1;
//声明变量 cell_number 为整型变量并且赋值为 1
for(var i=1;i<=10;i++){
//设置循环条件:初始条件 i=1,每一次循环 i 自增,当 i 大于 10 后跳出循环
    cell_number=2*i;
    //每一次循环变量 cell_number 重新赋值为 2*i 的值
}
trace(cell_number)
//输出变量 cell_number 的值
```

此时，“动作-帧”面板如图 11-9 所示。

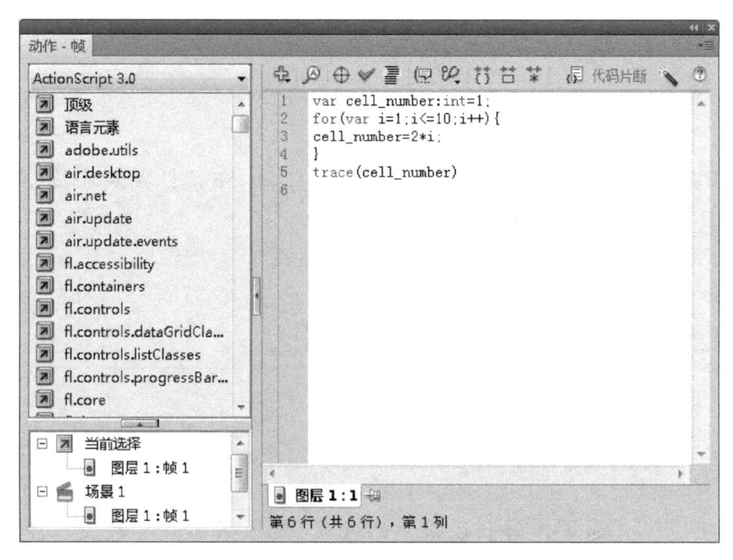

图 11-9　在“动作-帧”面板中输入代码

03 要测试该代码，可以执行“控制/测试影片/测试”命令，或按快捷键【Ctrl+Enter】。这时，在“输出”面板中就会显示测试结果，如图 11-10 所示。

图 11-10　在“输出”面板中显示测试结果

相关知识

在程序设计中，如果需要重复执行一些有规律的运算，可以使用循环语句。循环语句可以对某一段程序代码重复执行，直至满足循环终止条件为止。

循环语句的结构一般认为有两种：一种是先进行条件判断，若条件成立，执行循环体代码，执行完之后再进行条件判断，如果条件成立，继续执行循环体代码，否则退出循环。若第一次条件就不满足，则循环体代码一次也不执行，直接退出。另一种是先执行依次操作，不管条件，执行完成之后进行条件判断，若条件成立，循环继续；否则退出循环。

1. for 语句

for 语句是 ActionScript 编程语言中最灵活、应用最为广泛的语句。for 语句语法格式如下：

```
for(初始化;循环条件;步进语句){
  循环执行的语句;
}
```

例如：计算 1＋2＋3＋…＋100 的值。

```
var sum:int=0;
  for(var i=1; i<=100; i++){
    sum=sum+i;
}
trace(sum)
```

以上代码首先声明 sum 为整型变量并且赋值为 0，在 for 语句中，初始条件为 i＝1，第一次循环时，sum 重新赋值为 sum＋i，即此时 sum 的值为 1。此时判断循环条件，当满足循环条件 i＜＝100 时，i 自增为 2，继续执行循环语句 sum 的值为 1＋2，一直到 i 自增为 101 后，不满足循环条件，此时跳出整个 for 语句。此时 sum 的值为 1＋2＋3＋…＋100＝5050，因此最后输出的值为 5050。

2. while 语句

while 语句是一种简单的循环语句，仅由一个循环条件和循环体组成，通过判断条件来决定是否执行其所包含的程序代码。while 语句语法格式如下：

```
while(循环条件){
  循环执行的语句
}
```

3. do...while 语句

do...while 语句是另一种 while 循环语句，其保证至少执行一次循环代码，这是因为其是在执行代码块后才会检查循环条件。do...while 语句语法格式如下：

```
do {
  循环执行的语句
} while(循环条件)
```

如果需要跳转出循环，则使用 break 语句和 continue 语句。

break 语句用来直接跳出循环，不再执行循环体内后面的语句。

continue 语句只是终止当前这一轮的循环，直接跳到下一轮循环，而在这一轮循环中，循环体内 continue 后面的语句也不会执行。

例如：

```
for(var i:int=0;i<5;i++){
  if(i==3)break;
    trace("当前数字:"+i);
}
```

执行的结果如图 11-11 所示。

相对比：

```
for(var i:int=0;i<5;i++){
  if(i==3)continue;
      trace("当前数字:"+i);
}
```

执行的结果如图 11-12 所示。

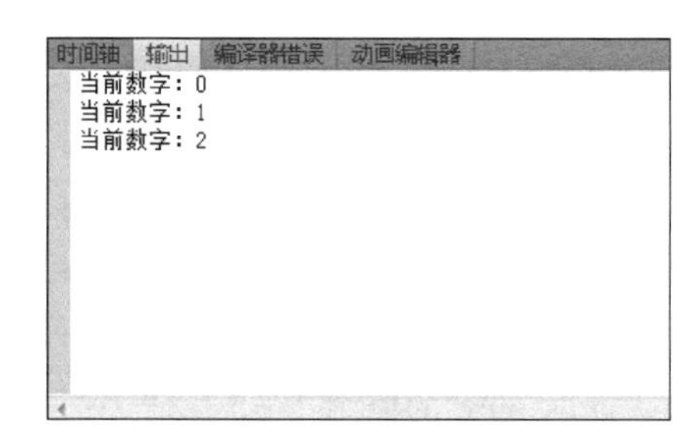

图 11-11　利用 break 语句输出结果

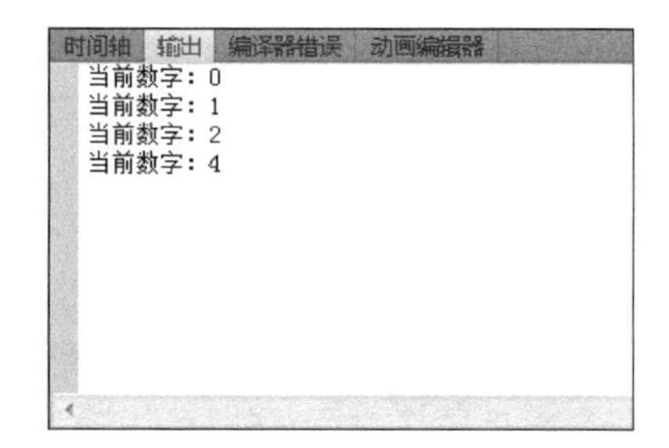

图 11-12　使用 continue 语句输出结果

案例 11.5 函数的定义和调用

案例目的

通过编写一段简单的代码，掌握函数的定义和调用方法。

微课：11.5 函数的定义和调用

案例分析

函数是执行特定任务并可以在程序中重复使用的代码块。如果要使用自定义的函数，首先需要定义函数，可以将要实现功能的代码放置在该函数体中。当定义完成后，调用该函数即可实现预设的功能。利用函数编程，可以避免冗长、杂乱的代码，可以重复利用代码，可以便利地修改程序，提高编程效率。在本案例中，我们通过编写一段简单的代码，进行函数的定义和调用，并且将计算的结果在软件的“输出”面板中显示。

实践操作

01 新建一个 ActionScript 3.0 的 Flash 文档。

02 选择时间线中的空白关键帧，右击，在弹出的快捷菜单中选择“动作”命令，可以打开“动作-帧”面板。在“动作-帧”面板中输入以下代码：

```
functionquar(a:int):void{
    //定义函数 quar(),其中函数中包含整型参数 a
  trace(a * a);
    //函数体:输出 a * a 的值
}
  var b:int=4
    //声明变量 b 为整型变量,并且赋值为 4
  quar(b)
    //调用函数 quar()
```

此时，“动作-帧”面板如图 11-13 所示。

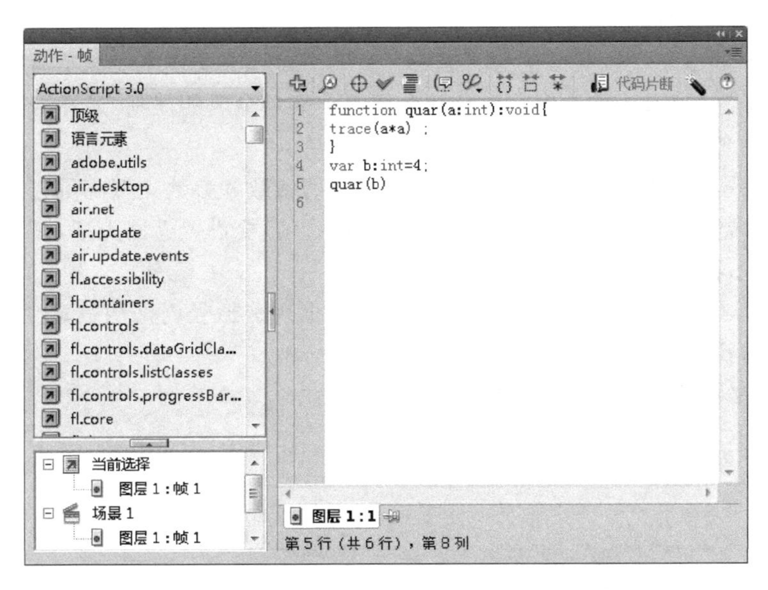

图 11-13 在“动作-帧”面板中输入代码

03 要测试该代码，可以执行“控制/测试影片/测试”命令，或按快捷键【Ctrl+Enter】。这时，在“输出”面板中就会显示测试结果，如图 11-14 所示。

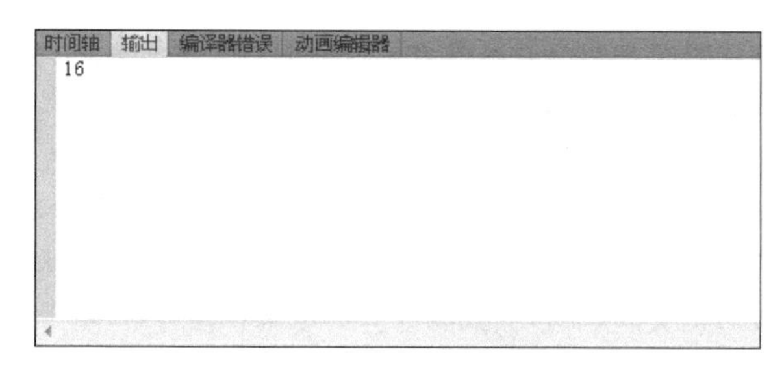

图 11-14 在“输出”面板中显示测试结果

相关知识

1. 定义函数

与变量相同，函数依附于定义它的影片。当一个函数被重新定义后，那么原有的函数将被新函数所替代。Flash 中的函数大致分为三类，即自定义函数、一般函数和字符串函数。

1）函数语句定义法

函数语句定义法是程序语言中基本类似的定义方法，使用 function 关键字来定义，其格式如下：

```
function 函数名(参数 1:参数类型,参数 2:参数类型…):返回类型{
  //函数体
}
```

代码格式说明如下。

（1）function：定义函数使用的关键字。注意 function 关键字要以小写字母开头。

（2）函数名：定义函数的名称。函数名要符合变量命名的规则，最好给函数取一个与其功能一致的名字。

（3）小括号：定义函数必需的格式，小括号内的参数和参数类型都可选。

（4）返回类型：定义函数的返回类型，也是可选的，要设置返回类型，冒号和返回类型必须成对出现，而且返回类型必须是存在的类型。

（5）大括号：定义函数的必需格式，需要成对出现。括号内是函数定义的程序内容，是调用函数时执行的代码。

例如，定义两个整数的加法函数：

```
function sum(a:int,b=int):void{
  trace(a+b)
}
sum(4,5)                                    //返回的值为 9
```

2）函数表达式定义法

函数表达式定义法有时也称为函数字面值或匿名函数。这是一种较为繁杂的方法，在早期的 ActionScript 版本中广为使用。其格式如下所示：

```
var 函数名:Function=function(参数 1:参数类型,参数 2:参数类型…):返回类型{
//函数体
}
```

代码格式说明如下。

(1) var：定义函数名的关键字，var 关键字要以小写字母开头。

(2) 函数名：定义的函数名称。

(3) Function：指示定义数据类型是 Function 类。注意 Function 为数据类型，需大写字母开头。

(4) =：赋值运算符，将匿名函数赋值给定义的函数名。

(5) function：定义函数使用的关键字，指明定义的是函数。

(6) 小括号：定义函数必需的格式，小括号内的参数和参数类型都可选。

(7) 返回类型：定义函数的返回类型，可选参数。

(8) 大括号：括号内的内容为函数要执行的代码。

提示

原则上，推荐使用函数语句定义法。因为这种方法更加简洁，更有助于保持严格模式和标准模式的一致性。

2. 调用函数

函数可以直接使用该函数的名字，并后跟一个圆括号（其被称为“函数调用运算符”）来调用。

案例 11.6 标准体重测试

案例目的

通过制作“标准体重测试”动画，熟悉 ActionScript 3.0 的基本语法和函数的调用方法。

微课：11.6 标准体重测试

案例分析

“标准体重测试”动画首先利用文本工具绘制输入文本以及动态文本；其次通过在输入文本中输入身高的数值，利用自定义的函数，计算出标准体重，如图 11-15 所示。

图 11-15 “标准体重测试”效果图

实践操作

1. 制作背景

01 新建一个空白文档，类型为 ActionScript 3.0，设置舞台大小为 550 像素×400 像素，背景颜色为紫色(＃CCCCCC)。

02 单击“图层 1”，将“图层 1”改名为“人物”。

03 执行“文件/导入/导入到库”命令，弹出“导入到库”对话框，将“人物.png”素材导入库中。

04 按快捷键【Ctrl＋L】，打开“库”面板，将人物图片拖到舞台，如图 11-16 所示。

05 新建“文本”图层，使用文本工具 T 创建静态文本，效果如图 11-17 所示。

图 11-16 人物素材的放置

图 11-17 静态文本效果

06 使用文本工具 T 创建输入文本框和动态文本框，并在“属性”面板中设置“段落格式”为“居中对齐”，如图 11-18 所示。

07 执行“插入/新建元件”命令，或按快捷键【Ctrl＋F8】，新建一个按钮元件，元件名称为“点击测试”，进入按钮元件编辑界面。利用文本工具 T，输入“点击测试”，颜色设置为黑色；在第 2 帧指针经过处插入一个关键帧，选中场景中的文字，将其颜色改为红色；在第 3 帧鼠标按下处插入一个关键帧，选中场景中的文字，让其缩小一点；在第 4 帧鼠标点

图 11-18 创建输入文本框(上)和动态文本框(下)

击处插入一个普通帧,如图 11-19 所示。

图 11-19 按钮的制作

08 返回主场景中,将“点击测试”按钮元件拖放至舞台合适的位置,适当调整其大小,如图 11-20 所示。

图 11-20 拖入“点击测试”按钮

09 分别选中输入文本框、动态文本框,以及“点击测试”按钮元件,在“属性”面板中,分别设置实例名称为“sg_input”“jg_output”和“btn”。

2. 代码的编写

新建“代码”图层,选择“代码”图层的第 1 帧,右击,在弹出的快捷菜单中选择“动作”命令,打开“动作-帧”面板。在“动作-帧”面板中输入以下代码:

```
btn.addEventListener(MouseEvent.CLICK,act1);
//按钮 btn 添加侦听函数,当单击 btn 时,触发事件 act1
function act1(me:MouseEvent){
//定义函数 act1
  var a=Number(sg_input.text);
//定义变量 a,并且赋予 a 的值为输入文本框的数值
jg_output.text=String((a-100) * 0.85);
//输出文本框返回的值(标准体重计算公式:(身高-100) * 0.85)
}
```

此时,“动作-帧”面板如图 11-21 所示。

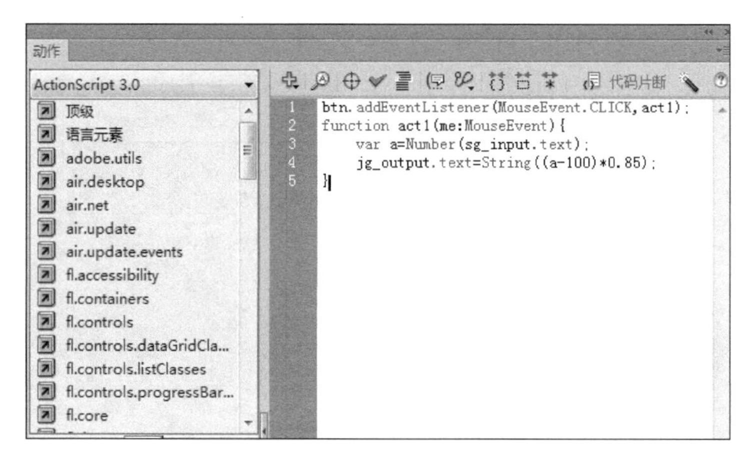

图 11-21　在“动作-帧”面板中输入代码

3. 测试影片

01 执行“文件/保存”命令,或按快捷键【Ctrl+S】,以“标准体重测试.fla”为名保存文件。

02 执行“控制/测试影片/测试”命令,或按快捷键【Ctrl+Enter】,任意输入一个身高数值,单击“点击测试”按钮,即可显示标准体重。

单元小结

本单元主要介绍 ActionScript 3.0 的基础语法和函数。通过学习主要掌握 ActionScript 3.0 的基本概述,ActionScript 3.0 的语言基本元素,控制流程中的条件语句、循环语句、跳转语句,以及函数的定义和调用等,为后面学习利用代码实现动画特效打好编程基础。

自 我 测 评

1. 编写一段小程序，要求输出内容如下：Good morning，my best friend！

2. 根据本单元所学的知识，观察以下代码，你能快速得出变量 a、b、c 返回的值分别是多少吗？

```
var a:int=10,b:int=8
var c:int
c=a+b
b=b+c
a=2b
trace(a)
trace(b)
trace(c)
```

3. 在“标准体重测试”案例的基础上，添加一个性别变量，利用运用 if…else 语句计算出标准体重。计算公式为 男：(身高－100)×0.9 ，女：(身高－100)×0.9－2.5。

4. 制作“苹果熟了”动画，当鼠标移动到苹果上，苹果落地。

提示

stop()函数用于设置动画的初始状态为停止状态，制作“苹果”影片剪辑，设置实例“apple_mc”的鼠标事件侦听函数用于侦听鼠标经过(ROLL_OVER)事件，当该事件发生时，事件处理函数“diaoluo”使动画开始播放，即苹果开始掉落，如图 11-22 所示。

图 11-22 “苹果熟了”效果图

单元12

ActionScript 3.0 应用基础

单元12课件下载

单元导读

本单元主要介绍了 ActionScript 3.0 的基本语法和函数，如声明和调用变量，流程控制中的条件语句、循环语句、跳转语句，定义和调用函数等。在本单元中，通过几个简单实例，进一步介绍 ActionScript 3.0 的一些常用函数的使用方法和操作技巧。

学习目标

1. 熟悉 ActionScript 3.0 的基本语法结构。
2. 掌握 gotoAndPlay 指令和 gotoAndStop 指令的运用。
3. 掌握 ActionScript 3.0 中按钮指令的运用。
4. 掌握 addEventListener()、addChild()函数的运用。

单元任务

1. 绘制“彩色字幕”。
2. 绘制“生日快乐”。
3. 绘制“神奇的篝火”。
4. 绘制“荷塘夏雨”。

案例 12.1 彩色字幕

案例目的

通过制作"彩色字幕"动画,学习跳转语句 goto 及随机函数 random()的运用。

微课:12.1 彩色字幕

案例分析

"彩色字幕"动画主要利用遮罩效果来完成"数据流"影片剪辑元件的制作,在影片剪辑内部的时间轴上添加随机播放函数,产生在黑色的背景上,由 0 和 1 组成的数据流随机出现的效果如图 12-1 所示。

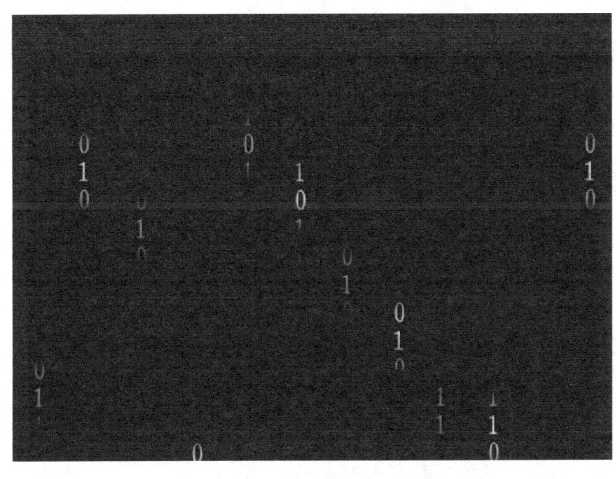

图 12-1 "彩色字幕"效果图

实践操作

1. 制作"数字"图形元件

01 创建一个新的 ActionScript 3.0 文档,设置舞台大小为 550 像素×400 像素,背景颜色为黑色(#000000)。

02 执行"插入/新建元件"命令,或按快捷键【Ctrl+F8】,新建一个"数字"图形元件,进入图形元件编辑界面。

03 选择"工具"面板中的文本工具 T,在"属性"面板中设置文本的字体、字号、颜色和文字方向,如图 12-2 所示。在图层 1 的第 1 帧,从上往下输入一连串由 0 和 1 组成的数字,高度略超过舞台的高度。

2. 制作“数据流 1”影片剪辑元件

01 执行“插入/新建元件”命令，或按快捷键【Ctrl＋F8】，新建一个“数据流 1”影片剪辑元件，进入影片剪辑元件编辑界面。

02 双击图层 1，将其改名为“数字”，将“数字”图形元件拖到舞台。

03 单击“新建图层”按钮，新建图层 2，双击图层 2，将其改名为“小球”。

04 用椭圆工具绘制一个正圆，填充红色到黑色的径向渐变，将其移动到数字串的上方，在第 50 帧处按【F6】键，插入关键帧，修改正圆的颜色为蓝色到黑色的径向渐变，将其移动到数字串的下方，如图 12-3 所示。

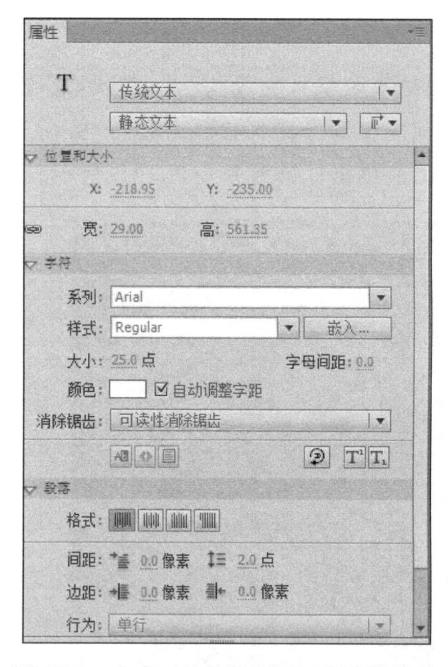

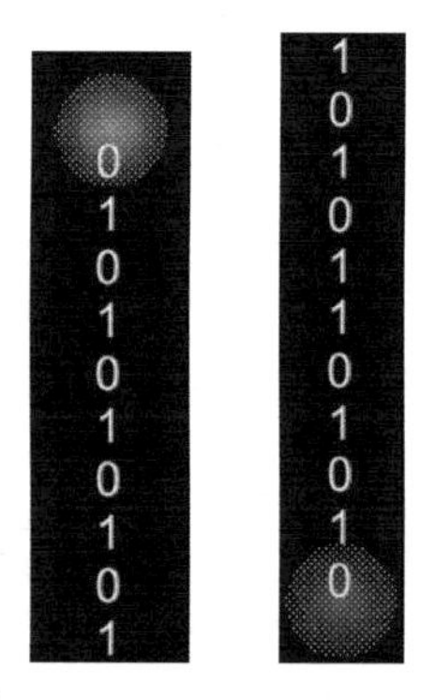

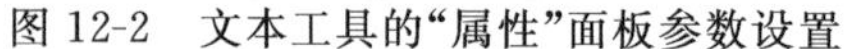

图 12-2　文本工具的“属性”面板参数设置　　　图 12-3　第 1 帧和第 50 帧圆的位置

05 选择“小球”图层的第 1 帧，打开帧“属性”面板，创建形状补间。

06 交换两个图层的位置，在“数字”图层名称位置上右击，在弹出的快捷菜单中选择“遮罩层”命令，如图 12-4 所示。

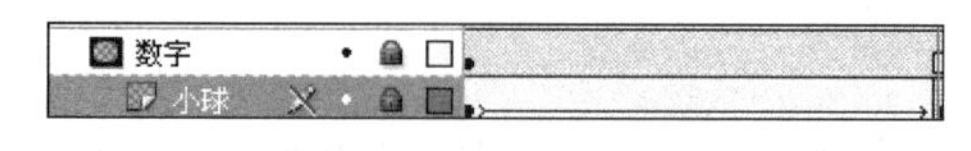

图 12-4　设置遮罩

07 单击“新建图层”按钮，新建图层 3，选择第 1 帧，右击，在弹出的快捷菜单中选择“动作”命令(或按【F9】键)，打开“动作-帧”面板，添加 ActionScript 语句，如图 12-5 所示。

08 在图层 3 的第 2 帧处插入一个空白关键帧，“数据流 1”影片剪辑元件的时间轴如图 12-6 所示。

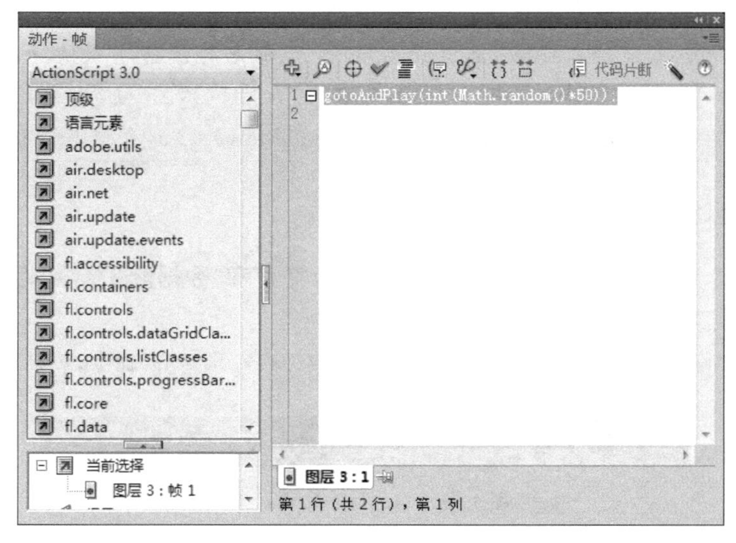

图 12-5　为图层 3 的第 1 帧添加动作

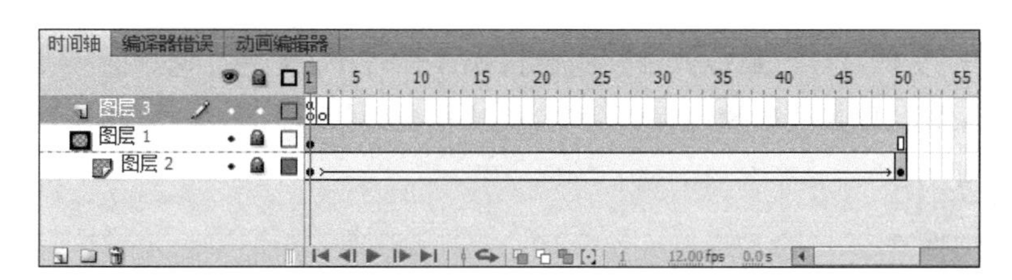

图 12-6　“数据流 1”影片剪辑元件“时间轴”面板

3. 制作“数据流 2”影片剪辑元件

为了使字幕的颜色更丰富，字幕流动的速度不一致，按照上述方法创建“数据流 2”影片剪辑元件。

01 将“数字”图形元件拖到舞台。

02 单击“新建图层”按钮，新建图层 2，用椭圆工具绘制一个正圆，填充绿色到黑色的径向渐变，将其移动到数字串的上方，在第 25 帧处按【F6】键，插入关键帧，修改正圆的颜色为黄色到黑色的径向渐变，将其移动到数字串的下方，选择图层 2 的第 1 帧，打开帧“属性”面板，创建形状补间。

03 交换图层 1 与图层 2 的位置，在图层 1 的名称位置上右击，在弹出的快捷菜单中选择“遮罩层”命令。

04 单击“新建图层”按钮，新建图层 3，选择第 1 帧，右击，在弹出的快捷菜单中选择“动作”命令，打开“动作-帧”面板，添加 ActionScript 语句：

```
gotoAndPlay(int(Math.random() * 25));
//跳转到当前场景并从第 x 帧(x 帧是指随机产生 0~25 范围内的任意数取整)开始播放
```

提示

Math.random 是随机函数，随机产生 0～1 范围内的任意浮点数，而我们制作的影片剪辑元件“数据流 1”和“数据流 2”分别在第 50 帧和第 25 帧，因此在添加动作时分别设置了两个不同的参数 random()＊50 和 random()＊25，并使其取整数。

4. 构造矩阵字幕

01 单击“场景 1”按钮，返回主场景，将“数据流 1”和“数据流 2”影片剪辑元件依次拖入舞台，使其交叉排列。

02 执行“修改/对齐/按宽度均匀分布”和“修改/对齐/顶对齐”命令，效果如图 12-7 所示。

图 12-7　均匀分布实例对象

5. 测试影片

01 执行“文件/保存”命令，或按快捷键【Ctrl+S】，以“彩色字幕.fla”为名保存文件。

02 执行“控制/测试影片/测试”命令，或按快捷键【Ctrl+Enter】，预览动画效果。

相关知识

goto 语句是 Flash 中较为基本的 ActionScript 语句，在动画中要跳转到特定的帧或场景都可以使用。goto 语句分为 gotoAndPlay 和 gotoAndStop 两种。

1. gotoAndPlay 指令

(1) 格式：gotoAndPlay(“scene”,frame)。

(2) 功能：指定从某个帧开始播放动画。

(3) 参数说明：scene 是设置开始播放的帧所在的场景，必须用半角双引号将场景包括起来，如果省略 scene 参数，则默认为当前场景；frame 参数是指定播放的帧。

例如：

```
gotoAndPlay("2",5)
//跳转到名为"2"的场景并从第 5 帧开始播放
```

2. gotoAndStop 指令

(1) 格式：gotoAndStop(“scene”,frame)。

(2) 功能：指定转至某帧并停止播放动画。

例如：

```
gotoAndStop("2",5)
//跳转到名为"2"的场景并停止在第 5 帧
```

案例 12.2 生日快乐

案例目的

微课：12.2 生日快乐

通过制作“生日快乐”动画，学习 ActionScript 3.0 中按钮指令的运用。

案例分析

“生日快乐”动画主要利用按钮来控制整个场景动画的播放，通过单击按钮，实现点燃生日蜡烛，播放生日歌的动画效果，如图 12-8 所示。

图 12-8 “生日快乐”效果图

实践操作

1. 制作“小男孩”影片剪辑元件

01 打开素材包中的“生日快乐素材.fla”文件。

02 执行“插入/新建元件”命令，或按快捷键【Ctrl＋F8】，新建一个“小男孩”影片剪辑元件，进入影片剪辑元件编辑界面。

03 依次创建“男孩手”“男孩身体”“男孩头”三个图层，将“库”面板中对应的男孩图形元件放置在相应图层，并调整位置，如图 12-9 所示。

04 在“男孩头”和“男孩手”图层的第 10 帧，分别插入关键帧，利用任意变形工具，将“男孩头”和“男孩手”元件适当调整角度，产生男孩点头和挥手的动画效果，并将三个图层都延续到 20 帧，如图 12-10 所示。

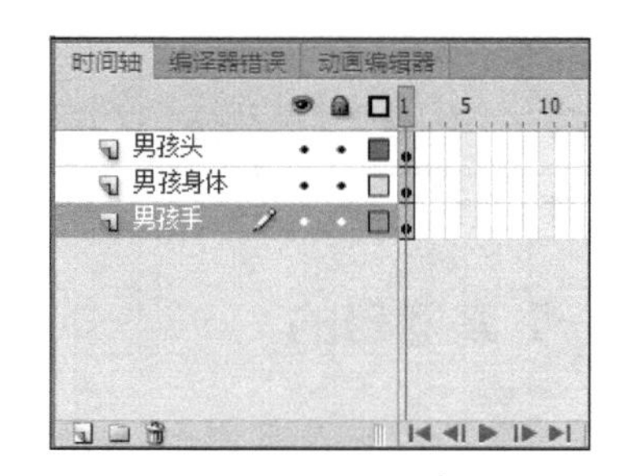

图 12-9 “小男孩”影片剪辑第 1 帧元件位置设置

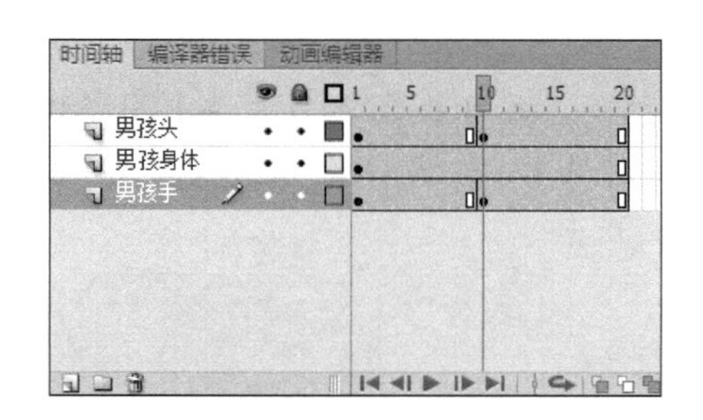

图 12-10 “小男孩”影片剪辑第 10 帧元件位置设置

2. 制作“蜡烛”影片剪辑元件

01 执行“插入/新建元件”命令，或按快捷键【Ctrl＋F8】，新建一个“蜡烛”影片剪辑元件，进入影片剪辑元件编辑界面。

02 双击图层 1，将其改名为“蜡烛”，将“蜡烛 1”图形元件拖到舞台，在第 4 帧插入空白关键帧，将“蜡烛 2”图形元件拖到舞台，调整两个元件的位置，并延续到第 6 帧，如图 12-11 所示。

图 12-11 “蜡烛”影片剪辑元件的制作

3. 制作“点蜡烛”按钮元件

01 执行“插入/新建元件”命令，或按快捷键【Ctrl＋F8】，新建一个“点蜡烛”按钮元件，进入按钮元件编辑界面。

02 将“星形”图片拖曳至舞台，并利用文本工具，添加“点击我试试!”文字，并适当调整位置，如图 12-12 所示。

03 在“指针经过”状态下，插入一个关键帧，将舞台中的“星形”图片和文字，利用任意变形工具，进行等比例的缩小；在“按下”状态下，插入一个关键帧，将舞台中的“星形”图片和文字稍微向下移动；在“点击”状态下，插入一个普通帧，如图 12-13 所示。

点击我试试！

12-12　“点蜡烛”按钮元件“弹起”状态设置

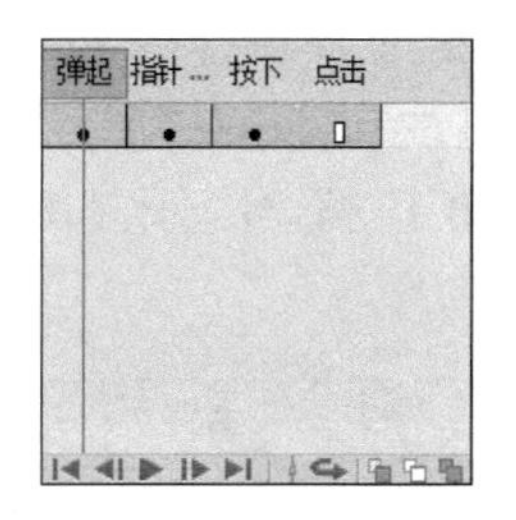

图 12-13　“点蜡烛”按钮元件设置

4. 制作场景动画

01 单击“场景 1”按钮，返回主场景，依次创建“背景”“桌子”“蛋糕”“小男孩”“小女孩”“按钮”“动作”七个图层，将“库”面板中的相应素材放置到对应图层，并调整好位置，如图 12-14 所示。

图 12-14　“点蜡烛”按钮元件设置

02 在“蛋糕”图层上方，创建“蜡烛”图层。在第 2 帧上，对“蜡烛”和“按钮”图层分别插入一个空白关键帧，其他图层则插入帧延续。将“库”面板中的“蜡烛”影片剪辑元件，多次拖曳至“蜡烛”图层第 2 帧上，适当调整各“蜡烛”影片剪辑元件的位置，如图 12-15 所示。

图 12-15　放置“蜡烛”影片剪辑元件

03 新建“生日歌”图层，并在第2帧上，插入一个空白关键帧。选择“生日歌”图层第2帧，打开“属性”面板，在“声音”选项中，选择歌曲“生日歌”，如图12-16所示。

04 在第10帧，对“动作”图层创建一个空白关键帧，其他图层插入帧延续，如图12-17所示。

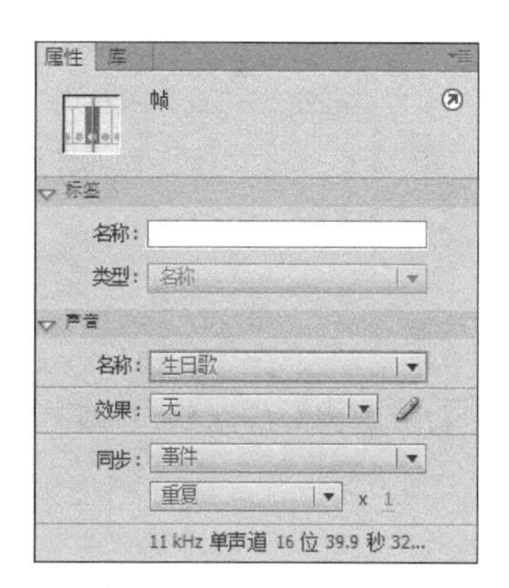

图12-16 设置“生日歌”歌曲

图12-17 场景动画“时间轴”面板

5. 动作设置

01 点击第1帧中的“点蜡烛”按钮元件，在“属性”面板中，将“实例名称”设置为“play_btn”，如图12-18所示。

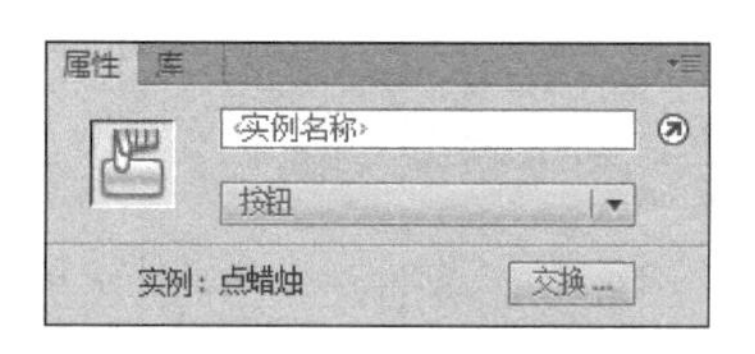

图12-18 设置“实例名称”

02 选择“动作”图层第1帧，右击，在弹出的快捷菜单中选择“动作”命令，打开“动作-帧”面板。在“动作-帧”面板中输入以下代码：

```
stop();
//让场景动画停止在第1帧
play_btn.addEventListener(MouseEvent.CLICK,a1);
//给按钮实例添加事件侦听器
function a1(event:MouseEvent){
//定义函数a1
gotoAndPlay(2);
//跳转至第2帧播放
}
```

此时，“动作-帧”面板如图12-19所示。

03 选择“动作”图层第10帧，右击，在弹出的快捷菜单中选择“动作”命令，打开“动作-帧”面板，输入代码“stop();”，此时，“时间轴”面板如图12-20所示。

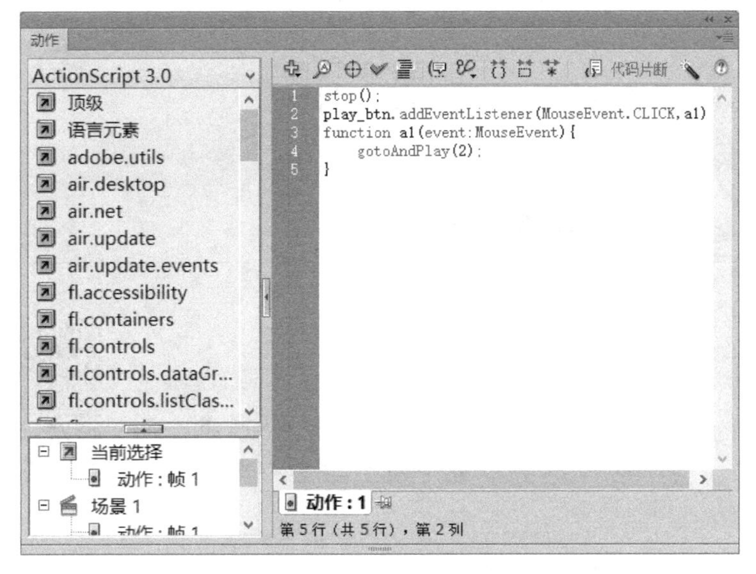

图 12-19　在“动作-帧”面板中输入代码

图 12-20　“时间轴”面板

6. 测试影片

01 执行“文件/保存”命令，或按快捷键【Ctrl＋S】，以“生日快乐.fla”为名保存文件。

02 执行“控制/测试影片/测试”命令，或按快捷键【Ctrl＋Enter】，单击按钮，即可看到蜡烛点燃，生日歌播放的动画效果。

相关知识

(1) addEventListener 函数是用来注册侦听器函数的，其两个必需的参数是 type 和 listener。type 参数用于指定事件的类型；listener 参数用于指定发生事件时将执行的侦听器函数，该参数可以是对函数或类方法的引用。

(2) 对按钮设置动作时，需要在“属性”面板中设置按钮的“实例名称”。

(3) 常用的鼠标事件包括以下几类。

```
MouseEvent.CLICK                    //鼠标点击事件
```

```
MouseEvent.MOUSE_UP            //鼠标松开事件
MouseEvent.MOUSE_DOWN          //鼠标按下事件
MouseEvent.MOUSE_MOVE          //鼠标移动事件
MouseEvent.MOUSE_OUT           //鼠标移出事件
```

案例 12.3 神奇的篝火

案例目的

通过制作“神奇的篝火”动画，利用ActionScript 3.0 中按钮指令，实现控制实例的属性。

微课：12.3 神奇的篝火

案例分析

“神奇的篝火”动画主要利用按钮来控制影片剪辑实例的大小，通过单击“放大”或“缩小”按钮，实现篝火的大小变化，如图 12-21 所示。

图 12-21 “神奇的篝火”效果图

实践操作

1. 制作“篝火燃烧”影片剪辑元件

01 打开素材包中的“神奇的篝火素材.fla”文件。

02 执行“插入/新建元件”命令，或按快捷键【Ctrl＋F8】，新建一个“篝火燃烧”影片剪辑元件，进入影片剪辑元件编辑界面。

03 依次创建“木材”和“火焰”两个图层，将“库”面板中对应的元件素材放置在相应图层，并调整位置，如图 12-22 所示。

2. 制作“放大”和“缩小”按钮元件

01 执行“插入/新建元件”命令，或按快捷键【Ctrl＋F8】，新建一个“放大”按钮元件，进入按钮元件编辑界面。

02 在“弹起”状态下，利用文本工具，输入“放大”两个字；在“指针经过”状态下，插入一个关键帧，利用任意变形工具，将文本稍微缩小；在“按下”状态下，插入一个关键帧，让文本稍微往下移动；在“点击”状态下，插入帧延续，如图 12-23 所示。

图 12-22 “篝火燃烧”影片剪辑效果图

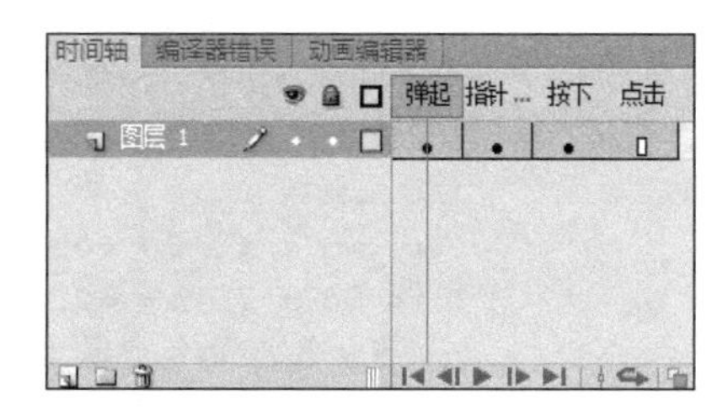

图 12-23 “放大”按钮元件效果图

03 利用同样的方法，制作“缩小”按钮元件，如图 12-24 所示。

3. 场景动画的制作

单击“场景 1”按钮，返回主场景，依次创建“背景”“按钮”“篝火燃烧”“动作”四个图层，将“库”面板中的相应素材放置到对应图层，并调整好位置，如图 12-25 所示。

缩小

图 12-24 “缩小”按钮元件效果图

图 12-25 场景中素材的位置

4. 动作设置

01 单击第 1 帧中的“放大”按钮元件，在“属性”面板中，将“实例名称”设置为 da_btn；使用同样的方法，设置“缩小”按钮元件的“实例名称”为 xiao_btn，“篝火燃烧”影片剪辑元件的“实例名称”为 fire_mc，如图 12-26 所示。

图 12-26 “实例名称”的设置

02 选择“动作”图层第 1 帧，右击，在弹出的快捷菜单中选择“动作”命令，打开“动作-帧”面板，输入以下代码：

```
da_btn.addEventListener(MouseEvent.CLICK,a1);
//给"放大"按钮添加鼠标点击事件的侦听器
function a1(evt:MouseEvent){
//定义函数 a1
fire_mc.scaleX *=1.10;
fire_mc.scaleY *=1.10;
//"篝火燃烧"影片剪辑元件的 X 和 Y 方向的比例增大原来的 1.10 倍
}
xiao_btn.addEventListener(MouseEvent.CLICK, a2);
//给"缩小"按钮添加鼠标点击事件的侦听器
function a2(evt:MouseEvent){
//定义函数 a2
fire_mc.scaleX *=0.90;
fire_mc.scaleY *=0.90;
//"篝火燃烧"影片剪辑元件的 X 和 Y 方向的比例缩小原来的 0.90 倍
}
```

5. 测试影片

01 执行“文件/保存”命令，或按快捷键【Ctrl+S】，以“神奇的篝火. fla”为名保存文件。

02 执行“控制/测试影片/测试”命令，或按快捷键【Ctrl+Enter】，单击按钮，即可看到，篝火大小变化的动画效果。

案例 12.4 荷塘夏雨

案例目的

微课：12.4 荷塘夏雨

通过制作“荷塘夏雨”动画，了解 ActionScript 3.0 中影片剪辑实例的复制技巧和动态加载影片剪辑的方法。

案例分析

“荷塘夏雨”动画首先制作一个雨滴不断下落的影片剪辑元件，用 addEventListener() 函数监听主场景舞台，最后利用 addChild() 函数来对影片剪辑进行调用与复制，如图 12-27 所示。

图 12-27 “荷塘夏雨”效果图

实践操作

1. 导入素材

01 创建一个新的 ActionScript 3.0 文档，设置舞台大小为 600 像素×400 像素，背景颜色为黑色（#000000）。

02 执行“文件/导入/导入到库”命令，弹出“导入到库”面板，将素材图片“荷塘夏雨背景图.jpg”导入库中。

2. 制作“雨滴”图形元件

01 执行“插入/新建元件”命令，或按快捷键【Ctrl+F8】，弹出“创建新元件”对话框，新建一个图形元件，元件“名称”为“雨滴”，进入图形元件编辑界面。

02 使用椭圆工具在元件场景中绘制一个竖形的无轮廓线的椭圆。再利用选择工具适当调整椭圆弧边，如图 12-28 所示。

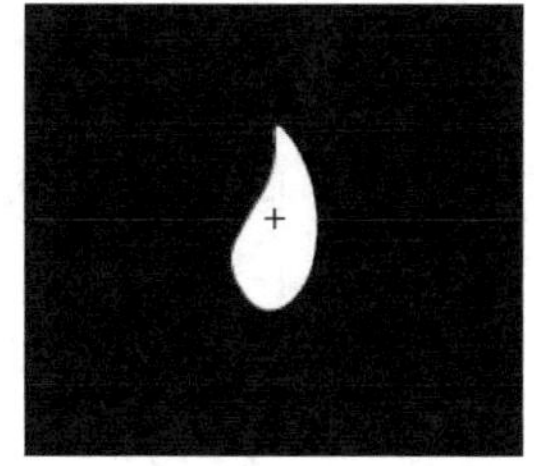

图 12-28 “雨滴”的效果

03 选中绘制好的“雨滴”图形元件，打开“对齐”面板，设置为“水平中齐”“垂直中齐”；再打开“变形”面板，将雨滴缩小为原来的 10%。

3. 制作“水纹”影片剪辑元件

01 执行“插入/新建元件”命令，或按快捷键【Ctrl+F8】，新建一个图形元件，元件“名称”为“水纹”，进入图形元件编辑界面。

02 利用椭圆工具绘制两个不带填充颜色的椭圆，如图 12-29 所示。

03 在“颜色”面板中，设置填充方式为“径向渐变”，并且将两端的色杆都设置为白色，其中右侧的色杆设置“透明度”为 10%，如图 12-30 所示。

04 利用颜料桶工具为椭圆填充设置好的渐变颜色，然后将轮廓线删除。

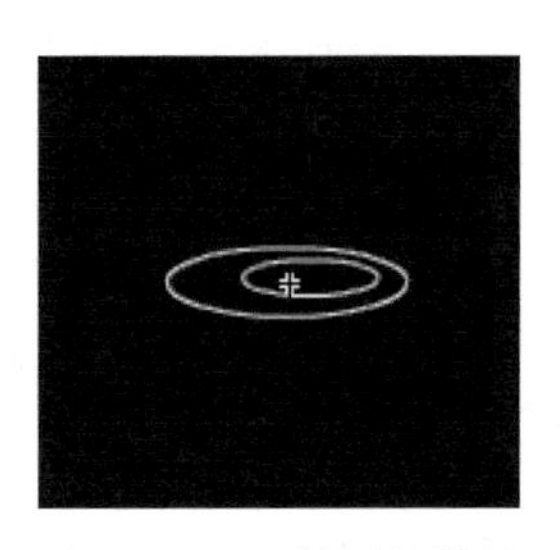
图 12-29　双椭圆的效果

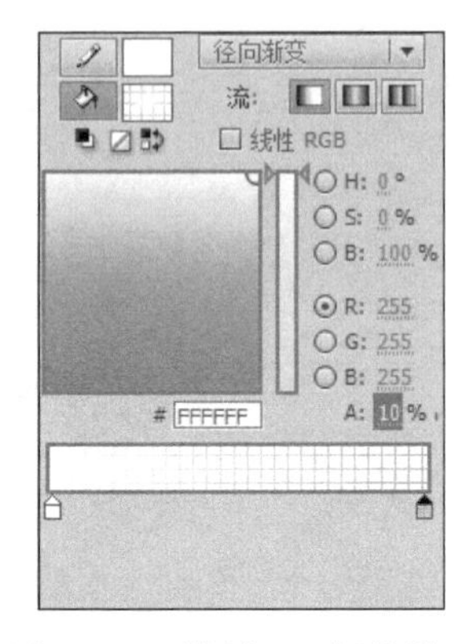

图 12-30　“颜色”面板的设置

05 选中绘制的“水纹”，打开“对齐”面板，设置为“水平中齐”“垂直中齐”；再打开“变形”面板，将雨滴缩小为原来的 10%。

06 执行“插入/新建元件”命令，或按快捷键【Ctrl+F8】，新建一个影片剪辑元件，元件“名称”为“水纹”，进入影片剪辑元件编辑界面。拖入“水波”影片剪辑元件，打开“对齐”面板，设置为“水平中齐”“垂直中齐”。

07 选择时间轴上的第 1 帧，右击，在弹出的快捷菜单中选择“创建补间动画”命令。在第 50 帧处插入一个普通帧，使动画延续到第 50 帧。

08 选中第 50 帧处的“水波”影片剪辑元件。在“变形”面板中，设置“宽度”为 250%，“高度”为 150%；在“属性”面板中，在“色彩效果”选项组的“样式”列表框中选择“Alpha”选项，将 Alpha 值设置为 0；然后选择第 35 帧处的“水纹”图形元件，将 Alpha 值设置为 100%，“时间轴”面板如图 12-31 所示。

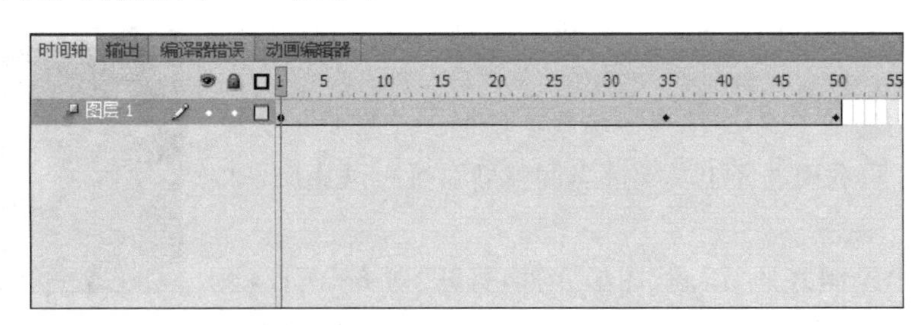

图 12-31　“水纹”影片剪辑元件“时间轴”面板

4. 制作“雨花”影片剪辑元件

01 执行“插入/新建元件”命令，或按快捷键【Ctrl+F8】，新建一个影片剪辑元件，元件名称为“雨花”，进入影片剪辑元件编辑界面。

02 在该元件的时间轴上的第 1 帧、第 3 帧、第 5 帧、第 6 帧处分别插入空白关键帧。

03 选择铅笔工具，设置轮廓线为白色，线形为极细，分别在第 1 帧、第 3 帧、第 5 帧处绘制不同的雨花形状，绘制完成后将三个关键帧的图形缩小为原来的 10%，如图 12-32 所示。

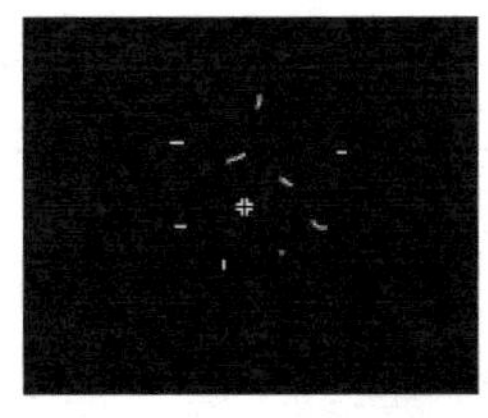
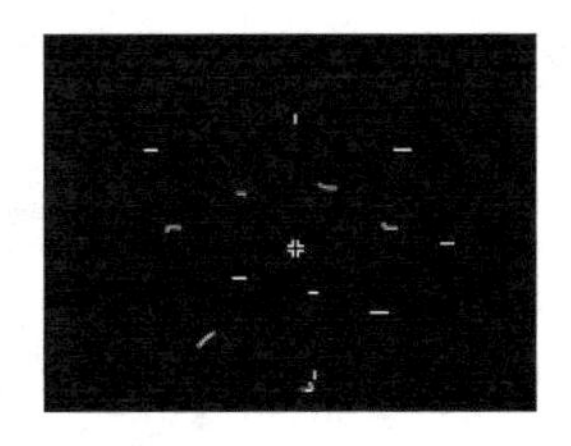

图 12-32 第 1 帧、第 3 帧、第 5 帧雨花的效果

04 在第 6 帧处右击，在弹出的快捷菜单中选择“动作”命令，或按【F9】键，打开“动作-帧”面板，添加代码“stop();”，此时的“时间轴”面板如图 12-33 所示。

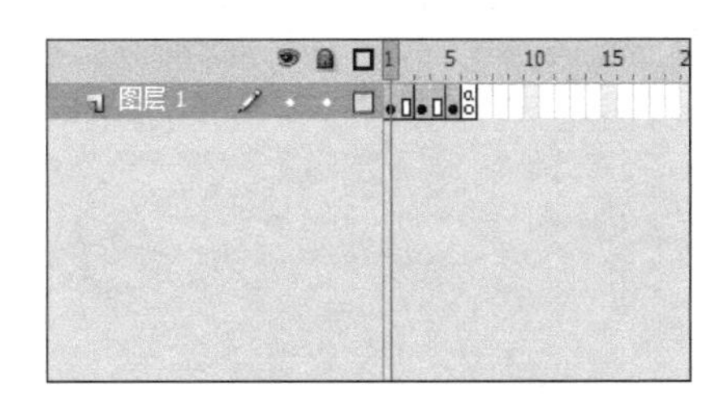

图 12-33 “雨花”影片剪辑元件“时间轴”面板

5. 制作“雨水飘落”影片剪辑元件

01 执行“插入/新建元件”命令，或按快捷键【Ctrl+F8】，新建一个影片剪辑元件，元件“名称”为“雨水飘落”，进入影片剪辑元件编辑界面。

02 新建三个图层，图层名从上到下分别为“雨花”“水纹”“雨滴”。

03 选择“雨滴”图层的第 1 帧，将库中的“雨滴”图形元件拖入进来。打开“对齐”面板，设置其为“水平中齐”“垂直中齐”。在“雨滴”图层第 1 帧处创建补间动画，并将其延续至第 30 帧。选中第 1 帧处的“雨滴”图形元件，在“属性”面板中设置其 Alpha 值为 45%；选中第 5 帧处的“雨滴”图形元件，在“属性”面板中设置其 Alpha 值为 100% ；选中第 30 帧处的“雨滴”图形元件，在“信息”面板中，设置坐标 X 为－50，Y 为 300。

04 选择“水纹”图层，在“水纹”图层的第 30 帧处插入一个关键帧。选择该关键帧，从库中将“水纹”影片剪辑元件拖放在“雨滴”图形元件正下方。然后在第 79 帧处插入一个普通帧延续；在第 80 帧处插入一个空白关键帧，在该帧中添加动作代码“stop();”。

05 在“雨花”图层的第 30 帧处插入一个关键帧，选择该帧，从库中将“雨花”影片剪辑元件拖放在“雨滴”图形元件的正下方。最后在该图层第 34 帧处插入一个普通帧。整体的“时间轴”面板如图 12-34 所示。

6. 制作主场景动画

01 单击“场景 1”按钮，返回主场景，新建一个图层。图层名从下至上依次为“代码”“背景”。选择“背景”图层的第 1 帧，将库中的素材“荷塘夏雨背景图.jpg”拖入主场景中，并且设置其相对于舞台居中。

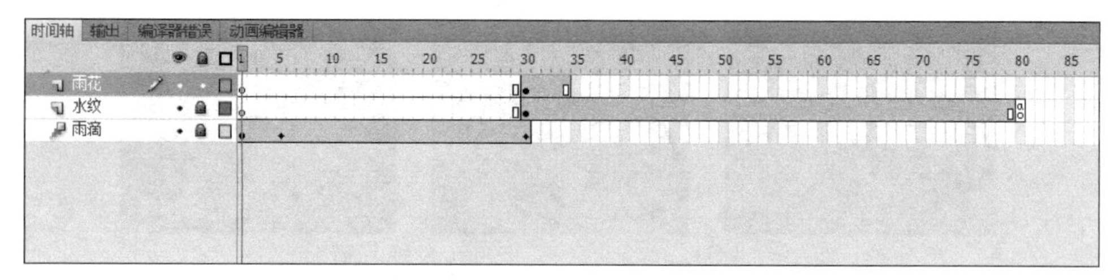

图 12-34 “雨花飘落”影片剪辑元件“时间轴”面板

02 在“库”面板中，选中“雨水飘落”影片剪辑元件，右击，在弹出的快捷菜单中选择“属性”命令，打开“元件属性”面板，设置参数，将“类”设置为 rain，勾选“为 ActionScript 导出”复选框，如图 12-35 所示。

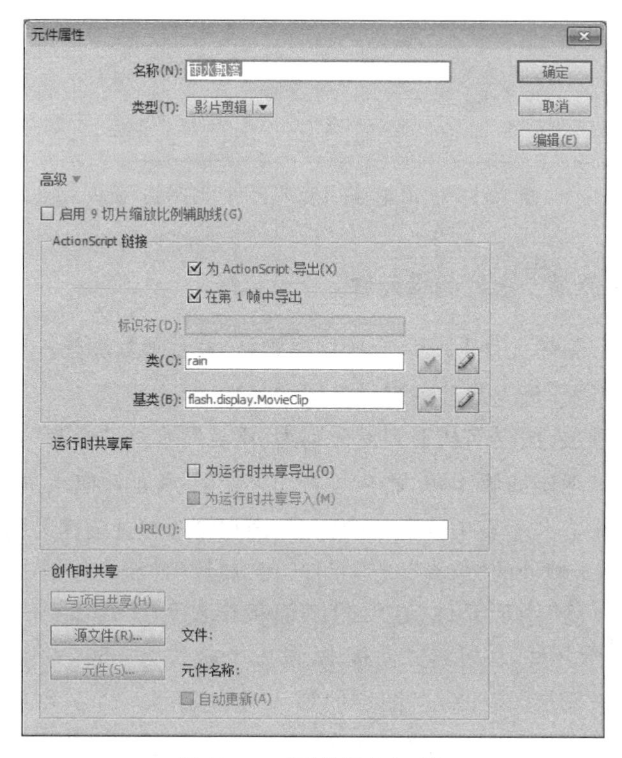

图 12-35 “元件属性”面板

03 单击“确定”按钮，会弹出警告对话框，再单击“确定”按钮即可。

04 选择“代码”图层的第 1 帧，打开“动作-帧”面板，输入以下代码：

```
import flash.events.Event;
import flash.display.MovieClip;
//导入相应的类
stage.addEventListener(Event.ENTER_FRAME,pl)
//给舞台添加侦听函数,当动画播放时触发事件 p1
function pl(e){
//定义函数 p1
```

```
    var yu:MovieClip=new rain();
    addChild(yu);
    //声明 yu 变量,并且添加到当前位置
    yu.x=80+Math.random() * 530;
    //yu 的 x 坐标值为随机值乘以 530
    yu.y=-5+Math.random() * 100;
    //yu 的 y 坐标值为随机值乘以 100
    yu.rotation=Math.random() * 5;
    //yu 的角度为随机值乘以 5
    yu.alpha=0.3+Math.random()
    //yu 的透明度为随机值加 0.3
}
```

此时,“动作-帧”面板如图 12-36 所示。

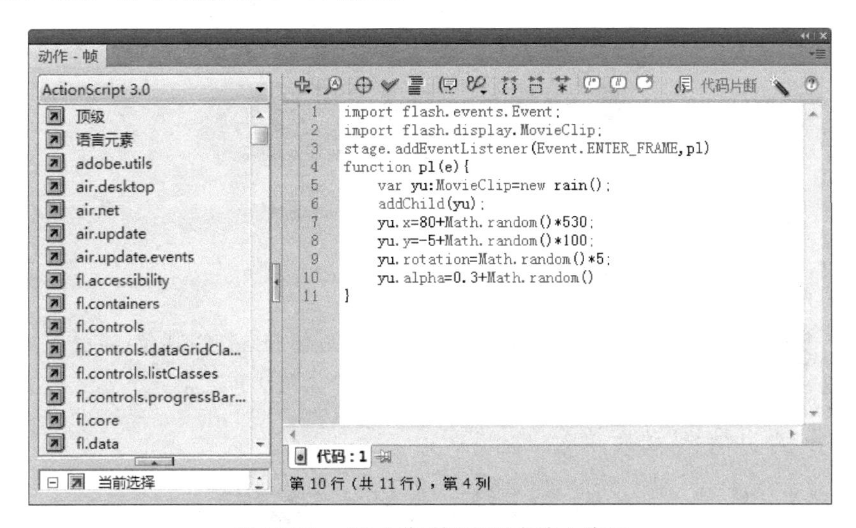

图 12-36 在“动作-帧”面板中输入代码

05 最后,将帧速率调整为 45 帧/秒,执行“控制/测试影片/测试”命令,或按快捷键【Ctrl+Enter】,预览动画效果。

相关知识

addChild()函数是把对象添加到当前位置,相当于 this. addChild,如果是编写在主时间轴上,就是把对象添加到舞台上;如果需要删除对象,则是 removeChild。

单 元 小 结

本单元通过几个案例,简单介绍了 ActionScript 3.0 的一些常用语法和函数的使用方法与操作技巧。addEventListener()函数主要实现对事件进行侦听,如鼠标点击事件;addChild()函数可以将对象(如影片剪辑),添加到当前位置;goto 语句可以实现在动画中

跳转到特定的帧或场景；random()随机函数可以输出指定范围的随机值。

自 我 测 评

1. 制作“冬日雪景”动画，如图12-37所示。

图12-37 “冬日雪景”效果图

提示

(1) 利用引导层制作飘落的雪花。

(2) 参考案例12.4，运用addEventListener()函数和addChild()函数创建出大雪纷纷的动画效果。

2. 制作“落叶缤纷”动画，如图12-38所示。

图12-38 “落叶缤纷”效果图

提示

(1) 利用引导层制作飘落的枫叶。

(2) 参考案例12.4，运用addEventListener()函数和addChild()函数创建出飘落的动画效果。

单元13

ActionScript 3.0 综合应用

单元导读

单元13课件下载

前面单元介绍了ActionScript 3.0一些常用的语法和函数，如addEventListener()函数、random()随机函数、帧控制函数等。在本单元中，会在前面所讲ActionScript 3.0的基础上，通过一些综合的案例，进一步介绍ActionScript 3.0语言。

学习目标

1. 掌握时间函数的应用。
2. 进一步掌握随机函数的应用。
3. 学会利用脚本语言调用外部音乐文件。
4. 掌握Sound类和SoundChannel类语句的使用。

单元任务

1. 绘制“神奇的日历”。
2. 绘制“欢乐摇骰子”。
3. 绘制“卡通点歌台”。
4. 绘制“唯美风景画册”。

案例13.1 神奇的日历

案例目的

微课：13.1 神奇的日历

通过制作“神奇的日历”动画，了解输入文本框和动态文本框的使用，掌握时间函数的应用。

案例分析

“神奇的日历”动画首先在主场景中创建背景，插入动态文本框和输入文本框等要素，再通过应用时间函数，可以准确计算出一个给定日期是星期几，如图13-1所示。

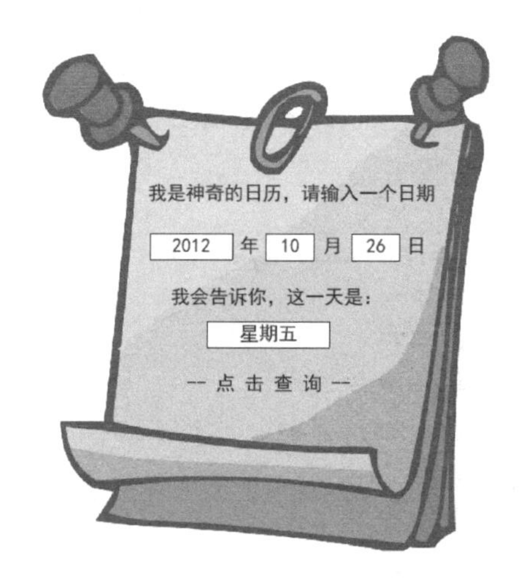

图13-1 “神奇的日历”效果图

实践操作

1. 导入素材

01 创建一个新的ActionScript 3.0文档，设置舞台大小为600像素×600像素，背景颜色为白色(#FFFFFF)。

02 执行“文件/导入/导入到库”命令，在弹出的“导入到库”对话框中将素材图片“神奇的日历背景图.png”导入库中。

2. 创建主场景各要素

01 在主场景中新建三个图层，从上到下依次命名为“代码”“布局”“背景”。

02 将“代码”和“布局”图层锁定，选中“背景”图层的第 1 帧，从“库”面板中将素材“神奇的日历背景图.png”拖放至舞台上，适当调节图片的大小，如图 13-2 所示。

03 锁定“背景”图层，解锁“布局”图层。选择“布局”图层的第 1 帧，使用文本工具 T 创建静态文本，效果如图 13-3 所示。

04 使用文本工具 T 创建输入文本框和动态文本框，并在“属性”面板中设置“段落格式”为“居中对齐”，如图 13-4 所示。

图 13-2 拖入素材图片

图 13-3 静态文本效果

图 13-4 创建输入文本框和动态文本框

05 执行“插入/新建元件”命令，或按快捷键【Ctrl+F8】，新建一个按钮元件，元件“名称”为“查询按钮”，进入按钮元件编辑界面。利用文本工具 T，输入“--点击查询--”，颜色设置为黑色；在第 2 帧“指针经过”处插入一个关键帧，选中场景中的文字，将其颜色改为红色；在第 3 帧“鼠标”按下处插入一个关键帧，选中场景中的文字，让其稍微下移一点；在第 4 帧鼠标“点击”处插入一个普通帧，如图 13-5 所示。

--点 击 查 询 --

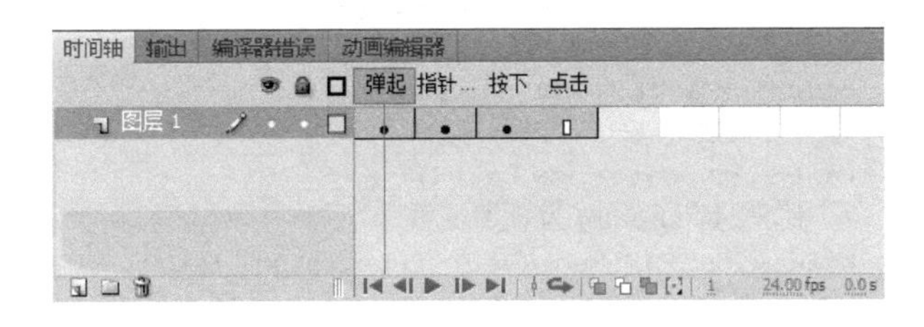

图 13-5 “查询按钮”的制作

06 返回主场景中，将“查询按钮”按钮元件拖放至舞台合适的位置，适当调整其大小，如图 13-6 所示。

07 分别选中代表年、月、日的输入文本框，代表星期几的动态文本框，以及“查询按钮”按钮元件，在“属性”面板中，分别设置“实例名称”为 year_input、month_input、date_input、day_output 和 btn，如图 13-7 所示。

3. 代码的编写

选择“代码”图层的第 1 帧，右击，在弹出的快捷菜单中选择“动作”命令，打开“动作-帧”面板，输入以下代码：

图 13-6　拖入“查询按钮”

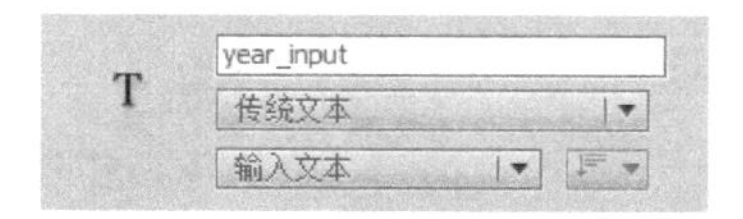

图 13-7　“实例名称”的设置

```
var weeks=new Array("星期日","星期一","星期二");
weeks=weeks.concat("星期三","星期四","星期五");
weeks=weeks.concat("星期六");
//声明数组变量 weeks,并以字符串赋值
vartheday=new Date();
//声明变量 theday 为日期函数
year_input.text =theday.getFullYear();
//实例 year_input 赋值为 theday 变量的年
month_input.text =theday.getMonth()+1 ;
//实例 month_input 赋值为 theday 变量的月加 1
date_input.text =theday.getDate();
//实例 date_input 赋值为 theday 变量的日
day_output.text=weeks[theday.getDay()];
//实例 day_output 赋值为 theday 变量对应的星期数

btn.addEventListener(MouseEvent.CLICK,act1);
//按钮 btn 添加侦听函数,当单击 btn 时,触发事件 act1
function act1(me:MouseEvent){
//定义函数 act1
vartheday:Date=new Date();
//声明变量 theday 为日期函数
theday.setFullYear(year_input.text);
//设定变量 theday 的年份为 year_input 文本框中输入的年份
theday.setMonth(int(month_input.text)-1);
//设定变量 theday 的月份为 year_input 文本框中输入的月份取整后减 1
theday.setDate(date_input.text);
//设定变量 theday 的日为 year_input 文本框中输入的日
day_output.text=weeks[theday.getDay()];
//实例 day_output 赋值为 theday 变量对应的星期数
```

此时,“动作-帧”面板如图 13-8 所示。

4. 测试影片

01 执行“文件/保存”命令,或按快捷键【Ctrl+S】,以“神奇的日历.fla”为名保存文件。

02 执行“控制/测试影片/测试”命令,或按快捷键【Ctrl+Enter】,任意输入一个日

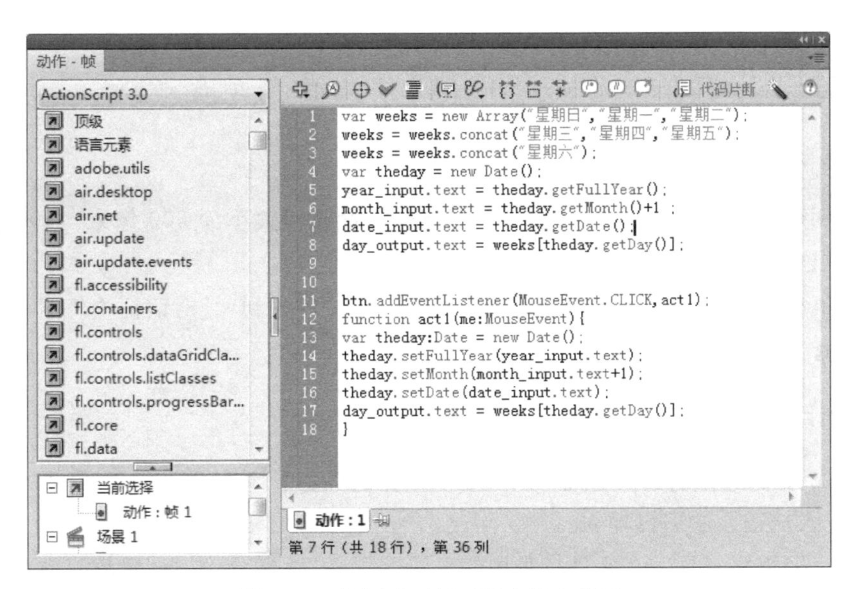

图 13-8 在“动作-帧”面板中输入代码

期，单击“点击查询”按钮，即可显示该日期是星期几。

案例13.2 欢乐摇骰子

案例目的

微课：13.2 欢乐摇骰子

通过制作“欢乐摇骰子”动画，了解随机函数的基本句型，包括句型的格式、执行过程等。

案例分析

“欢乐摇骰子”动画首先制作出骰子的影片剪辑元件，通过随机函数得到不同的骰子的点数，如图 13-9 所示。

图 13-9 “欢乐摇骰子”效果图

实践操作

1. 导入素材

01 创建一个新的 ActionScript 3.0 文档，设置舞台大小为 600 像素×400 像素，背景颜色为白色(#FFFFFF)。

02 执行“文件/导入/导入到库”命令，在弹出的“导入到库”对话框中将素材图片“欢乐摇骰子背景图.jpg”导入库中。

2. 制作“开始”和“暂停”按钮元件

01 执行“插入/新建元件”命令，或按快捷键【Ctrl+F8】，新建一个按钮元件，取名“开始”，进入按钮元件编辑界面。

02 使用矩形工具在元件场景中绘制一个无轮廓线的矩形，设置填充颜色为黄色，“边角半径”为 20。利用文本工具 T 在矩形中输入“开始”，如图 13-10 所示。

03 在第 2 帧处插入一个关键帧，选择第 2 帧，将场景中的黄色矩形填充为灰色；在第 3 帧处插入一个关键帧，选择第 3 帧，将矩形和文字稍微向下移动；在第 4 帧处插入一个普通帧，如图 13-11 所示。

图 13-10 “开始”按钮

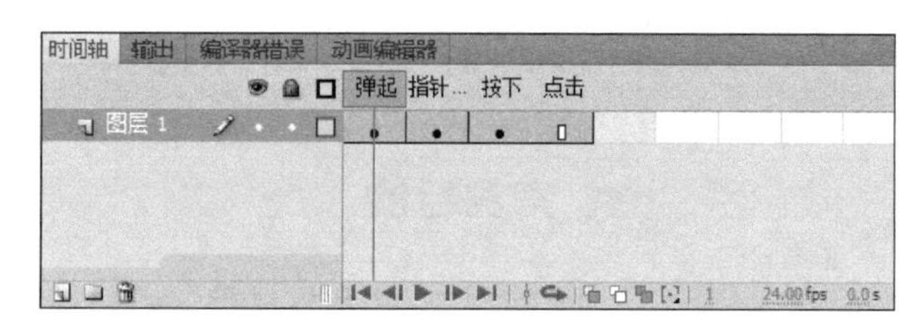

图 13-11 “开始”按钮的“时间轴”面板

04 利用同样的方法，制作出“暂停”按钮元件。

3. 制作“骰子”影片剪辑元件

01 执行“插入/新建元件”命令，或按快捷键【Ctrl+F8】，新建一个影片剪辑元件，取名为“骰子”，进入影片剪辑元件编辑界面。

02 在图层 1 中绘制一个正方形，设置笔触大小为 4，颜色为黑色，填充颜色为白色，“边角半径”为 10，如图 13-12 所示。

03 新建一个图层 2，在第 1～6 帧分别插入关键帧，在第 1 帧处绘制一个红色圆形，代表点数“1”；第 2 帧处绘制两个黑色圆形，代表点数“2”，依次制作到点数“6”，如图 13-13 所示。

4. 返回主场景

01 返回主场景中，新建六个图层，依次从上到下分别命名为“代码”“点数”“文字”

“按钮-暂停”“按钮-开始”“骰子”“背景”。

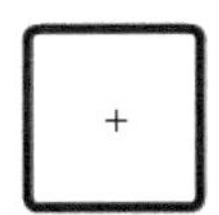

图 13-12 骰子轮廓图

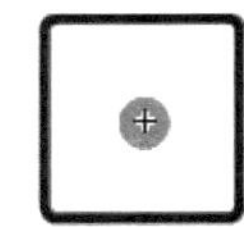

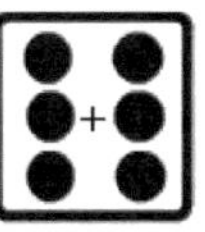

图 13-13 骰子点数的制作

02 锁定各图层，将“背景”图层解锁，从“库”面板中将素材“欢乐摇骰子背景图.jpg”拖放至舞台中央，居中对齐，完成后锁定“背景”图层。

03 将“骰子”图层解锁，从“库”面板中将“骰子”影片剪辑拖出三个放置到舞台合适的位置，分别设置其“实例名称”为 tou1、tou2、tou3，完成后锁定“骰子”图层，如图 13-14 所示。

04 将“按钮-开始”图层解锁，从“库”面板中将“开始”按钮拖放至舞台合适的位置，并设置“实例名称”为 btn_continue，完成后锁定“按钮-开始”图层。同样将“按钮-暂停”图层解锁，从“库”面板中将“暂停”按钮拖放至舞台合适的位置，并设置“实例名称”为 btn_stop，完成后锁定“按钮-暂停”图层，如图 13-15 所示。

图 13-14 调整骰子放置的位置

图 13-15 调整按钮的位置

05 将“文字”图层解锁，利用文本工具 T 输入文字，完成后锁定“文字”图层，如图 13-16 所示。

06 将“点数”图层解锁，创建一个输入文本框，并设置“实例名称”为 score，完成后锁定“点数”图层，如图 13-17 所示。

图 13-16 输入文字

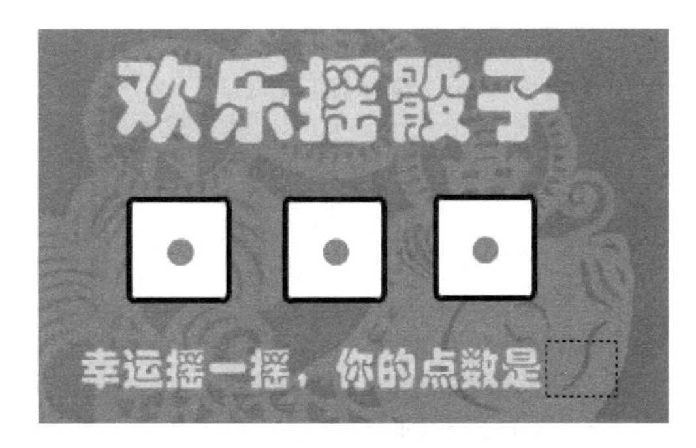

图 13-17 创建输入文本框

07 在“动作”图层的第 1 帧右击，在弹出的快捷菜单中选择“动作”命令，打开“动作-帧”面板，输入以下代码：

```
btn_stop.addEventListener(MouseEvent.CLICK,act1);
//按钮 btn 添加侦听函数,当单击 btn 时,触发事件 act1
function act1(me:MouseEvent){
//定义函数 act1
  var total=0;
  var count;
  //声明变量 total 赋值为 0,声明变量 count
  count=act3();
  tou1.gotoAndStop(count);
  total+=count;
  //count 赋值为函数 act3()的值,且实例 tou1 停在 act3()相应值的帧,total 赋值为
  //total+count
  count=act3();
  tou2.gotoAndStop(count);
  total+=count;
  //count 赋值为函数 act3()的值,且实例 tou2 停在 act3()相应值的帧,total 赋值为
  //total+count
  count=act3();
  tou3.gotoAndStop(count);
  total+=count;
  //count 赋值为函数 act3()的值,且实例 tou3 停在 act3()相应值的帧,total 赋值为
  //total+count
  score.text=total;
  //实例 score 输出的值为 total
}

btn_continue.addEventListener(MouseEvent.CLICK,act2);
//按钮 btn_continue 添加侦听函数,当单击 btn_continue 时,触发事件 act2
function act2(me:MouseEvent){
//定义函数 act2
  var total=0;
  //声明变量 total 赋值为 0
  tou1.gotoAndPlay(1);
  tou2.gotoAndPlay(1);
  tou3.gotoAndPlay(1);
  //实例 tou1~tou3 从第 1 帧播放
}

function act3(){
//定义函数 act3
  var random_x=Math.floor(Math.random()*6+1);
  //声明变量 random_x 的值为 1~6 的随机整数
  return random_x;
  //返回 random_x 的值
}
```

5. 测试影片

01 执行“文件/保存”命令，或按快捷键【Ctrl＋S】，以“欢乐摇骰子.fla”为名保存文件。

02 执行“控制/测试影片/测试”命令，或按快捷键【Ctrl＋Enter】，预览动画效果。

案例 13.3 卡通点歌台

案例目的

通过制作“卡通点歌台”动画，掌握如何添加脚本语言及调用外部音乐文件，并且复习鼠标触发事件的语句及逐帧动画的制作。

微课：13.3 卡通点歌台

案例分析

“卡通点歌台”动画首先利用基本绘图工具制作“歌曲目录”图形元件，再利用逐帧动画制作“字幕说明”和“闪亮星星”影片剪辑元件，最后通过 Sound 类语句和 addEventListener()函数实现按钮对外部音乐的调用，完成效果如图 13-18 所示。

图 13-18 “卡通点歌台”效果图

实践操作

1. 导入素材

01 创建一个新的 ActionScript 3.0 文档，设置舞台大小为 600 像素×400 像素，背景颜色为白色(#FFFFFF)。

02 执行“文件/导入/导入到库”命令,弹出“导入到库”对话框,找到要导入的素材图片,将其导入库中。

2. 制作“播放”按钮元件

01 执行“插入/新建元件”命令,或按快捷键【Ctrl+F8】,新建一个按钮元件,元件“名称”为“播放”,进入按钮元件编辑界面。

02 将库中的“按钮素材.png”拖入场景中,打开“对齐”面板,设置为“水平中齐”“垂直中齐”,如图 13-19 所示。

03 在第 2 帧“指针经过”处插入一个关键帧,利用任意变形工具将场景中的按钮稍微等比例缩小;在第 3 帧鼠标“按下”处插入一个关键帧,将场景中的按钮稍微向下移动;在第 4 帧鼠标“点击”处插入一个普通帧,如图 13-20 所示。

图 13-19　按钮的效果图

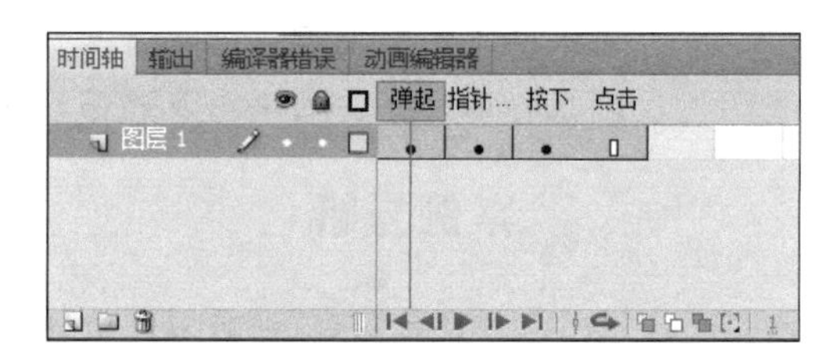

图 13-20　“播放”按钮元件“时间轴”面板

3. 制作“歌曲目录”图形元件

01 执行“插入/新建元件”命令,或按快捷键【Ctrl+F8】,新建一个影片剪辑元件,元件“名称”为“导航条”,进入影片剪辑元件编辑界面。

02 利用矩形工具在场景中绘制一个无笔触颜色、矩形边角半径为 20 的圆角矩形。打开“颜色”面板,选择颜色类型为“线性渐变”,设置左侧颜色块的颜色为红色(#FF3333),右侧颜色块的颜色为白色(#FFFFFF),为该圆角矩形填充该渐变色,如图 13-21 所示。

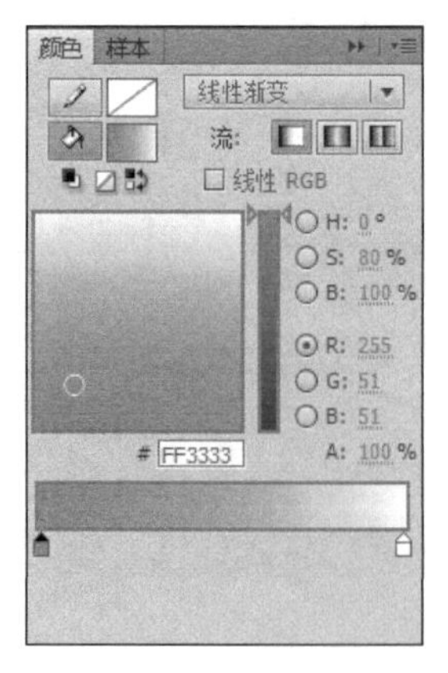

图 13-21　设置“导航条”影片剪辑元件

03 执行“插入/新建元件”命令，或按快捷键【Ctrl＋F8】，新建一个图形元件，元件“名称”为“歌曲目录”，进入图形元件编辑界面。

04 从库中将“导航条”影片剪辑元件拖入场景中。选中“导航条”影片剪辑元件，打开“属性”面板，在滤镜中分别为“导航条”影片剪辑元件添加“投影”与“斜角”滤镜效果，滤镜参数保持默认，如图 13-22 所示。

图 13-22 添加滤镜效果后的“导航条”

05 将场景中添加好滤镜效果的“导航条”影片剪辑元件复制三次，移动至合适的位置，如图 13-23 所示。

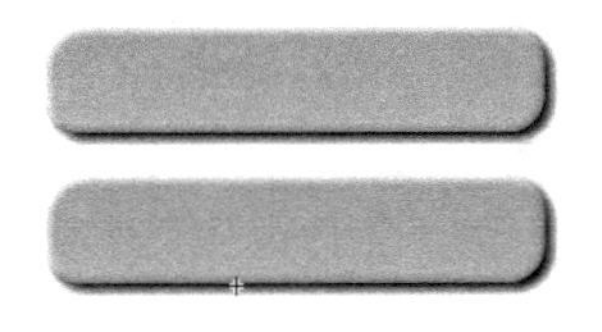

图 13-23 放置好的四个“导航条”

06 新建一个图层，命名为“文字”，利用文本工具 T 在四个导航条上分别输入文本“儿歌 1：两只老虎”“儿歌 2：丢手绢”“儿歌 3：卖报歌”“儿歌 4：小蜜蜂”，效果如图 13-24 所示。

图 13-24 “歌曲目录”图形元件效果图

4. 制作“字幕说明”影片剪辑元件

01 执行“插入/新建元件”命令，或按快捷键【Ctrl＋F8】，新建一个影片剪辑元件，元件“名称”为“字幕说明”，进入影片剪辑元件编辑界面。

02 在第 1 帧处利用文本工具 T 输入文本“当前播放的歌曲是：”，如图 13-25 所示。

03 在第 2 帧处插入一个关键帧，利用文本工具 T 在文本“当前播放的歌曲是：”的正下方输入“《两只老虎》”，如图 13-26 所示。

图 13-25 第 1 帧处的文本内容

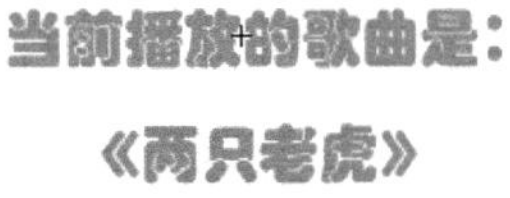

图 13-26 第 2 帧处的文本内容

04 利用同样的方法，在第 3～5 帧处分别插入关键帧，将文本“《两只老虎》”分别改为“《丢手绢》”“《卖报歌》”“《小蜜蜂》”。

05 新建一个图层 as，选择“as”图层的第 1 帧，打开“动作-帧”面板，输入代码“stop();”，并且在第 5 帧处插入一个普通帧延续，“时间轴”面板如图 13-27 所示。

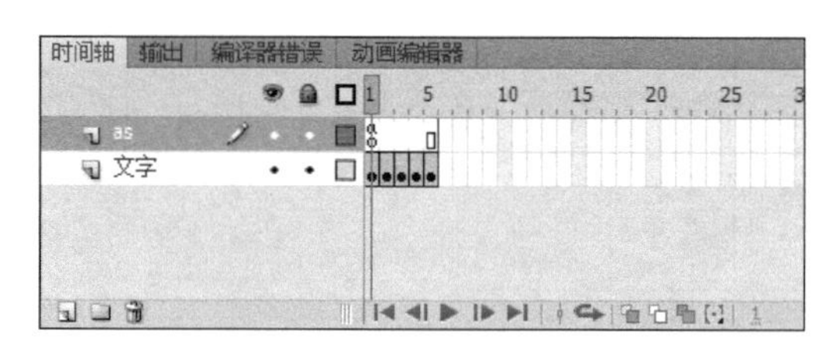

图 13-27 “字幕说明”影片剪辑元件“时间轴”面板

5. 制作“闪亮星星”影片剪辑元件

01 执行“插入/新建元件”命令，或按快捷键【Ctrl+F8】，新建一个影片剪辑元件，元件“名称”为“闪亮星星”，进入影片剪辑元件编辑界面。

02 选择多角星形工具，打开其“属性”面板，在“工具设置”选项组单击“选项”按钮，在弹出的“工具设置”对话框中设置“样式”为“星形”，单击“确定”按钮。在场景中，绘制一个无笔触颜色的五角星，将该五角星复制五次，水平放置排列，并且填充不一样的颜色，如图 13-28 所示。

图 13-28 第 1 帧处五角星的样式

03 在第 30 帧处插入一个关键帧。在该帧处，依次改变六个五角星的填充颜色，如图 13-29 所示。

图 13-29 第 30 帧处五角星的样式

04 在第 60 帧处插入一个关键帧。在该帧处，再次改变六个五角星的填充颜色，如图 13-30 所示。

图 13-30 第 60 帧处五角星的样式

05 在第 90 帧处插入一个普通帧延续，“时间轴”面板如图 13-31 所示。

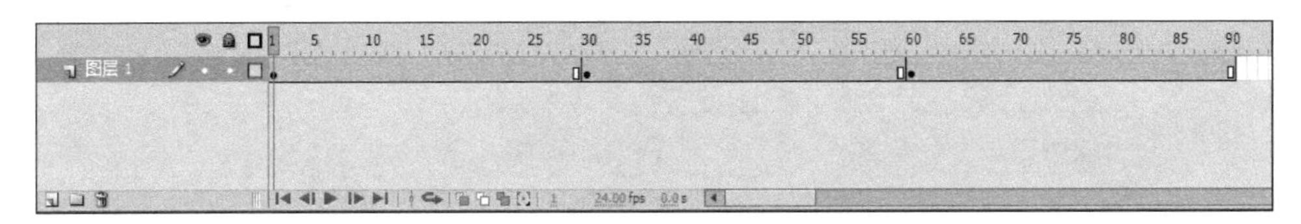

图 13-31 “闪亮星星”影片剪辑元件“时间轴”面板

6. 返回主场景

01 单击“场景 1”按钮，返回主场景，新建六个图层，从上到下分别命名为“代码”“标题”“星星”“字幕”“按钮”“歌曲目录”“背景”。

02 锁定各图层，将“背景”图层解锁，从“库”面板中将素材“卡通点歌台背景图.jpg”拖放至舞台中央，居中对齐，完成后锁定“背景”图层。

03 将“歌曲目录”图层解锁，从“库”面板中将“歌曲目录”图形元件拖放至舞台合适的位置。完成后锁定“歌曲目录”图层，如图 13-32 所示。

04 将“按钮”图层解锁，从“库”面板中拖出四个“播放”按钮元件放至舞台合适的位置，分别设置其“实例名称”为 btn1、btn2、btn3、btn4，完成后锁定“按钮”图层，如图 13-33 所示。

图 13-32 放置“歌曲目录”图形元件

图 13-33 放置“播放”按钮元件

05 将“字幕”图层解锁，从“库”面板中将“字幕说明”影片剪辑元件拖放至舞台合适的位置，选中该影片剪辑元件，设置“实例名称”为“js”。完成后锁定“字幕”图层，如图 13-34 所示。

06 将“星星”图层解锁，从“库”面板中将“闪亮星星”影片剪辑元件拖放至舞台合适的位置，完成后锁定“星星”图层，如图 13-35 所示。

07 将“标题”图层解锁，利用文本工具 T 在舞台合适的位置输入文本“卡通点歌台”。将库中的“小鸡头像.png”拖入舞台，执行水平翻转命令，适当调节大小和位置，如图 13-36 所示。

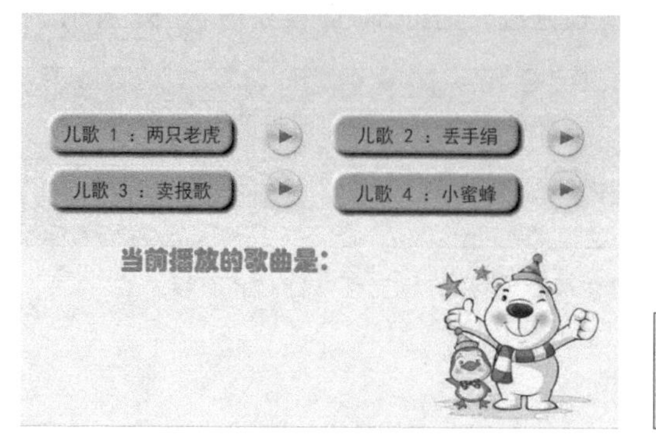

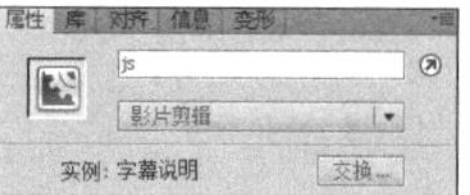

图 13-34　放置“字幕说明”影片剪辑元件

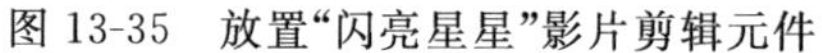

图 13-35　放置“闪亮星星”影片剪辑元件

图 13-36　放置“标题”图层的样式

08 选择“代码”图层第 1 帧，打开“动作-帧”面板，输入以下代码：

```
import flash.display.Sprite;
import flash.media.Sound;
import flash.net.URLRequest;
//引入相应的类

var _sound1=new Sound(newURLRequest("1.mp3"));
var _sound2=new Sound(newURLRequest("2.mp3"));
var _sound3=new Sound(newURLRequest("3.mp3"));
var _sound4=new Sound(newURLRequest("4.mp3"));
//声明四个声音变量，并将外部四首 MP3 歌曲加载到对应的变量中

var ch1:SoundChannel;
ch1=ch1=_sound1.play();
//声明 ch1 为声音控制变量，并且播放
js.gotoAndStop(2);
//影片剪辑"js"在第 2 帧处停止

btn1.addEventListener(MouseEvent.CLICK,b1);
//按钮 btn1 添加事件侦听函数，单击 btn1 时触发 b1 事件
```

```
function b1(event:MouseEvent){
//定义函数 b1
  ch1.stop();
    ch1=_sound1.play();
  js.gotoAndStop(2);
//停止播放 ch1 变量的歌曲,ch1 重新播放_sound1 变量的歌曲,影片剪辑"js"在第
//2 帧处停止
}

btn2.addEventListener(MouseEvent.CLICK,b2);
//按钮 btn2 添加事件侦听函数,单击 btn2 时触发 b2 事件
function b2(event:MouseEvent){
//定义函数 b2
  ch1.stop();
     ch1=_sound2.play();
  js.gotoAndStop(3);
//停止播放 ch1 变量的歌曲,ch1 重新播放_sound2 变量的歌曲,影片剪辑"js"在第
//3 帧处停止
}

btn3.addEventListener(MouseEvent.CLICK,b3);
//按钮 btn3 添加事件侦听函数,单击 btn3 时触发 b3 事件
function b3(event:MouseEvent){
//定义函数 b3
  ch1.stop();
    ch1=_sound3.play();
  js.gotoAndStop(4);
//停止播放 ch1 变量的歌曲,ch1 重新播放_sound3 变量的歌曲,影片剪辑"js"在第
//4 帧处停止
}

btn4.addEventListener(MouseEvent.CLICK,b4);
//按钮 btn4 添加事件侦听函数,单击 btn4 时触发 b4 事件
function b4(event:MouseEvent){
  ch1.stop();
    ch1=_sound4.play();
    js.gotoAndStop(5);
//停止播放 ch1 变量的歌曲,ch1 重新播放_sound4 变量的歌曲,影片剪辑"js"在第
//4 帧处停止
```

此时,“动作-帧”面板如图 13-37 所示。

7. 测试影片

01 执行“文件/保存”命令,或按快捷键【Ctrl+S】,以“卡通点歌台. fla”为名保存文件。

02 执行“控制/测试影片/测试”命令,或按快捷键【Ctrl+Enter】,预览动画效果。

```
import flash.display.Sprite;
import flash.media.Sound;
import flash.net.URLRequest;
var _sound1 = new Sound(new URLRequest("1.mp3"));
var _sound2 = new Sound(new URLRequest("2.mp3"));
var _sound3 = new Sound(new URLRequest("3.mp3"));
var _sound4 = new Sound(new URLRequest("4.mp3"));

var ch1:SoundChannel;
ch1=ch1=_sound1.play();
js.gotoAndStop(2)
btn1.addEventListener(MouseEvent.CLICK,b1);
function b1(event:MouseEvent){
    ch1.stop();
            ch1=_sound1.play();
            js.gotoAndStop(2);
}
btn2.addEventListener(MouseEvent.CLICK,b2);
function b2(event:MouseEvent){
    ch1.stop();
            ch1=_sound2.play();
            js.gotoAndStop(3);
}
btn3.addEventListener(MouseEvent.CLICK,b3);
function b3(event:MouseEvent){
    ch1.stop();
            ch1=_sound3.play();
            js.gotoAndStop(4);
}
btn4.addEventListener(MouseEvent.CLICK,b4);
function b4(event:MouseEvent){
    ch1.stop();
            ch1=_sound4.play();
            js.gotoAndStop(5);
}
```

图 13-37 在“动作-帧”面板输入代码

相关知识

1. Sound 类语句

Sound 类语句允许在应用程序中使用声音。使用 Sound 类语句可以创建新的 Sound 对象，将外部 MP3 文件加载到该对象并播放该文件，关闭声音流，以及访问有关声音的数据等。对声音的编辑和调用分为四种：①将声音导入舞台的时间轴上；②从库中调用声音；③从网络中调用声音；④从计算机硬盘中调用声音。

（1）从库中调用。导入一首音乐到库中，右键链接，链接名为“Snd”。右击场景的第 1 帧，在弹出的快捷菜单中选择“动作”命令，打开“动作-帧”面板，输入以下代码：

```
varex:Sound=new song();
ex.play();
```

测试影片，音乐即可播放。

(2) 从计算机硬盘中调入。

```
varurlMus:URLRequest=new URLRequest("F:\心雨.mp3");
varex:Sound=new Sound(urlMus);
ex.play();
```

测试影片,计算机中的音乐也可播放。

(3) 从网络中调用。

```
varurlMus:URLRequest=new URLRequest("http://xxx/让我们荡起双桨.mp3");
varex:Sound=new Sound(urlMus);
ex.play();
```

可以让音乐重复多次播放,或者是从某一起始位置开始播放,如“play(2400,50);”,小括号内有两个参数,2400 表示播放的起始位置,其以 ms 为单位;50 表示循环播放的次数。

以上只是调用声音的播放,如果要控制音乐的停止,可引入 SoundChannel 类语句。

2. SoundChannel 类语句

SoundChannel 类(声音通道类)语句主要用来控制应用程序中的声音,其包含以下属性、方法和事件。

1) SoundChannel 类属性

(1) leftPeak:左声道的当前幅度(音量),范围从 0(静音)至 1(最大幅度)。

(2) rightPeak:右声道的当前幅度(音量),范围从 0(静音)至 1(最大幅度)。

(3) position:该声音中播放头的当前位置。

(4) SoundTransform:分配给该声道的 SoundTransform 对象。

2) SoundChannel 类方法

stop():停止在该声道中播放声音。

例如,新建两个按钮元件,即“播放”和“控制”按钮,并为“播放”按钮添加“实例名称”为 btn1,为“停止按钮”添加“实例名称”为 btn2,打开“动作”面板,输入以下代码:

```
varex:Sound=new song();
//声明变量
```

从库中调用 song()。

```
varchl:SoundChannel;
//声明变量 chl 声音通道类
btn1.addEventListener(MouseEvent.CLICK,bf);
//播放按钮添加事件侦听
function bf(evt:MouseEvent):void {           //声明函数,函数名为 bf
    chl=snd.play(0,50);                      //声音播放,起始位置 0,重复播放 50 次
}
btn2.addEventListener(MouseEvent.CLICK,tz);
//"停止"按钮添加事件侦听
function tz(evt:MouseEvent):void {           //声明函数,函数名为 tz
```

```
    chl.stop();
    //声音停止
}
```

3）SoundChannel 类事件

SoundCompele：在声音完成播放后调度。

提示

由于本案例中调用的是外部的音乐文件，因此最好把音乐文件和 Flash 源文件放置在同一根目录下，方便管理和打包发布。

案例 13.4 唯美风景画册

案例目的

微课：13.4 唯美风景画册

通过制作“唯美风景画册”动画，进一步掌握 ActionScript 3.0 语句的应用和遮罩动画的制作。

案例分析

“唯美风景画册”动画首先利用素材图片制作按钮元件；其次利用这些按钮元件制作图片展示的影片剪辑元件；最后通过 addEventListener()函数实现按钮对影片剪辑元件的控制，如图 13-38 所示。

图 13-38 “唯美风景画册”效果图

实践操作

1. 导入素材

01 创建一个新的 ActionScript 3.0 文档，设置舞台大小为 550 像素×550 像素，背景颜色为黑色(#000000)。

02 执行“文件/导入/导入到库”命令，弹出“导入到库”对话框，找到要导入的素材图片，将其导入库中。

2. 制作图片按钮元件

01 执行“插入/新建元件”命令，或按快捷键【Ctrl+F8】，新建一个按钮元件，取名为“按钮 1”，进入按钮元件编辑界面。

02 按快捷键【Ctrl+L】，打开“库”面板，将素材图片“001.jpg”拖入场景中，在“属性”面板中设置图片的位置为 x：0 ，y：0，如图 13-39 所示。

03 利用同样的方法，制作按钮元件“按钮 2”～“按钮 8”，分别将图片素材“002.jpg”～“008.jpg”拖入对应的元件场景中，如图 13-40 所示。

图 13-39 “按钮 1”按钮元件效果图

图 13-40 制作出其余按钮元件

3. 制作“相框”图形元件

01 执行“插入/新建元件”命令，或按快捷键【Ctrl+F8】，新建一个图形元件，取名为“相框”，进入图形元件编辑界面。

02 利用基本绘图工具绘制一个“宽度”为 514、“高度”为 390 的空心白色矩形，如图 13-41 所示。

4. 制作“相册展示”影片剪辑元件

01 执行“插入/新建元件”命令，或按快捷键【Ctrl+F8】，新建一个影片剪辑元件，取名为“相册展示”，进入影片剪辑元件编辑界面。

02 将“图层 1”重命名为“起始”图层，在第 1 帧中，将“库”面板中“按钮 1”按钮元件拖入场景中，设置为“水平中齐”“垂直中齐”。

03 新建“相框”图层，将“库”面板中的“相框”图形元件拖入场景中，并设置为“水平中齐”“垂直中齐”。在第 320 帧处插入一个普通帧，使其延续，如图 13-42 所示。

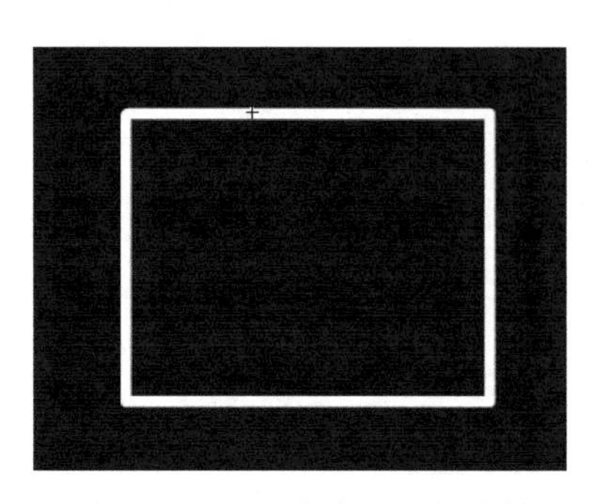

图 13-41　空心白色矩形的绘制

图 13-42　设置“相框”图形元件

04 新建“起始动作”图层，选择第 1 帧，打开“动作”面板，输入代码“stop();”。

05 新建“图片 1”图层，在第 2 帧处插入一个关键帧，从“库”面板中将“按钮 1”按钮元件拖入场景中，设置为“水平中齐”“垂直中齐”。在第 40 帧处插入普通帧，最后在第 2～40 帧创建补间动画，如图 13-43 所示。

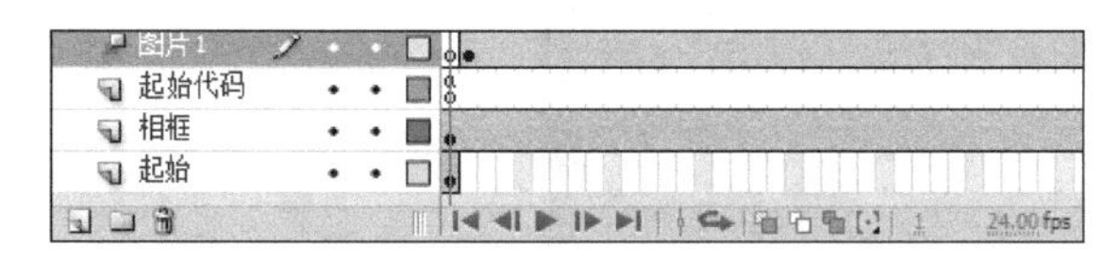

图 13-43　“图片 1”图层设置

06 单击“图片 1”图层第 2 帧场景中的“按钮 1”按钮元件，打开“属性”面板，在“色彩效果”选项组的“样式”列表框中选择“亮度”选项，设置“亮度”数量为－100%。使用同样的方法，在第 40 帧处设置“亮度”数量为 0。

07 新建“动作 1”的图层，在第 40 帧处插入一个关键帧，在“动作-帧”面板中输入代码“stop();”，如图 13-44 所示。

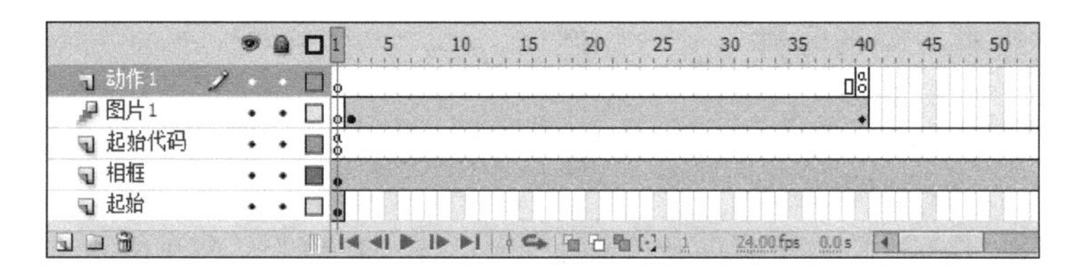

图 13-44　“动作 1”图层设置

08 新建“图片 2”图层，在第 41 帧处插入一个关键帧，从“库”面板中将“按钮 2”元件拖入场景中，设置为“水平中齐”“垂直中齐”。在第 80 帧处插入一个普通帧，在第 41～80 帧创建补间动画。在第 41 帧处选中场景中的“按钮 2”元件，在“属性”面板中选择“色彩效果”选项组的“样式”列表框中选择“亮度”，设置“亮度”数量为－100%。在第 80 帧处设置“亮度”数量为 0。

09 使用同样的方法依次制作其余六张图片的动画效果。每张图片在每一层的起始位置间隔为 40，即“图片 1”～“图片 8”的帧的开始位置分别为 2、41、81、121、161、201、241、281；结束帧的位置分别为 40、80、120、160、200、240、280、320。每张图片补间动画的长度都为 39 帧。每个图片层的上方都有一个对应的动作层，分别在对应的结束帧的位置插入关键帧后，在“动作”面板中输入代码“stop()；”，如图 13-45 所示。

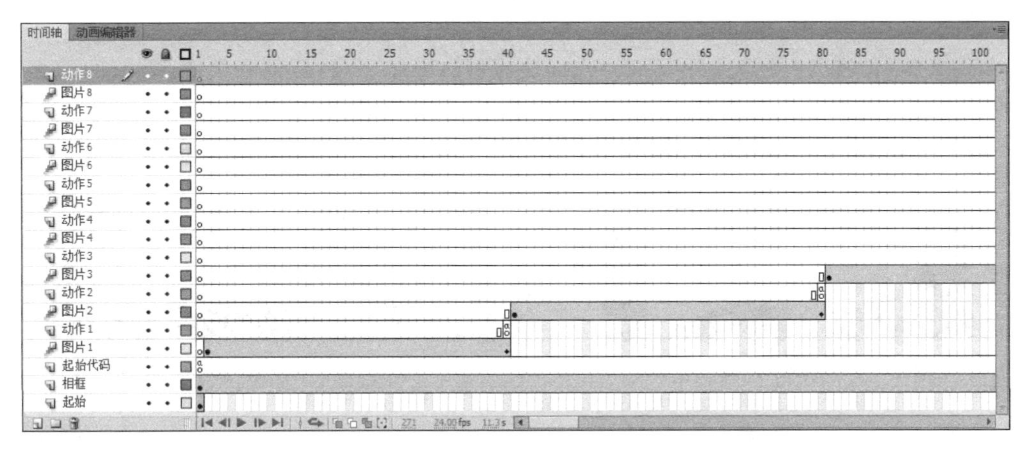

图 13-45 “相册展示”影片剪辑元件“时间轴”面板

5. 制作“缩略图集合”影片剪辑元件

01 执行“插入/新建元件”命令，或按快捷键【Ctrl＋F8】，新建一个影片剪辑元件，取名为“缩略图集合”，进入影片剪辑元件编辑界面。

02 新建“图层 1”～“图层 8”，每个图层对应放入“按钮 1”～“按钮 8”，设置“宽度”“高度”均为 100 和 75，并设置对齐方式为“垂直居中分布”和“水平平均间隔水平”，间隔为 20。分别对应设置“实例名称”为 btn_1～btn_8，效果如图 13-46 所示。

图 13-46 “缩略图集合”影片剪辑元件

6. 制作“图片菜单”影片剪辑元件

01 执行“插入/新建元件”命令，或按快捷键【Ctrl+F8】，新建一个按钮元件，取名为“左箭头”，进入按钮元件编辑界面。

02 利用基本绘图工具绘制向左的箭头，并填充为白色(#FFFFFF)，如图 13-47 所示。

03 利用同样的方法制作出“右箭头”按钮元件。

04 执行“插入/新建元件”命令，或按快捷键【Ctrl+F8】，新建一个图形元件，取名为“遮罩”，进入图形元件编辑界面。

05 “利用矩形工具绘制一个“宽度”为 456、“高度”为 90 的蓝色矩形，如图 13-48 所示。”

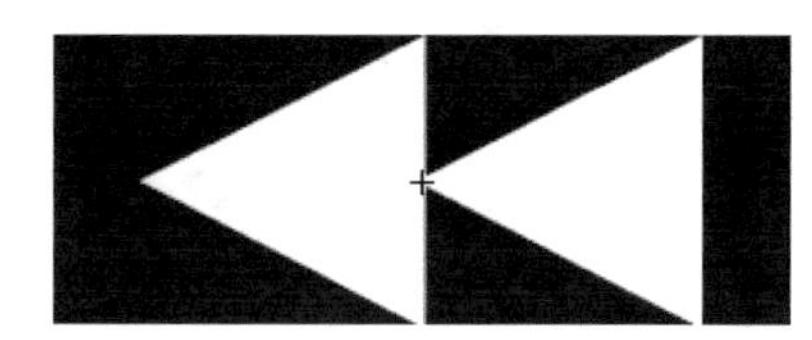

图 13-47 “左箭头”按钮元件

图 13-48 “遮罩”图形元件

06 新建影片剪辑元件“图片菜单”，将“缩略图集合”影片剪辑元件放置在“图层 1”上，将“遮罩”图形元件放置在“图层 2”上，将“左箭头”和“右箭头”按钮元件放置在“图层 3”上。调整各元件的位置，使得“遮罩”图形元件恰好遮住“缩略图集合”影片剪辑元件的前四张缩略图，并且“左箭头”和“右箭头”按钮元件分别在“遮罩”图形元件的两端，如图 13-49 所示。

图 13-49 “图片菜单”影片剪辑元件

07 将“图层 2”设置为“图层 1”的遮罩层。设置“左箭头”和“右箭头”按钮元件的“实例名称”为 larrow 和 rarrow，“缩略图集合”影片剪辑元件的“实例名称”为 pics，如图 13-50 所示。

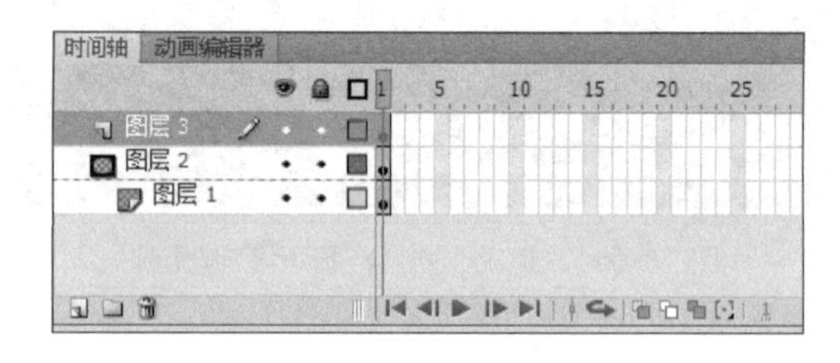

图 13-50 设置遮罩动画

7. 返回主场景

01 返回主场景中，新建两个图层，从上到下分别命名为“大图”和“缩略图”。将“相册展示”和“图片菜单”影片剪辑元件分别拖入“大图”“缩略图”图层中，并且调整好位置。分别设置其“实例名称”为 display 和 menu，如图 13-51 所示。

图 13-51 为实例取名

02 选择“代码”图层的第 1 帧，打开“动作-帧”面板，输入以下代码：

```
menu.larrow.addEventListener(MouseEvent.CLICK,lmove);
//实例 menu.larrow 添加事件侦听函数,单击 larrow 时触发 lmove 事件
functionlmove(event:MouseEvent):void
//定义函数 lmove
{
  if(menu.pics.x>=-120.2)
  {}
  else{
    menu.pics.x=menu.pics.x+120;
    //条件函数,若实例 menu.pics 的 x 坐标值大于等于-120.2,则保持默认;反之,则实例
    //menu.pics 的 x 坐标值为原坐标值加 120
  }
};
menu.rarrow.addEventListener(MouseEvent.CLICK,rmove);
//实例 menu.rarrow 添加事件侦听函数,单击 rarrow 时触发 rmove 事件
functionrmove(event:MouseEvent):void
//定义函数 rmove
{
  if(menu.pics.x<=-601)
  {}
  else
  {
    menu.pics.x=menu.pics.x-120;
    //条件函数,若实例 menu.pics 的 x 坐标值小于等于-601,则保持默认;反之,则实例
```

```
    //menu.pics 的 x 坐标值为原坐标值减 120
  }
};
menu.pics.btn_1.addEventListener(MouseEvent.CLICK,moving1)
//给按钮 menu.pics.btn_1 添加事件侦听函数,单击"menu.pics.btn_1"时触发
//moving1 事件
function moving1(event:MouseEvent):void
//定义函数 moving1
{
  display.gotoAndPlay(2);
  //实例 display 从第 2 帧开始播放
  };
  menu.pics.btn_2.addEventListener(MouseEvent.CLICK,moving2)
function moving2(event:MouseEvent):void
{
  display.gotoAndPlay(41);
  };
//单击按钮"menu.pics.btn_2",实例 display 从第 41 帧开始播放
menu.pics.btn_3.addEventListener(MouseEvent.CLICK,moving3)
function moving3(event:MouseEvent):void
{
  display.gotoAndPlay(81);
  };
//单击按钮"menu.pics.btn_3",实例 display 从第 81 帧开始播放
menu.pics.btn_4.addEventListener(MouseEvent.CLICK,moving4)
function moving4(event:MouseEvent):void
{
  display.gotoAndPlay(121);
  };
//单击按钮"menu.pics.btn_4",实例 display 从第 121 帧开始播放
menu.pics.btn_5.addEventListener(MouseEvent.CLICK,moving5)
function moving5(event:MouseEvent):void
{
  display.gotoAndPlay(161);
  };
//单击按钮"menu.pics.btn_5",实例 display 从第 161 帧开始播放
menu.pics.btn_6.addEventListener(MouseEvent.CLICK,moving6)
function moving6(event:MouseEvent):void
{
  display.gotoAndPlay(201);
  };
//单击按钮"menu.pics.btn_6",实例 display 从第 201 帧开始播放
menu.pics.btn_7.addEventListener(MouseEvent.CLICK,moving7)
function moving7(event:MouseEvent):void
{
  display.gotoAndPlay(241);
  };
//单击按钮"menu.pics.btn_7",实例 display 从第 241 帧开始播放
menu.pics.btn_8.addEventListener(MouseEvent.CLICK,moving8)
function moving8(event:MouseEvent):void
```

```
{
  display.gotoAndPlay(281);
  };
//单击按钮"menu.pics.btn_8",实例 display 从第 281 帧开始播放
```

此时,“动作-帧”面板如图 13-52 所示。

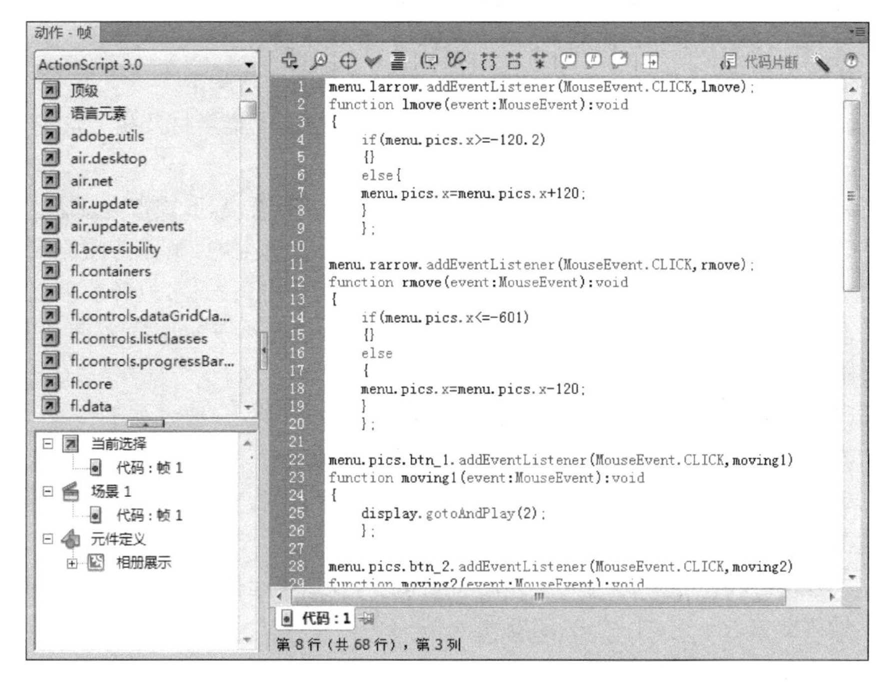

图 13-52　在“动作-帧”面板输入代码

8. 测试影片

01 执行“文件/保存”命令,或按快捷键【Ctrl+S】,以“唯美风景画册. fla”为名保存文件。

02 执行“控制/测试影片/测试”命令,或按快捷键【Ctrl+Enter】,预览动画效果。

单元小结

本单元通过四个综合案例,在运用单元 12 介绍的 ActionScript 3.0 函数和动画类型的基础上,学习了新的语句和函数类型。Time 类时间函数可以实现日期的查询;Sound 类语句可以实现应用程序对音乐文件的调用;SoundChannel 类语句主要用来控制应用程序中的声音通道;startDrag()函数可以实现对影片剪辑元件的控制;for 语句可以实现对某一段程序代码的重复执行。

自我测评

1. 制作以“我的青春我做主”为主题的电子画册。要求如下。

(1) 自我设计一个 Flash 作品,要求主题鲜明,积极上进。

(2) 依据主题,设计作品的表现方式,尝试编写简单的动画脚本。

(3) 能灵活运用数码相机或上网搜索相关资源等方式,收集素材及相关信息。

(4) 灵活运用所学的知识与技能处理素材。

(5) 制作的电子画册体现创新、活泼和积极进取的精神风貌,形式富有新意。

(6) 电子画册的背景音乐及文字和图片素材能有效表达主题,画面清晰流畅、富有动感、色彩搭配协调。背景音乐对画面内容有烘托效果,声音协调同步,拟音效果逼真。

(7) 作品的制作具有一定的技巧性,包括绘画技巧和 Flash 技巧两方面(包括 ActionScript 3.0 脚本的应用)。

2. 以“工匠精神”为主题,制作能够体现工匠精神的动画片。要求如下。

(1) 依据主题,设计动画作品的名称及动画脚本。

(2) 动画作品的主题及内容要立意新颖、鲜明,鼓励原创,避免雷同,要有独特的创造力和较强的吸引力。

(3) 主题作品内容健康、文字规范,故事情节完整,要有起伏,避免平铺直叙或叙述议论过多。最好能寓教于乐,生活化、幽默化。

(4) 作品时间长度不少于 30s,不长过 3min。

(5) 能灵活运用本书所介绍的动画制作技巧,充分利用 Flash 中的补间动画、引导层动画、遮罩动画、脚本等来完成作品。

(6) 能够根据相应的内容加入声音,使声音协调同步,拟音效果逼真,对画面内容有烘托效果。

(7) 色彩搭配协调,形式生动活泼,播放流畅,操作简易,观赏性强。

参 考 文 献

[1] 陈民，吴婷.动画设计与制作[M].南京：江苏教育出版社，2010.
[2] 九州书源，付琦，陈良. Flash CS6 动画制作[M].北京：清华大学出版社，2013.
[3] 力行工作室. Flash CS5 动画制作与特效设计 200 例[M].北京：中国青年出版社，2011.
[4] 梁莉菁，廖德伟，付达杰. Flash CS5.5 经典动画制作教程[M].北京：人民邮电出版社，2012.
[5] 龙飞. Flash CS5 完全自学手册[M].北京：清华大学出版社，2011.
[6] 陆莹.二维动画制作 Flash 8.0[M].上海：华东师范大学出版社，2008.
[7] 沈大林.二维动画制作 Flash CS3 案例教程[M].北京：电子工业出版社，2010.
[8] 孙志义. Flash 动画制作精品教程[M].北京：航空工业出版社，2008.
[9] 赵艳莉，郭华，李继锋. Flash CS3 动画制作项目实训教程[M].合肥：安徽科学技术出版社，2010.
[10] 郑桂英.中国风：中文版 Flash CS4 学习总动员[M].北京：清华大学出版社，2010.